普通高等教育“十四五”规划教材

山东省一流课程

岩 体 力 学

主　编　王　刚

副主编　贺　鹏　孙尚渠　于俊红　秦　哲

北　京

冶 金 工 业 出 版 社

2021

内 容 提 要

本书以不同的思维模式和研究方法对岩体力学与工程进行了系统的阐述，全书共分9章，主要内容包括：绪论，应力-应变分析，岩石的物理力学性质，岩体的力学性质，工程岩体分级，岩体地应力及其测量方法，地下洞室围岩稳定性分析，边坡岩体稳定性分析，岩质隧道超前地质预报。

本书可作为高等学校土木工程专业、岩体力学专业的教学用书，也可供从事隧道与地下工程、岩土工程的科研、设计、施工人员参考。

图书在版编目（CIP）数据

岩体力学/王刚主编. —北京：冶金工业出版社，2021.6
普通高等教育“十四五”规划教材
ISBN 978-7-5024-8656-3

Ⅰ.①岩… Ⅱ.①王… Ⅲ.①岩石力学—高等学校—教材 Ⅳ.①TU45

中国版本图书馆 CIP 数据核字（2020）第257184号

出 版 人 苏长永
地　　址 北京市东城区嵩祝院北巷39号 邮编 100009 电话 （010）64027926
网　　址 www.cnmip.com.cn 电子信箱 yjcbs@cnmip.com.cn
责任编辑 刘林烨 美术编辑 彭子赫 版式设计 禹 蕊
责任校对 石 静 责任印制 李玉山
ISBN 978-7-5024-8656-3
冶金工业出版社出版发行；各地新华书店经销；三河市双峰印刷装订有限公司印刷
2021年6月第1版，2021年6月第1次印刷
787mm×1092mm 1/16；14印张；339千字；217页
39.00元

冶金工业出版社 投稿电话 （010）64027932 投稿信箱 tougao@cnmip.com.cn
冶金工业出版社营销中心 电话 （010）64044283 传真 （010）64027893
冶金工业出版社天猫旗舰店 yjgycbs.tmall.com
（本书如有印装质量问题，本社营销中心负责退换）

前　言

岩体力学是一门研究岩石对人为工程扰动响应的学科。从水利水电工程、基础工程、交通工程，到资源开采与能源利用，岩体力学具有广泛的工程应用范围。如同其他工程学科一样，工程设计本身的严密性与精确性要求，促进了岩体力学的迅速发展。岩体力学并不单纯是研究岩石材料力学特性的理论课程，而是将工程力学、数值计算技术等学科的最新理论成果应用于解决与岩石（岩体）相关工程设计及施工力学计算问题的实践性很强的应用学科，该课程多学科交叉互融，理论与实用并重，是极具工程时代特征的新兴学科。

本书依据《普通高等学校土木工程本科指导性专业规范》编写，编者在注重讲述岩石力学理论基本概念、基本原理和解决岩石力学问题基本方法的基础上，突出三个特色：一是突出工程实践中的岩体特色，从岩石的物理力学性质研究推演到对岩体力学性质的研究，从而体现岩体力学特性在工程实际中的重要性；二是突出岩石力学的工程实践应用，重点介绍了地下硐室稳定性、边坡稳定性这两大岩土工程，从实际工程的角度认识岩石力学；三是针对岩体工程问题本身的复杂性，突出岩体地应力量测、围岩等级评定与超前地质预报这三大技术方法在岩石力学工程中的实用性，强调结合工程实际学习以及理论联系实践的重要性。

作为大学本科的通用教材，本书重在系统讲述岩石力学及其工程的基础理论，针对工科土建类学科的特点，结合注册岩土工程师的考核要求，重点介绍了岩体力学应用于解决工程领域实际问题的基本原理及方法，通过工程实例的讲解，旨在培养学生掌握运用力学理论解决岩体工程实际问题的分析方法和基本能力。读者应该在先学习了工程力学（理论力学、材料力学、结构力学、土力学）以及工程地质、水文地质等课程的基础上，再学习岩石力学。同时，本书还意在培养学生在学习岩石力学课程中应用数学、力学知识的兴趣，以及分析问题和解决问题的能力。希望能在严格遵循基本力学原则的同时，注重对岩石力学原理的理解和工程应用的把握。

本书在注重内容与结构体系的同时，还侧重于探讨解决地下工程中出现的一些岩石力学问题的方法与途径。希望该书能够成为普通高等学校地下工程及相关专业本科生、研究生以及现场相关专业工程技术人员的有益读本。

由于编者水平和能力所限，书中不妥之处，希望读者批评指正。

编　者

2020 年 6 月

目　　录

1 绪　论

1.1 概　述

岩体力学是近代发展起来的一门新兴学科和边缘学科，是一门应用性和实践性很强的应用基础学科，它的应用范围涉及采矿、土木建筑、水利水电、铁道、公路、地质、地震、石油、地下工程、海洋工程等众多与岩体工程相关的工程领域。岩体力学是上述工程领域的理论基础，正是上述工程领域的实践促使了岩体力学的诞生和发展。

随着岩石力学理论研究和工程实践的不断深入和发展，人们对“岩石”的认识有了突破。首先，不能把“岩石”看成固体力学中的一种材料，所有岩体工程中的“岩石”是一种天然地质体，或者称为岩体，它具有复杂的地质结构和赋存条件，是一种典型的“不连续介质”。其次，岩体中存在地应力，它是由于地质构造和重力作用等形成的内应力。由于岩体工程的开挖引起地应力以变形能的形式释放，这种“释放荷载”才是引起岩体工程变形和破坏的作用力，因此岩石力学的研究思路和研究方法与以研究“外荷载作用”为特征的材料力学、结构力学等有本质的不同。最近的研究表明，无论是岩体结构，还是其赋存状况、赋存条件均存在大量的不确定性。因此，必须改变传统的固体力学的确定性研究方法，而从“系统”的概念出发，采用不确定性方法来进行岩石力学的研究。“岩体”是自然系统，“工程岩体”是人地系统，其行为和功能与施工因素密切相关。根据上述分析，现在可以重新定义，岩体力学是一门认识和控制岩石系统的力学行为和工程功能的科学。

1.2 岩体力学的基本研究内容和研究方法

1.2.1 岩体力学的研究内容

岩体力学研究的具体内容相当广泛，大致包含以下几方面的内容：

（1）岩体的地质力学模型及其特征方面。这是岩体力学分析的基础研究，岩石与岩体的物理力学性质指标是评价岩体工程稳定性的最重要依据。其具体研究包括：研究岩石和岩体的成分、结构、构造、地质特征和分类；研究结构面的空间分布规律及其地质概化模型；研究岩体在自重应力、构造应力、工程应力作用下的力学响应及它们对岩体的静、动力学特性的影响；研究赋存于岩体中的各类地质因子，如水、气、温度以及时间、化学因素等相互耦合作用。

（2）岩石与岩体的物理力学性质方面。这是表征岩石与岩体的力学性能的基础，岩石与岩体的物理力学性质指标是评价岩体工程稳定性的最重要依据。通过室内和现场试验，掌握岩石和结构面的力学特性及其本构关系，获取其各项物理力学性质参数，研究各种试验方法和技术，探讨在静、动荷载下岩石和岩体力学性能的变化规律等。

（3）岩体力学在各类工程上的应用方面。岩体力学在岩体工程上的应用是非常重要的环节，许多重大工程的建设过程中都显现其重要性。硐室围岩、岩基和岩坡等，其稳定与安全都与能否正确应用岩体力学的基本原理息息相关。在以往的工程建设中，对于结构面的重视不够使得岩体丧失稳定而发生工程事故的例子实属不少，如著名的法国马尔帕赛（Malpasset）拱坝由于左坝肩的软弱夹层在蓄水后发生滑移，导致在 1959 年 12 月 2 日整个拱坝溃决；意大利瓦依昂（Vajont）水库于 1963 年 10 月 9 日左岸石灰岩边坡滑动，在 1min 内约有 $2.5\times10^8m^3$ 岩石崩入水库内，顿时造成高达 150~250m 的水浪，致使下游郎加郎市遭到毁灭性的破坏。在我国的水利工程历史上也曾发生过许多岩体工程事件。如 1963 年发生的梅山连拱坝坝基（花岗岩）滑动；20 世纪 70 年代葛洲坝水电站基坑开挖，发生岩层沿软弱夹层随时间而发展的水平位移。岩坡失稳事故在我国也常见报道，如 1986 年 6 月湖北省盐池河磷矿发生灾难性的大崩塌，高 160m、体积约 $100\times10^3m^3$ 的山体岩石突然崩落，将四层楼的房子抛至对岸撞碎，造成重大伤亡；1981 年 4 月甘肃舟曲县东南 5km 白龙江左岸泄流坡发生重大滑坡，滑动土石方约 $4000\times10^4m^3$，堵塞了白龙江，形成回水长约 4.5km 的水库，严重威胁上下游的安全；四川云阳县城东发生的鸡扒子滑坡，滑坡体达 $1500\times10^4m^3$，前缘约 $180\times10^4m^3$ 的土石方推入长江之中，使长约 600 余米的江段水位普遍提高 20~25m，对长江航运安全构成了严重威胁。此外，洞室围岩崩塌、矿山地表沉陷和开裂以及房屋岩基的失稳等，在我国的基础建设中也时有发生。从上述事例可认识到，为了选择相对优良的工程场址，防止重大岩体工程事故，保证顺利施工，必须重视工程地质条件对场地稳定性的影响，并对建筑场地进行系统的岩体力学试验及理论研究和分析，预测岩体的强度、变形和稳定性，为工程设计提供可靠的数据和有关资料。

岩体力学在岩体工程中的应用有以下几个方面：

（1）地下洞室围岩的稳定性研究。该研究包括：地下开挖引起的应力重分布，围岩变形，围岩压力，以及围岩加固等的理论与技术。

（2）岩坡的稳定性研究。该研究包括：天然斜坡与人工边坡的稳定性，岩坡的应力分布、变形和破坏，以及岩坡的失稳等的理论与技术。

（3）岩基的稳定性研究。该研究包括：在自然力和工程力作用下，岩基中的应力、变形、承载力和稳定性等的理论与技术。

（4）岩体力学的新理论新方法的研究。当今各门学科发展很快，岩体力学理论的发展要充分利用其他学科的成果，例如电子计算机的发展，带动了能够用于岩体力学的数值计算的发展。岩体本身很复杂，而又加上天然和工程环境的影响，直接力学计算有时难以获取可靠数据，甚至有些数据难以通过试验获得的。因此，岩体力学又兴起反演分析技术，即利用现场岩体的量测数据，通过简化的岩体模型，采用数值计算的方式，推测岩体的基本力学参数。此外，流变学、断裂力学、损伤力学及一些软科学近年来发展很快，对于岩体力学有很大的促进。随着工程建设的不断发展，尤其是工程规模和工程埋置深度的增加，又给岩体力学研究提出了新的要求，近年来的深部岩体力学向岩体力学提出了新的挑战。毫无疑问，岩体力学将利用这些新兴的理论、方法和试验技术，通过不断地研究所获得的成果来发展和完善岩体力学的理论体系。

1.2.2 研究方法

岩体力学的研究方法是采用科学实验、理论分析与工程紧密结合的三位一体方法。其研究方法包括：

（1）工程地质研究方法。对现场的地质条件和工程环境进行调查分析，掌握工程岩体的组构规律和地质环境（如岩矿鉴定方法），了解岩体的岩石类型、矿物组成及结构构造特征；用地层学方法、构造地质学方法及工程勘察方法等，了解岩体的成因、空间分布及岩体中各种结构面的发育情况等；用水文地质学方法了解赋存于岩体中地下水的形成与运移规律等等。

（2）试验法。进行室内外的物理力学性质试验、模型试验或原型试验作为建立岩体力学的概念、模型和分析理论的基础。

（3）数学力学分析法。按地质和工程环境的特点分别采用弹性理论、塑性理论、流变理论以及断裂、损伤等力学理论进行计算分析。

采用适当的力学理论来研究岩体力学问题是非常重要的，否则将会导致理论与实际相脱离。当然，理论的假设条件与岩体实况之间存在着一定的差距，应尽量缩小差距。目前，尚有许多岩体力学问题，运用现有的理论和知识仍然得不到完善的解答。因此，紧密地结合工程实际、重视实践中得来的经验，将其发展上升为理论并充实该理论，这是岩体力学理论和技术发展的基本方法。

计算机技术已广泛地应用于岩体力学的计算中，这不仅解决了一些复杂的岩体力学分析、计算问题，而且促进了岩体力学理论的发展，使得许多非线性理论在岩体力学中得到运用和发展。有限元、离散元、边界元等数值方法，在岩体力学中已经得到普遍应用。

岩体力学研究的一般步骤如图 1-1 所示。图中的内容和步骤视实际工程岩体特点和工程需求，可进行调整。

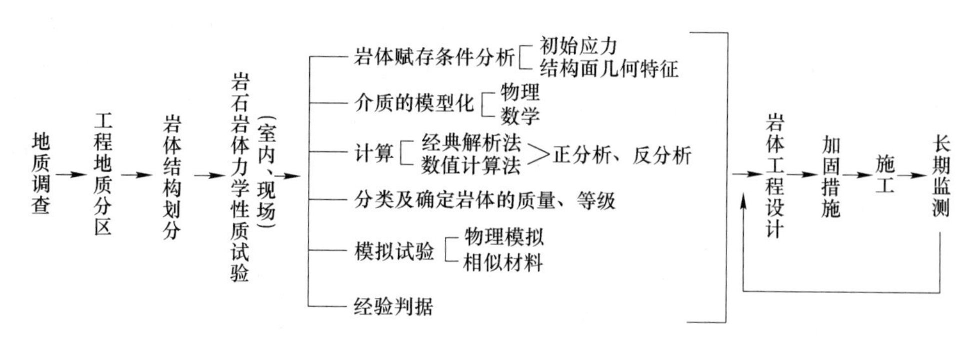

图 1-1 岩体力学研究步骤示意图

1.3 岩体力学的应用范围

人类生活在地球上，很多活动都离不开利用岩石进行工程建设。随着经济建设的蓬勃发展，我国出现了大量岩石工程的建设与开发，从而使得岩体力学在建筑、矿山、水工、铁路和国防等领域得到日益广泛的应用与深入研究。

位于地表上建筑物的设计，需要密切注意工程地质存在的隐患（可能影响建筑物选址的活断层或滑坡等），岩体力学就成为减少这种潜在危险的一种有效工具。工程地质学家必须揭露潜在的隐患，并充分运用已有的岩体力学知识去消除隐患。例如，在里约热内卢，花岗岩的剥离层曾对陡岩脚下的建筑物造成威胁，这时，工程师就可以设计锚杆系统或者进行控制爆破来消除这种危险。对于一些轻型建筑物，用岩体力学的知识便可帮助人们认清页岩地基可能存在的膨胀性；对于高大的建筑物、大型桥梁和工厂等，则有可能还需要进行荷载作用下岩体的弹性试验和滞后沉陷试验；在喀斯特灰岩或深部已采空的煤层上，则可能要进行大量的试验研究和采用专门的设计，以保证建筑物的稳定性。

爆破的控制也是与岩体力学密切相关的一个方面。在城市中，新建建筑的基础可能非常靠近已有建筑物，在爆破时，就要使振动不致危害邻近的建筑物或扰动附近的住宅。另外，临时开挖也可能需要设置锚固系统，防止滑坡或岩块松动。

最苛求于岩体力学的地面建筑物是大坝（特别是拱坝和支墩坝）。它作用在岩基或坝头的应力很大，同时还承受水压力及水的其他作用。除了必须注意地基内的活断层外，还要仔细评价可能产生的滑坡对水库造成的威胁。意大利 Vajont 坝失事的严重灾难至今仍让人记忆犹新。在这次事故中，巨大的滑坡体使库水漫过高大的 Vajont 拱坝，致使下游两千多人丧生。岩体力学还可以应用于材料的选择，例如选择保护堤坡免遭波浪冲蚀的抛石、混凝土骨料、各种反滤层材料和填黄石料等。根据岩石试验可以确定这些材料的耐久性和强度特性。由于不同的坝型在岩体上产生的应力状态很不相同，因此，岩体变形和岩体稳定的分析就成为工程设计研究的重要组成部分。

对于混凝土坝，通过室内试验和现场试验所确定的坝基与坝头岩体的变形特性，可在混凝土坝应力的模型研究或数值分析中综合运用。所有坝体下面的大小楔形岩体的安全性都要通过静力计算来确定。必要时，需要使用锚索或锚杆等支护设备，以便对基岩或坝与基岩的接触面施加预应力。

运输工程在许多方面同样依赖于岩体力学。在铁路、公路、运河、管道和压力钢管管线、路堑边坡等设计中，可能要对断裂的岩体进行试验和分析，根据岩体力学的研究，通过调整后得到的合适的线路方位，很可能会大量降低造价。是否应把上述这些线路埋设在地下，在一定程度上取决于对岩石情况的判断以及对采用隧洞与明挖费用的比较，如果能把压力钢管埋设在隧洞里，让一部分应力由岩石来承担，则可以节省钢材。在这种情况下，就需通过岩石试验测定设计上所需的岩石特性。有时，压力管道可以不要衬砌，这时就需要进行岩石的应力测量，以保证不会因渗漏而发生危险。在市区内，由于地价高昂，地面的运输线可能要采用近似直立的边坡，这时就需要用人工支护以维持边坡的长期稳定。

为了其他目的进行地面开挖时，在爆破控制、开挖坡度、安全台阶位置的选择以及支护措施等方面，也往往需要用到岩体力学的知识。露天矿坑是否合理取决于使用时是否方便、开挖是否经济，这就要求对其边坡岩体进行大量的研究工作，从而选出合适的开挖坡度。

地下开挖在很多方面都要依靠岩体力学知识。在采矿中，切割机和钻机必须根据相应实验室试验得到的岩石性状来进行设计。采矿的一个重大决策是在开采矿石时，究竟是力图维持洞室的形状不变，还是允许岩体有适当变形。这时，岩体性状及应力条件在制定正确决策时是最为重要的，可以基于岩体力学通过数值分析、理论计算和进行全面的岩体试验等研究加以确定。

地下洞室目前除了用于运输和采矿外，还有一些用途，其中有些用途需要获得岩体物理力学方面新的资料数据和专门技术。例如，在地下洞室内存贮液化天然气，需要对岩体进行在极端低温条件下性能的测定和对岩体进行热传导性能的分析；在地下洞室内存贮油和气时，需要研究当地岩体的性状以便找到一个能防止渗漏的地下环境。在山区，地下水电厂较地面电厂有较多的优点，地下水电厂有很大的地下厂房和其他许多洞室，是复杂的空间布置，这些洞室的方位和布置，几乎都要根据岩体力学及地质学来研究决定。因此，岩体力学可以说是一种基本工具。用于军事方面的地下洞室必须具有抵抗预定核爆炸产生的动力荷载的能力，因而必须在地壳巨大震动力的作用下能够保持安全牢固，因此岩石动力学在这类工程设计中占有重要的地位。

岩体力学在能源开发领域中也占有重要地位。在采油工程中，钻头的设计与岩性有关，这是因为钻头磨损是采油成本的一个重要组成部分。岩体力学可用来解决深孔和深层采油所发生的问题。

目前，岩体力学的新用途、新领域不断出现。外层空间的探测和开发、地震预报、溶解法采矿、压缩空气的地下存贮以及其他崭新的领域，正要求岩体力学技术的进步深入发展。但是，即使对于上述一般的应用领域，人们至今仍然没有完全掌握进行合理设计所需要的岩体力学知识，这主要是因为岩体的性质特殊，它与其他工程材料相比在处理上也相当困难。

1.4 岩体力学发展简史

1.4.1 世界岩石力学发展简史

人类与岩石的接触由来已久，原始人利用岩石制成简陋的工具和兵器。但是岩体力学学科的形成大约始于20世纪初期，至今按其发展进程大致可划分为四个阶段。

1.4.1.1 材料力学阶段

岩体力学的形成和发展早期受土力学的影响很大，早期岩体力学把孤立的一块岩石作为研究对象，按照评价材料质量优劣的标准，简单地测量它的密度、容重、孔隙度、含水量等物理性质，以及简单地测定它的抗压、抗拉、抗剪等力学性质。在评价工程建筑遇到的地基、边坡及地下洞室稳定性时把岩体看作岩石材料，把材料力学研究中发展起来的连续介质力学理论直接加以引用。

为了解决地下洞室支护设计问题，提出了传统的地压（又可称为围岩压力）计算公式，最具代表性的是由普罗托吉雅柯诺夫（1907）提出的自然平衡拱理论和太沙基（K. Terzaghi，1925）提出的岩柱应力传递理论。普氏理论认为，地下洞室开挖后，周围岩体自然塌落成抛物线拱形，作用在支架上的压力等于冒落拱内岩石的重量。太沙基理论认为，作用在支架上的压力与同洞室等宽度的岩柱所传递的应力相等。这两个理论由其概念清晰、计算简单，至今仍在某些埋深较浅的地下洞室中应用。

1.4.1.2 两大学派（地质力学的岩体力学学派、工程岩体力学学派）争鸣阶段

从20世纪50年代开始，科学技术人员已感到直接引用材料力学理论来解决岩体力学问题的严重不足，并注重岩体地质特性的研究和探索更加适应岩体特性的理论。在这一过程中出现了地质力学的岩体力学学派和工程岩体力学学派。

地质力学的岩体力学学派称为奥地利学派（又称为萨尔茨堡学派），这个学派是由缪勒（L. Muller）和斯蒂尼（J. Stini）所开创的。此学派偏重于地质力学方面，认为岩体不是一块岩石所能表征的，岩体是地质体的部分，它处于一定的地质环境中，在断层、节理等不连续面切割下形成的结构地质体，认识到岩体是结构地质体，是岩体力学发展史上的一次重大突破。该学派主张岩石块与岩体要严格区分，岩体的变形不是岩石块本身的变形，而是岩石块移动导致岩体的变形；否认小岩石块试件的力学试验，主张通过现场（原位）力学测定才能有效地获取岩体力学的真实性。这个学派创立了新奥地利隧道掘进法（新奥法），该方法为地下工程技术做出了巨大贡献，促进了岩体力学的发展。

工程岩体力学派以法国塔洛布尔（J. Talober）为代表。该学派以工程观点来研究岩体力学，偏重于岩石的工程特性方面，注重弹塑性理论方面的研究，将岩体的不均匀性转化为均质的连续介质，小岩块试件的力学试验与原位力学测试并举。塔洛布尔1951年出版《岩石力学》一书，这是该学派最早的代表著作。之后英国的耶格（J. C. Jaeger）于1969年按此观点又出版《岩石力学基础》一书，该书是一本在国际上较为著名的著作，为连续介质力学理论在岩体力学中的应用和发展奠定了深厚的基础。

1.4.1.3 岩体结构力学阶段

在两大学派争鸣和发展的过程中，科技人员在接受其学说主流的同时，又感到地质力学学派过分强调节理、裂隙的作用。过分依赖经验，而忽视理论的指导作用和反对把岩体作为连续介质看待，有碍于现代数学力学理论和数值计算方法在岩石工程中的应用。虽然岩体中存在结构面，但从大范围、大尺度看，对完整性相对较好的岩体仍可将其视为连续介质。“连续”和“不连续”是一个相对的概念。

工程岩体力学学派，以连续介质理论为基础，注重对岩石“材料”的研究，追求准确的“本构关系”。但是由于岩体组成和结构的复杂性、多变性，要想把岩体的材料性质和本构关系完全弄清楚是不太可能的，且仅凭连续介质理论不能完全解决岩石工程问题。

理论研究和工程实践表明，只有两大学派共存、兼容、共同发展，才有利于工程岩体力学问题的解决，在这种共识中迎来了岩体力学发展的第三阶段，即岩体结构力学阶段。

岩体结构力学的基本观点认为，岩体变形是由结构体（岩体的实体部分）变形和岩体结构面变形两部分组成的，岩体结构面控制着岩体的变形。结构体变形包括弹性变形和黏性变形；结构面变形包括闭合变形和错动变形。根据岩体地质特征，可归纳出连续介质、碎裂介质、块裂介质和板裂介质四种岩体介质。将岩体结构力学效应概括为爬坡角效应、尺寸效应和各向异性效应。岩体结构力学是建立在结构分析和工程地质分析的基础上的，是上述提及的两大学派的交叉，为完整的岩体力学理论体系的建立做出了重要贡献。

1.4.1.4 现代发展阶段

20世纪60年代以来，计算机技术的迅速发展带来了岩土工程数值方法的广泛应用和

迅速发展，人们在进行岩体行为分析时能够采用复杂的本构模型，力求揭示岩体结构在非均匀性、非规则性、非线性、非确定性等非理想因素下的力学响应和变形特性。岩体力学与工程方面的新理论、新方法、新成果不断涌现，近几十年来，非线性弹塑性理论、流变学、断裂力学、损伤力学、各向异性体力学、块体理论等力学理论先后引用到了岩体本构模型中。在岩体力学分析中还先后引用了随机理论、灰色理论、人工智能、分形、分叉和混沌理论等现代数理科学和非线性理论，有限元、边界元、离散元、流形元及其混合数值计算方法得到了广泛应用，成为岩体力学分析计算的重要手段。

岩体力学是一门处于发展中的年轻学科，又是与岩石工程密切相关的学科。随着经济建设的发展，工程的规模、开挖与维护的难度不断增大，工程要求越来越高，新的岩体力学问题也会接踵而来。为了适应工程的发展，更好地解决工程中的岩体力学问题，岩体力学中的新理论、新方法还会不断提出。同时，已有的理论和方法，特别是近几十年来涌现出来的理论和方法还要在实践中进行检验、修正和完善。

岩体力学各个发展阶段并没有严格的时间界限，往往是重叠或交叉的。各阶段提出的理论和方法也没有互相否定和取代之说，在初始阶段提出的某些经验公式，现在仍在使用。各阶段的理论和方法主要是针对当时的重要工程提出的，带有特定的时代特色。在应用这些理论和方法时，一定要具体工程具体分析，绝不要盲目采用。

1.4.2 我国岩石力学发展简史

在我国，岩体力学作为一门专门的学科起步较晚。尽管我们的祖先曾修建过闻名世界的工程，如都江堰、自贡深达数百米的盐井、万里长城等，但是由于我国经济和工业长期落后，限制了岩石工程的发展。新中国成立后，大规模采矿、交通、国防、水利等基本建设的兴起，对岩体力学的发展起了巨大的推动作用。我国岩体力学的发展历程大体上与国际同步，也可划分为三个阶段。

第一阶段：20 世纪 50 年代至 60 年代中期。这时期的理论与实验研究与国外相似，是运用材料力学、土力学、弹塑性理论等作为基础来开展的。1958 年三峡岩基组成立，开始了岩体力学研究的系统规划和实施。

第二阶段：20 世纪 60 年代中期至 70 年代中期。由于大部分工程停建和缓建，岩体力学发展非常缓慢，成为我国自新中国成立以来岩体力学发展的低谷。

第三阶段：20 世纪 70 年代后期至 90 年代。在各项大规模工程的建设过程中，提出了许多岩体力学的新课题，使岩体力学进入了一个全面的蓬勃发展新阶段。结合我国的重大工程，岩体力学的理论水平和测试技术大幅度，因此开展了大规模的室内和原位测试研究工作，总结了一系列成功经验与失败教训。这不仅成功地解决了葛洲坝和三峡坝区、湖北大冶和江西德兴的露天矿场、秦山核电站岩基与高边坡、煤矿的千米深立井以及铁道交通长隧洞工程等一系列岩石工程问题，而且在岩体力学理论研究方面（如岩体结构、岩石流变、多场耦合的裂隙岩体应力-应变关系以及高岩坡和大型硐室围岩稳定性研究等）均取得重大成就。这些成就在国际上占有重要的地位，顺应了国际岩体力学的发展趋势，使我国的岩体力学顺利地进入了现代发展阶段（第四阶段）。

习　题

1-1　阐述岩石、岩体概念及二者的区别与联系。
1-2　简述岩体力学的研究任务与研究内容。
1-3　阐述岩体力学各个发展阶段的特点。
1-4　岩体力学的应用范围有哪些?

2 应力-应变分析

2.1 引　　言

岩石应力-应变关系最常用的就是线弹性关系，其中应变是应力的线性函数。这一假设使许多重要的问题得以解决，例如钻井与隧道周围的应力、断层与裂隙周围的应力等。尽管在大范围应力作用下岩石不是“线弹性”的，但这种近似的假设是十分有用和准确的，因为许多岩石的应变增量与应力的增量呈线性关系。

2.2 应力-应变的一般关系

各向同性体可以粗略地定义为在各个方向上性质相同的物体。换而言之，在各向同性的岩石中，垂直应力与垂直应变的关系跟水平应力与水平应变的关系相同。各向同性的一个重要结论是应变的主轴必须与应力的主轴相同。这是因为沿着应力的主轴方向，应力是纯法向的，并且随着偏离这个方向的任何角度对称变化。在各向同性的岩石中，这种对称的应力必须产生一个对称的应变体系。但对称应变一般只存在主应变轴附近，因此，应力和应变的主轴必须重合。利用 2.5 节提出的处理各向异性材料的方法，可以得到这个结论的另外一种证明。

线弹性的基本假设应力分量是应变分量的线性函数。这一假设还隐含了应力独立于应变的时间变化率、历史应变等。事实上，由于应力变换方程与应变变换方程具有明显的相似性，因此应力应变关系的一阶近似是假定应力张量与应变张量是线性关系。用主坐标系表示的各向同性弹性的应力应变定律，通常称为胡克定律，其计算公式如下：

$$\sigma_1 = (\lambda + 2G)\varepsilon_1 + \lambda\varepsilon_2 + \lambda\varepsilon_3 \tag{2-1}$$

$$\sigma_2 = \lambda\varepsilon_1 + (\lambda + 2G)\varepsilon_2 + \lambda\varepsilon_3 \tag{2-2}$$

$$\sigma_3 = \lambda\varepsilon_1 + \lambda\varepsilon_2 + (\lambda + 2G)\varepsilon_3 \tag{2-3}$$

任何一个给出应力分量与应变分量之比的参数通常称为弹性模量。这两个弹性模量 λ 和 G 出现在式(2-1)~式(2-3)中，也被称为拉梅参数。G 表示剪切模量，可将纯剪切状态下的应力与应变联系起来；σ_i（$i=1, 2, 3$）表示主应力，ε_i（$i=1, 2, 3$）表示主应变。

体积应变 ε_v 等于三个主应变的和，即：

$$\varepsilon_v = \varepsilon_1 + \varepsilon_2 + \varepsilon_3 \tag{2-4}$$

由式(2-1)~式(2-3)，应力-应变等式可表示为：

$$\sigma_1 = \lambda\varepsilon_v + 2G\varepsilon_1,\ \sigma_2 = \lambda\varepsilon_v + 2G\varepsilon_2,\ \sigma_3 = \lambda\varepsilon_v + 2G\varepsilon_3 \tag{2-5}$$

三个主应力的和为：

$$3\tau_m = \sigma_1 + \sigma_2 + \sigma_3 = 3\lambda\varepsilon_v + 2G(\varepsilon_1 + \varepsilon_2 + \varepsilon_3) = (3\lambda + 2G)\varepsilon_v \tag{2-6}$$

因此，体积应变 ε_v 与平均应力 τ_m 有关，即：

$$\tau_m = \left(\lambda + \frac{2}{3}G\right)\varepsilon_v = K\varepsilon_v \tag{2-7}$$

其中 K 为体积模量；$1/K$ 为体积压缩系数，通常用 C 表示。

式(2-1)~式(2-3)中胡克定律给出了应力与应变的函数关系。利用式(2-7)消去式(2-5)的 ε_v 可得：

$$\varepsilon_1 = \frac{\lambda + G}{G(3\lambda + 2G)}\sigma_1 - \frac{\lambda}{2G(3\lambda + 2G)}\sigma_2 - \frac{\lambda}{2G(3\lambda + 2G)}\sigma_3 \tag{2-8}$$

$$\varepsilon_2 = -\frac{\lambda}{2G(3\lambda + 2G)}\sigma_1 + \frac{\lambda + G}{G(3\lambda + 2G)}\sigma_2 - \frac{\lambda}{2G(3\lambda + 2G)}\sigma_3 \tag{2-9}$$

$$\varepsilon_3 = -\frac{\lambda}{2G(3\lambda + 2G)}\sigma_1 - \frac{\lambda}{2G(3\lambda + 2G)}\sigma_2 + \frac{\lambda + G}{G(3\lambda + 2G)}\sigma_3 \tag{2-10}$$

如果考虑单轴应力状态，比如在第一个主应力方向上，这个应力与在此应力方向上产生的应变之比即为杨氏模量 E。其计算公式为：

$$E \equiv \frac{\sigma_1}{\varepsilon_1} = \frac{G(3\lambda + 2G)}{\lambda + G} \tag{2-11}$$

泊松比 ν 表示为横向应变与纵向应变的比值，在单轴应力状态下，有：

$$\nu \equiv -\frac{\varepsilon_2}{\varepsilon_1} = -\frac{\varepsilon_3}{\varepsilon_1} = \frac{\lambda}{2(\lambda + G)} \tag{2-12}$$

泊松比通常是一个正数，在这种情况下，纵向压缩会伴随着横向膨胀，反之亦然。

式(2-7)、式(2-11)和式(2-12)分别给出了用 λ 和 G 表示的弹性参数 K、E 和 ν。这些弹性参数之间的其他常用关系为：

$$\lambda = \frac{E\nu}{(1 + \nu)(1 - 2\nu)},\ G = \frac{E}{2(1 + \nu)},\ K = \frac{E}{3(1 - 2\nu)} \tag{2-13}$$

$$\lambda = \frac{2G\nu}{1 - 2\nu},\ E = 2G(1 + \nu),\ K = \frac{2G(1 + \nu)}{3(1 - 2\nu)} \tag{2-14}$$

$$\lambda = K - \frac{2}{3}G,\ E = \frac{9KG}{3K + G},\ \nu = \frac{3K - 2G}{6K + 2G} \tag{2-15}$$

虽然对一个各向同性弹性材料可以定义许多弹性参数，但其中只有两个是独立的。如果有两个是已知的，那么其他参数可以通过式(2-13)~式(2-15)来确定。

到目前为止，对于各向同性材料的胡克定律只在主坐标系下进行讨论。任意正交坐标系下的胡克定律可由式(2-4)和式(2-5)改写成矩阵形式，从而得到：

$$\boldsymbol{\tau} = \lambda \,\mathrm{trace}(\boldsymbol{\varepsilon})\boldsymbol{I} + 2G\boldsymbol{\varepsilon} \tag{2-16}$$

现在考虑第二个坐标系，由主坐标系通过旋转矩阵 $\boldsymbol{L}$ 得到。根据二阶张量的变换定律式，新坐标系下的应力应变矩阵 $\boldsymbol{\tau}' = \boldsymbol{L}\boldsymbol{\tau}\boldsymbol{L}^{\mathrm{T}}$ 和 $\boldsymbol{\varepsilon}' = \boldsymbol{L}\boldsymbol{\varepsilon}\boldsymbol{L}^{\mathrm{T}}$。将此转换用于式(2-16)可得：

$$\begin{aligned}\tau' &= L\tau L^{T}\\ &= L[\lambda \operatorname{trace}(\varepsilon) I + 2G\varepsilon]L^{T}\\ &= \lambda \operatorname{trace}(\varepsilon) LIL^{T} + 2GL\varepsilon L^{T}\\ &= \lambda \operatorname{trace}(\varepsilon') LL^{T} + 2G\varepsilon' = \lambda \operatorname{trace}(\varepsilon') I + 2G\varepsilon'\end{aligned} \tag{2-17}$$

L 是旋转矩阵，故 $LL^{T}=I$。式(2-17)中第一项和最后一项的比较表明，式(2-16)中以矩阵形式表示的胡克定律实际上适用于任意正交坐标系。在一般情况下，当坐标系与主轴不对齐时，式(2-16)展开为：

$$\tau_{xx} = (\lambda + 2G)\varepsilon_{xx} + \lambda\varepsilon_{yy} + \lambda\varepsilon_{zz} \tag{2-18}$$

$$\tau_{yy} = \lambda\varepsilon_{xx} + (\lambda + 2G)\varepsilon_{yy} + \lambda\varepsilon_{zz} \tag{2-19}$$

$$\tau_{zz} = \lambda\varepsilon_{xx} + \lambda\varepsilon_{yy} + (\lambda + 2G)\varepsilon_{zz} \tag{2-20}$$

$$\tau_{xy} = 2G\varepsilon_{xy},\ \tau_{xz} = 2G\varepsilon_{xz},\ \tau_{yz} = 2G\varepsilon_{yz} \tag{2-21}$$

对于简单剪切状态来说，τ_{xy}是唯一非零应力，并且 $\gamma_{xy}=2\varepsilon_{xy}=\tau_{xy}/G$ 是唯一的非零应变，所以 G 称为剪切模量。胡克定律在局部正交的坐标系中具有相同的代数形式，但不一定是笛卡尔坐标系。在柱坐标系下：

$$\tau_{rr} = \lambda\varepsilon_{v} + 2G\varepsilon_{rr},\ \tau_{\theta\theta} = \lambda\varepsilon_{v} + 2G\varepsilon_{\theta\theta},\ \tau_{\phi\phi} = \lambda\varepsilon_{v} + 2G\varepsilon_{\phi\phi} \tag{2-22}$$

$$\tau_{r\theta} = 2G\varepsilon_{r\theta},\ \tau_{r\phi} = 2G\varepsilon_{r\phi},\ \tau_{\theta\phi} = 2G\varepsilon_{\theta\phi} \tag{2-23}$$

其中，$\varepsilon_{v} = \varepsilon_{rr} + \varepsilon_{\theta\theta} + \varepsilon_{\phi\phi}$。

若将应变表示为应力的函数（即胡克定律的逆形式），常用的形式如下：

$$\varepsilon_{xx} = \frac{1}{E}\tau_{xx} - \frac{\nu}{E}\tau_{yy} - \frac{\nu}{E}\tau_{zz} = \frac{1}{E}[\tau_{xx} - \nu(\tau_{yy} + \tau_{zz})] \tag{2-24}$$

$$\varepsilon_{yy} = \frac{1}{E}\tau_{yy} - \frac{\nu}{E}\tau_{xx} - \frac{\nu}{E}\tau_{zz} = \frac{1}{E}[\tau_{yy} - \nu(\tau_{xx} + \tau_{zz})] \tag{2-25}$$

$$\varepsilon_{zz} = \frac{1}{E}\tau_{zz} - \frac{\nu}{E}\tau_{xx} - \frac{\nu}{E}\tau_{yy} = \frac{1}{E}[\tau_{zz} - \nu(\tau_{xx} + \tau_{yy})] \tag{2-26}$$

$$\tau_{xy} = 2G\varepsilon_{xy},\ \tau_{xz} = 2G\varepsilon_{xz},\ \tau_{yz} = 2G\varepsilon_{yz} \tag{2-27}$$

在后续分析中，五个弹性参数 $\{\lambda, K, G, E, \nu\}$ 都会使用。一些公式［如式(2-1)~式(2-3)］会引入 λ 和 G，而另一些［如式(2-24)~式(2-27)］会引入 E 和 ν 改写成更简单的形式。此外，不同的实验需要测量不同的参数。例如，单轴压缩或拉伸测量 E、ν，从而得到 G。因此，弹性模量之间的关系［如式(2-7)和式(2-11)~式(2-15)］应用十分广泛。柱状岩石试样在压缩应力作用下会沿着压应力方向收缩，在这种情况下式(2-24)表明 $E>0$。同样，假设静水压力会导致试样体积减小，则式(2-7)表明 $K>0$。最后，正剪应力会产生正剪应变，反之亦然（意味着 $G>0$）。虽然上述条件均是合理的，但没有一个是任何已知的力学或热力学定律所必需的，它们只是保证材料稳定的条件。事实上，这些准则不适用于单轴压缩曲线的破坏后区域，其应变的增加伴随着应力的减小。然而，在使用线弹性理论讨论时，通常假定这些条件成立。泊松比 ν 范围在 $-1<\nu<0.5$，负泊松比意味着，纵向扩张伴随横向扩张，而不是横向收缩。虽然目前还没有发现任何各向同性岩石具有负泊松比，但这种特殊的状态并没有被排除（即使是在稳定性论证中）。事实上，人造泡沫有泊松比值在 $-1<\nu<0$。1829 年，法国数学物理学家 S. D. 泊松开发了一个在弹性固体中原子相互作用的简化的模型，得出结论 $\lambda=\mu$。如果

是这种情况，那么可以得到：

$$\lambda = G, K = \frac{5G}{3}, E = \frac{5G}{2}, \nu = \frac{1}{4} \tag{2-28}$$

$\lambda=\mu$ 条件称为“泊松关系”，对于大多岩石是一种近似处理，不是十分精确。事实上，当考虑不同岩石类型时，泊松比呈现出一系列的值。尽管如此，泊松关系有时还是被用来简化弹性方程，特别是在地球物理学中。然而，必须指出的是，弹性问题的求解困难并不是由方程中出现了两个弹性参数造成的，而是由方程本身的结构造成的。因此，引入 $\lambda=\mu$ 带来的优势将大于在普遍适用性的损失。

不可压缩固体是另一个特定类型理想化的各向同性弹性材料，即压缩系数 $C=0$，则 $K=1/C\to\infty$。对于这样的材料，从式(2-15)可得：

$$K \to \infty, \lambda \to \infty, E \to 3G, \nu \to \frac{1}{2} \tag{2-29}$$

而 E 和 G 仍然是有限的。另一方面，一个完全刚性的材料不仅是不可压缩的，而且应具有无限的 E 和 G 值。可压缩流体的极限情况是剪切模量消失，但体积模量仍然是有限的。在这种情况下，式(2-13)~式(2-15)可表示为：

$$G \to 0, \nu \to \frac{1}{2}, E \to 0, \lambda = K \tag{2-30}$$

弹性模量是应力与应变的比值。由于应变是无量纲的，弹性模量应和应力有相同的量纲。泊松比是一个弹性参数，虽然与弹性模量类似，但它本身是无量纲的。许多不同的单位用于量化弹性模量。在工程文本以及石油工程行业中，常使用磅每平方英寸（psi），在地球物理学中通常使用 $\mathrm{dyne/cm^2}$（或 $1\mathrm{bar}=10^6\mathrm{dyne/cm^2}$）。压力的官方使用单位是帕斯卡，也就是每平方米 1 牛顿（$\mathrm{Pa=N/m^2}$）。由于在岩石力学中通常用百万帕（1MPa = 106Pa）来测量应力，用十亿帕（$1\mathrm{GPa}=10^9\mathrm{Pa}$）来测量模量。各单位之间的换算系数为：

$$1\mathrm{bar} = 10^6\ \mathrm{dyne/cm^2} = 10^5\mathrm{Pa} = 14.50\mathrm{psi} \tag{2-31}$$

2.3 特殊应力-应变状态

有一些特殊的应力-应变状态在实际应用中十分重要，因此值得对它们进行明确的研究。在接下来的讨论中，假定 $0<\nu<1/2$，在实践中也是这样规定的。

2.3.1 静水压力，$\sigma_1=\sigma_2=\sigma_3=P$

岩石试样在被流体包围时，在压力 P 作用下的应力状态，可由式(2-8)~式(2-10)得出：

$$\varepsilon_1 = \varepsilon_2 = \varepsilon_3 = \frac{P}{3K} \tag{2-32}$$

从而体积应变为：

$$\varepsilon_v = \varepsilon_1 + \varepsilon_2 + \varepsilon_3 = \frac{P}{K} \tag{2-33}$$

因此 $1/K$ 可以确定岩石的压缩性。

2.3.2 单轴应力，$\sigma_1 \neq 0$，$\sigma_2 = \sigma_3 = 0$

该情况是试样在一个方向上均匀受力，而其横向边界不受力时所产生的应力状态。这种状态除了在实验室测试中经常使用外，在实际中也有类似情况，例如地下矿井中的柱所处的应力状态。在主应力 σ_1 方向上会产生 $\varepsilon_1 = \sigma_1 / E$ 的应变，在两个垂直方向上会产生 $\varepsilon_2 = \varepsilon_3 = -\nu\sigma_1 / E$ 的应变。从式(2-4)可知，体积变化量的表达式为：

$$\varepsilon_v = \frac{(1-2\nu)\sigma_1}{E} \tag{2-34}$$

当应力 $\sigma_1 > 0$ 时（即拉应力状态下），试样体积增大；当应力 $\sigma_1 < 0$ 时（即压应力状态下），试样体积减小。

2.3.3 单轴应变，$\varepsilon_1 \neq 0$，$\varepsilon_2 = \varepsilon_3 = 0$

这种状态通常发生在流体从储层孔隙介质中流出。储层垂向受压应力，而侧向应变受到邻近岩石的抑制，伴随的单轴应变状态是：

$$\sigma_1 = (\lambda + 2G)\varepsilon_1 \text{ , } \sigma_2 = \sigma_3 = \lambda\varepsilon_1 = \frac{\nu}{1-\nu}\sigma_1 \tag{2-35}$$

为了使侧向应变为零，必须存在非零的侧向应力。单轴应变假设常被用于计算地表以下地应力的简单模型。

2.3.4 $\sigma_1 \neq 0$，$\varepsilon_2 = 0$，$\sigma_3 = 0$

这种状态对应于一个方向上存在外加荷载，在另两个相互正交的方向上一个应力为零，一个应变为零，且这两个方向都垂直于外加荷载的方向。式(2-8)~式(2-10)可以简化为：

$$\varepsilon_1 = \frac{(1-\nu^2)\sigma}{E}, \ \sigma_2 = \nu\sigma_1, \ \varepsilon_3 = -\frac{\nu}{1-\nu}\varepsilon_1 \tag{2-36}$$

2.3.5 双轴应力或平面应力，$\sigma_1 \neq 0$，$\sigma_2 \neq 0$，$\sigma_3 = 0$

在这种情况下，式(2-8)~式(2-10)可以简化为：

$$\varepsilon_1 = \frac{1}{E}(\sigma_1 - \nu\sigma_2), \ \varepsilon_2 = \frac{1}{E}(\sigma_2 - \nu\sigma_1), \ \varepsilon_3 = -\frac{\nu}{E}(\sigma_1 + \sigma_2) \tag{2-37}$$

该情况发生在任何自由表面的局部，这是因为自由表面上的法向应力和剪应力为零，所以自由表面的外法线方向一定是与主应力方向一致（即 $\sigma_3 = 0$）。在平面应力中，如果 $\sigma_1 + \sigma_2 > 0$，则平面外的方向上会有扩张；如果 $\sigma_1 + \sigma_2 < 0$，则会有收缩。平面应力状态下弹性体的体应变为：

$$\varepsilon_v = \frac{(1-2\nu)(\sigma_1 + \sigma_2)}{E} \tag{2-38}$$

由式(2-1)~式(2-3)可知，平面应力状态下的应力-应变关系为：

$$\sigma_1 = \frac{4G(\lambda + G)}{\lambda + 2G}\varepsilon_1 + \frac{2G\lambda}{\lambda + 2G}\varepsilon_2 \tag{2-39}$$

$$\sigma_2 = \frac{2G\lambda}{\lambda + 2G}\varepsilon_1 + \frac{4G(\lambda + G)}{\lambda + 2G}\varepsilon_2 \tag{2-40}$$

2.3.6 双轴应变或平面应变，$\varepsilon_1 \neq 0$，$\varepsilon_2 \neq 0$，$\varepsilon_3 = 0$

由式(2-1)~式(2-3)可知，这种情况下的应力状态为：

$$\sigma_1 = (\lambda + 2G)\varepsilon_1 + \lambda\varepsilon_2,\ \sigma_2 = \lambda\varepsilon_1 + (\lambda + 2G)\varepsilon_2 \tag{2-41}$$

$$\sigma_3 = \lambda(\varepsilon_1 + \varepsilon_2) = \frac{\lambda}{2(\lambda + G)}(\sigma_1 + \sigma_2) = \nu(\sigma_1 + \sigma_2) \tag{2-42}$$

为了使平面外应变为零，需要一个由式(2-42)给出的平面外非零应力，以抵消平面内两种应力引起的泊松效应。这种平面应变状态下胡克定律的逆形式为：

$$\varepsilon_1 = \frac{1 - \nu^2}{E}\sigma_1 - \frac{\nu(1 + \nu)}{E}\sigma_2 \tag{2-43}$$

$$\varepsilon_2 = \frac{1 - \nu^2}{E}\sigma_2 - \frac{\nu(1 + \nu)}{E}\sigma_1 \tag{2-44}$$

如果 x 轴和 y 轴不是主轴，则从式(2-24)~式(2-27)可知：

$$\varepsilon_{xx} = \frac{1 - \nu^2}{E}\tau_{xx} - \frac{\nu(1 + \nu)}{E}\tau_{yy} \tag{2-45}$$

$$\varepsilon_{yy} = \frac{1 - \nu^2}{E}\tau_{yy} - \frac{\nu(1 + \nu)}{E}\tau_{xx} \tag{2-46}$$

$$\varepsilon_{xy} = \frac{1 + \nu}{E}\tau_{xy} = \frac{1}{2G}\tau_{xy} \tag{2-47}$$

在分析井眼或细长的洞室周围的应力时，常采用平面应变假设。

2.4 偏应力-应变关系

各向同性线弹性体的应力-应变定律用偏应力和偏应变表示时，具有一种特别简单的数学形式，即：

$$\begin{aligned}
\tau^{\text{iso}} &= \frac{1}{3}\text{trace}(\boldsymbol{\varepsilon})\boldsymbol{I} = \frac{1}{3}\text{trace}[\lambda\,\text{trace}(\boldsymbol{\varepsilon})\boldsymbol{I} + 2G\boldsymbol{\varepsilon}]\boldsymbol{I} \\
&= \frac{1}{3}[\lambda\,\text{trace}(\boldsymbol{\varepsilon})\text{trace}(\boldsymbol{I}) + 2G\text{trace}(\boldsymbol{\varepsilon})]\boldsymbol{I} \\
&= \frac{1}{3}[3\lambda\,\text{trace}(\boldsymbol{\varepsilon}) + 2G\text{trace}(\boldsymbol{\varepsilon})]\boldsymbol{I} \\
&= 3K[\frac{1}{3}\text{trace}(\boldsymbol{\varepsilon})]\boldsymbol{I} = 3K\boldsymbol{\varepsilon}^{\text{iso}}
\end{aligned} \tag{2-48}$$

式中，τ^{iso} 为球应力张量，$\text{trace}(\boldsymbol{I}) = 3$。

因为 $\tau^{\text{iso}} = \tau_{\text{m}}\boldsymbol{I}$，$\boldsymbol{\varepsilon}^{\text{iso}} = \varepsilon_{\text{m}}\boldsymbol{I}$，则：

$$\tau_{\text{m}} = 3K\varepsilon_{\text{m}} = K\varepsilon_{\text{v}} \tag{2-49}$$

类似地，式(2-16)可给出：

$$\tau^{\text{dev}} = \tau - \tau^{\text{iso}} = \lambda\,\text{trace}(\boldsymbol{\varepsilon})\boldsymbol{I} + 2G\boldsymbol{\varepsilon} - K\text{trace}(\boldsymbol{\varepsilon})\boldsymbol{I}$$

$$= \lambda \operatorname{trace}(\boldsymbol{\varepsilon})\boldsymbol{I} + 2G\boldsymbol{\varepsilon} - \left(\lambda + \frac{2}{3}G\right)\operatorname{trace}(\boldsymbol{\varepsilon})\boldsymbol{I}$$

$$= 2G\boldsymbol{\varepsilon} - \frac{2G}{3}\operatorname{trace}(\boldsymbol{\varepsilon})\boldsymbol{I}$$

$$= 2G\left[\boldsymbol{\varepsilon} - \left(\frac{1}{3}\right)\operatorname{trace}(\boldsymbol{\varepsilon})\boldsymbol{I}\right]$$

$$= 2G\left[\boldsymbol{\varepsilon} - \boldsymbol{\varepsilon}^{\text{iso}}\right] = 2G\boldsymbol{\varepsilon}^{\text{dev}} \tag{2-50}$$

式中，τ^{dev} 为偏应力张量。

因此，可将各向同性材料的胡克定律表示为：

$$\tau^{\text{iso}} = 3K\boldsymbol{\varepsilon}^{\text{iso}},\quad \tau^{\text{dev}} = 2G\boldsymbol{\varepsilon}^{\text{dev}} \tag{2-51}$$

从式(2-51)可以看出，不论是偏应变张量还是球应变张量，在乘以相应的常系数后，分别等于偏应力张量和球应力张量。也可以认为，偏应变张量和球应变张量是胡克定律运算中的特征向量，对应的特征值为 $2G$ 和 $3K$。这些看似抽象的数学解释，实际上对许多工程计算至关重要，比如在建立非均质或多孔材料的等效弹性模量的上界和下界时。

2.5　各向异性材料的应力-应变关系

大多数岩石在某种程度上是各向异性的。例如，分别在岩石的水平方向和垂直方向上切割圆柱形岩心，然后在单轴压缩条件下测量杨氏模量，测量的两个值通常会不同，常见情况包括沿层理面和垂直于层理面的沉积岩或变质岩具有不同弹性性质。与各向同性岩石的情况相反，各向异性岩石的广义胡克定律将有两个以上独立的弹性系数，因此，对各向异性岩石的弹性特性进行实验表征会更加困难，求解此类材料的边值问题也更加困难。因此，大多数岩石力学分析都是在各向同性假设下进行的，尽管这种假设在极少数情况下严格成立。然而，广义胡克定律越来越多地应用于岩石力学，特别是在原位地下应力测量和地震波传播中。本节只论述笛卡尔坐标系下的广义虎克定律。用矩阵形式表示的广义胡克定律为：

$$\boldsymbol{\sigma} = \boldsymbol{c}\boldsymbol{\varepsilon} \tag{2-52}$$

或

$$\boldsymbol{\varepsilon} = \boldsymbol{s}\boldsymbol{\sigma} \tag{2-53}$$

式中，$\boldsymbol{\sigma}$ 和 $\boldsymbol{\varepsilon}$ 分别是应力阵和应变阵，它们的表达式为：

$$\boldsymbol{\sigma} = [\boldsymbol{\sigma}_x,\ \boldsymbol{\sigma}_y,\ \boldsymbol{\sigma}_z,\ \tau_{yz},\ \tau_{zx},\ \tau_{xy}]^{\mathrm{T}} \tag{2-54}$$

$$\boldsymbol{\varepsilon} = [\boldsymbol{\varepsilon}_x,\ \boldsymbol{\varepsilon}_y,\ \boldsymbol{\varepsilon}_z,\ \boldsymbol{\gamma}_{yz},\ \boldsymbol{\gamma}_{zx},\ \boldsymbol{\gamma}_{xy}]^{\mathrm{T}} \tag{2-55}$$

其中，$\boldsymbol{c}$ 和 s 都是 6 阶矩阵，分别称为弹性阵(或刚度阵)和柔度阵，具体形式如下：

$$\boldsymbol{c} = (c_{ij}) = \begin{pmatrix} c_{11} & c_{12} & c_{13} & c_{14} & c_{15} & c_{16} \\ c_{21} & c_{22} & c_{23} & c_{24} & c_{25} & c_{26} \\ c_{31} & c_{32} & c_{33} & c_{34} & c_{35} & c_{36} \\ c_{41} & c_{42} & c_{43} & c_{44} & c_{45} & c_{46} \\ c_{51} & c_{52} & c_{53} & c_{54} & c_{55} & c_{56} \\ c_{61} & c_{62} & c_{63} & c_{64} & c_{65} & c_{66} \end{pmatrix} \tag{2-56}$$

$\boldsymbol{s}=(s_{ij})$ 其形式上与上式完全类似，$\boldsymbol{c}$ 和 $\boldsymbol{s}$ 互为逆阵并且都是正定阵，因此有 $(c_{ij})=(c_{ji})$ 和 $(s_{ij})=(s_{ji})$，故它们都只有 21 个独立的元素。

由于在任意各向异性的本构关系中，独立的弹性系数多达 21 个，相当复杂。如果物体具有弹性对称面，则本构关系得以简化，因为此时某些弹性系数是零，而另一些则存在某种线性关系，从而减少了独立的弹性常数的个数。

2.5.1　弹性对称面

如果物体内每一点都存在一个平面，与该平面对称的两个方向具有相同的弹性，则该平面称为物体的弹性对称面。而垂直于弹性对称面的方向称为弹性主方向或材料主方向。

对于有一个对称面的物体，设 (x, y, z) 沿 z 轴确定弹性主方向，而 (x', y', z') 坐标系的 z' 轴取 z 轴的负方向，即 $x=x'$，$y'=y$，$z'=-z$。根据弹性对称面的定义，应有 $\boldsymbol{c}'=\boldsymbol{c}$，$\boldsymbol{s}'=\boldsymbol{s}$，可以写成如下的形式：

$$\boldsymbol{\sigma}'=\boldsymbol{c}\boldsymbol{\varepsilon}' \tag{2-57}$$

经过相应变换可以导出下列弹性常数为 0，即：

$$c_{14}=c_{15}=c_{24}=c_{25}=c_{34}=c_{35}=c_{46}=c_{46} \tag{2-58}$$

于是得到具有 13 个独立的弹性系数的广义胡克定律，即：

$$\begin{cases}\sigma_x=c_{11}\varepsilon_x+c_{12}\varepsilon_y+c_{13}\varepsilon_z+c_{16}\gamma_{xy}\\ \sigma_y=c_{12}\varepsilon_x+c_{22}\varepsilon_y+c_{23}\varepsilon_z+c_{26}\gamma_{xy}\\ \sigma_z=c_{13}\varepsilon_x+c_{23}\varepsilon_y+c_{33}\varepsilon_z+c_{36}\gamma_{xy}\\ \tau_{yz}=c_{44}\gamma_{yz}+c_{45}\gamma_{zx}\\ \tau_{zx}=c_{45}\gamma_{yz}+c_{55}\gamma_{zx}\\ \tau_{xy}=c_{16}\varepsilon_x+c_{26}\varepsilon_y+c_{36}\varepsilon_z+c_{66}\gamma_{xy}\end{cases} \tag{2-59}$$

2.5.2　正交各向异性体

如果物体每点都有三个互相垂直的对称面，取三个弹性对称面为坐标系的坐标面。对每个弹性对称面作上述的推导，可以得到除已有的 8 个独立弹性系数等于零之外，还有：

$$c_{16}=c_{26}=c_{36}=c_{45}=0 \tag{2-60}$$

于是就得到正交各向异性体的广义胡克定律，即：

$$\begin{cases}\sigma_x=c_{11}\varepsilon_x+c_{12}\varepsilon_y+c_{13}\varepsilon_z\\ \sigma_y=c_{12}\varepsilon_x+c_{22}\varepsilon_y+c_{23}\varepsilon_z\\ \sigma_z=c_{13}\varepsilon_x+c_{23}\varepsilon_y+c_{33}\varepsilon_z\\ \tau_{yz}=c_{44}\gamma_{yz},\ \tau_{zx}=c_{55}\gamma_{yz},\ \tau_{xy}=c_{66}\gamma_{xy}\end{cases} \tag{2-61}$$

此时，独立弹性常数为 9 个。在这个以弹性主方向为坐标轴的本构关系中，显然正应力只与正应变有关，切应力只与切应变有关，而且不同平面内的切应力与切应变间不存在耦合作用。

有些书引入工程常数 E_i、G_{ij}、P_i来写出正交各向异性体的本构关系，即：

$$\begin{cases}\varepsilon_x = \dfrac{1}{E_1}\sigma_x - \dfrac{\nu_{21}}{E_2}\sigma_y - \dfrac{\nu_{31}}{E_3}\sigma_z \\ \varepsilon_y = -\dfrac{\nu_{12}}{E_1}\sigma_x + \dfrac{1}{E_2}\sigma_y - \dfrac{\nu_{32}}{E_3}\sigma_z \\ \varepsilon_z = -\dfrac{\nu_{13}}{E_1}\sigma_x - \dfrac{\nu_{23}}{E_2}\sigma_y + \dfrac{1}{E_3}\sigma_z \\ \gamma_{yz} = \dfrac{1}{G_{23}}\tau_{yz},\ \gamma_{zx} = \dfrac{1}{G_{31}}\tau_{zx},\ \gamma_{xy} = \dfrac{1}{G_{12}}\tau_{xy}\end{cases} \tag{2-62}$$

式中，

$$\frac{\nu_{21}}{E_2} = \frac{\nu_{12}}{E_1},\ \frac{\nu_{31}}{E_3} = \frac{\nu_{13}}{E_1},\ \frac{\nu_{32}}{E_3} = \frac{\nu_{23}}{E_2} \tag{2-63}$$

2.5.3　横观各向同性体

此时物体内的每一点都有一个弹性对称轴，也就是说每一点都有一个各向同性面，在这个垂直于弹性对称轴的各向同性面上，所有方向的弹性都是相同的。这时在式(2-61)的基础上，进一步简化它。经过一系列变换后，得到以下关系式：

$$c_{11} = c_{22},\ c_{13} = c_{23},\ c_{44} = c_{55},\ 2c_{66} = c_{11} - c_{12} \tag{2-64}$$

于是独立的弹性常数减至 5 个，广义胡克定律将简化为：

$$\begin{cases}\sigma_x = c_{11}\varepsilon_x + c_{12}\varepsilon_y + c_{13}\varepsilon_z \\ \sigma_y = c_{12}\varepsilon_x + c_{22}\varepsilon_y + c_{23}\varepsilon_z \\ \sigma_z = c_{13}\varepsilon_x + c_{23}\varepsilon_y + c_{33}\varepsilon_z \\ \tau_{yz} = c_{44}\gamma_{yz},\ \tau_{zx} = c_{44}\gamma_{zx},\ \tau_{xy} = c_{66}\gamma_{xy}\end{cases} \tag{2-65}$$

式中，c_{66}、c_{11}和c_{12}间关系式如式(2-64)所示，或可写成如下形式：

$$\begin{cases}\varepsilon_x = s_{11}\sigma_x + s_{12}\sigma_y + s_{13}\sigma_z \\ \varepsilon_y = s_{12}\sigma_x + s_{22}\sigma_y + s_{23}\sigma_z \\ \varepsilon_z = s_{13}\sigma_x + s_{23}\sigma_y + s_{33}\sigma_z \\ \gamma_{yz} = s_{44}\tau_{yz},\ \gamma_{zx} = s_{44}\tau_{zx},\ \gamma_{xy} = s_{66}\tau_{xy}\end{cases} \tag{2-66}$$

其中，

$$2s_{66} = s_{11} - s_{12} \tag{2-67}$$

如果用工程常数来写，式(2-66)又可写成：

$$\begin{cases}\varepsilon_x = \dfrac{1}{E}(\sigma_x - \nu\sigma_y) - \dfrac{\nu'}{E'}\sigma_z,\ \gamma_{yz} = \dfrac{1}{G'}\tau_{yz} \\ \varepsilon_y = \dfrac{1}{E}(-\nu\sigma_x + \sigma_y) - \dfrac{\nu'}{E'}\sigma_z,\ \gamma_{zx} = \dfrac{1}{G'}\tau_{zx} \\ \varepsilon_z = -\dfrac{\nu'}{E'}(\sigma_x + \sigma_y) + \dfrac{1}{E'}\sigma_z,\ \gamma_{xy} = \dfrac{1}{G'}\tau_{xy}\end{cases} \tag{2-68}$$

其中，

$$2G = \frac{E}{1+\nu} \tag{2-69}$$

2.5.4 各向同性体

如果物体内任何方向都是弹性主方向，则可以证明独立常数只有两个。广义胡克定律可写成如下形式（其中 λ 和 μ 都为拉梅常数）：

$$\begin{cases} \sigma_x = (\lambda + 2\mu)\varepsilon_x + \lambda\varepsilon_y + \lambda\varepsilon_z \\ \sigma_y = \lambda\varepsilon_x + (\lambda + 2\mu)\varepsilon_y + \lambda\varepsilon_z \\ \sigma_z = \lambda\varepsilon_x + \lambda\varepsilon_y + (\lambda + 2\mu)\varepsilon_z \\ \tau_{yz} = \mu\gamma_{yz},\ \tau_{zx} = \mu\gamma_{zx},\ \tau_{xy} = \mu\gamma_{xy} \end{cases} \tag{2-70}$$

也常写成：

$$\begin{cases} \varepsilon_x = \frac{1}{E}[\sigma_x - \nu(\sigma_y + \sigma_z)] \\ \varepsilon_y = \frac{1}{E}[\sigma_y - \nu(\sigma_x + \sigma_z)] \\ \varepsilon_z = \frac{1}{E}[\sigma_z - \nu(\sigma_x + \sigma_y)] \\ \gamma_{yz} = \frac{2(1+\nu)}{E}\tau_{yz} = \frac{1}{G}\tau_{yz} \\ \gamma_{zx} = \frac{2(1+\nu)}{E}\tau_{zx} = \frac{1}{G}\tau_{zx} \\ \gamma_{xy} = \frac{2(1+\nu)}{E}\tau_{xy} = \frac{1}{G}\tau_{xy} \end{cases} \tag{2-71}$$

式中，E、ν、G 分别为杨氏模量、泊松比、剪切模量。

习 题

2-1 简述岩石的本构关系。

2-2 简述广义胡克定律。

2-3 特殊应力-应变状态有几种，分别是什么？

2-4 对于弹性平面问题，如果应力为常量，其应力分布是否与应力状态和材料性质有关，为什么？

2-5 试证明：在发生最大与最小剪应力的面上，正应力的数值等于两个主应力的平均值。

3 岩石的物理力学性质

3.1 岩石的物理性质

3.1.1 岩石的密度、容重和相对密度

3.1.1.1 岩石的密度

岩石的密度是指岩石单位体积（包括岩石内的孔隙体积）的质量，一般用ρ来表示，其单位为g/cm^3。岩石密度的表达式为：

$$\rho = \frac{m}{V} \tag{3-1}$$

式中 m——被测岩石的质量，g；

V——被测岩石的体积，cm^3。

3.1.1.2 容重

岩石的容重是指岩石单位体积（包括岩石内的孔隙体积）的重量，一般用γ来表示，其单位为kN/m^3。岩石容重的表达式为：

$$\gamma = \frac{W}{V} \tag{3-2}$$

式中 W——被测岩石的重量，kN；

V——被测岩石的体积，m^3。

常用的岩石容量测定方法一般有三种，分别是量积法、水中称量法和蜡封法。

A 量积法

所有形状规则的岩石均可采用量积法测定其容重。在测定岩石容重时，需要测定规则岩石的平均断面面积A、平均高度H以及岩石的重量W，然后代入式(3-2)。岩石容重的表达式为：

$$\gamma = \frac{W}{AH} \tag{3-3}$$

B 水中称量法

除遇水会发生崩解、溶解和干缩湿胀以外的其他岩石均可采用水中称量法测定其容重。该方法首先须测定出岩石的重量，然后再根据阿基米德原理测定出岩石的体积，最后根据式(3-2)计算出岩石的容重。

C 蜡封法

不能用量积法和水中称量法进行测定的岩石可采用蜡封法测定容重。首先选取具有代表性的岩石，在105~110℃环境下烘干24h，取出后将其系上细线，称其重量W。手持细

线将岩石缓慢地浸入刚过熔点的蜡液中，浸入完全后立即提出，检查岩石周围的蜡膜，若有气泡应用针刺破，再用蜡液补平，待冷却后称蜡封岩样的重量 W_1，然后将蜡封岩样浸没于纯水中称其重量 W'。则岩石的干容重 γ_d 为：

$$\gamma_d = \frac{W}{\dfrac{W_1 - W'}{\gamma_W} - \dfrac{W_1 - W'}{\gamma_n}} \tag{3-4}$$

式中　γ_n——蜡的容重，kN/m³；

γ_W——水的容重，kN/m³。

若已知岩石的天然含水率，则可根据干容重 γ_d 计算岩石的天然容重 γ，即

$$\gamma = \gamma_d(1 + 0.01\omega) \tag{3-5}$$

式中　ω——岩石的天然含水率，%。

岩石的容重往往取决于组成岩石的矿物成分、孔隙大小以及含水量。一般来说，越靠近地表，岩石的容重越小，深层的岩石往往具有较大的容重。岩石容重的大小，在一定程度上也反映了岩石力学性质的优劣。通常情况下，岩石的容重越大，其力学性质就越好。常见岩石的容重见表 3-1。

表 3-1　常见岩石的容重

岩石名称	天然容重 /kN·m⁻³	岩石名称	天然容重 /kN·m⁻³	岩石名称	天然容重 /kN·m⁻³
花岗岩	23.0~28.0	玢　岩	24.0~28.6	玄武岩	25.0~31.0
闪长岩	25.2~29.6	辉绿岩	25.3~29.7	凝灰岩	22.9~25.0
辉长岩	25.5~29.8	粗面岩	23.0~26.7	凝灰角砾岩	22.0~29.0
斑　岩	27.0~27.4	安山岩	23.0~27.0	砾　岩	24.0~26.6
石英砂岩	26.1~27.0	白云质灰岩	28.0	片　岩	29.0~29.2
硅质胶结砂岩	25.0	泥质灰岩	23.0	坚硬的石英岩	30.0~33.0
砂　岩	22.0~27.1	灰　岩	23.0~27.7	片状石英岩	28.0~29.0
坚固的页岩	28.0	新鲜花岗片麻岩	29.0~33.0	大理岩	26.0~27.0
砂质页岩	26.0	角闪片麻岩	27.6~30.5	白云岩	21.0~27.0
页　岩	23.0~26.2	混合片麻岩	24.0~26.3	板　岩	23.1~27.5
硅质灰岩	28.1~29.0	片麻岩	23.0~30.0	蛇纹岩	26.0

3.1.1.3　相对密度

岩石固体部分的重量与同体积 4℃ 时纯水重量的比值称为岩石的相对密度，一般用 G_s 来表示，无量纲。岩石相对密度的表达式为：

$$G_s = \frac{W_s}{V_s \gamma_W} \tag{3-6}$$

式中　W_s——体积为 V 时的岩石固体部分的重量，kN；

V_s——岩石固体部分（不包含孔隙）的体积，m³；

γ_W——4℃ 时单位体积水的重量，kN/m³。

岩石的相对密度一般可采用比重瓶法进行测定。试验时先将岩石研磨成粉末，烘干后

用比重瓶测定，其原理、方法与土工试验相同。岩石的相对密度在数值上等于其密度，它取决于组成岩石的矿物相对密度及其在岩石中的相对含量，岩石中重矿物含量越多其相对密度越大，大部分岩石的相对密度一般为2.50~3.30。常见岩石的相对密度见表3-2。

表3-2　常见岩石的相对密度

岩石名称	相对密度	岩石名称	相对密度	岩石名称	相对密度
花岗岩	2.50~2.84	辉绿岩	2.60~3.10	凝灰岩	2.50~2.70
闪长岩	2.60~3.10	流纹岩	2.65	砾　岩	2.67~2.71
橄榄岩	2.90~3.40	粗面岩	2.40~2.70	砂　岩	2.60~2.75
斑　岩	2.60~2.80	安山岩	2.40~2.80	细砂岩	2.70
玢　岩	2.60~2.90	玄武岩	2.50~3.30	黏土质砂岩	2.68
砂质页岩	2.72	煤	1.98	黏土质片岩	2.40~2.80
页　岩	2.57~2.77	片麻岩	2.63~3.01	板　岩	2.70~2.90
石灰岩	2.40~2.80	花岗片麻岩	2.60~2.80	大理岩	2.70~2.90
泥质灰岩	2.70~2.80	角闪片麻岩	3.07	石英岩	2.53~2.84
白云岩	2.70~2.90	石英片岩	2.60~2.80	蛇纹岩	2.40~2.80
石　膏	2.20~2.30	绿泥石片岩	2.80~2.90		

3.1.2　岩石的孔隙性

岩石的孔隙性是反映岩石中微裂隙发育程度的指标，一般不采取实测的方式，而是通过指标换算求得。由于一般的岩石孔隙相对较少，且孔隙的大小对岩石变形的影响不是太明显，因此，岩石的孔隙性只在一些特殊的岩石中应用。岩石的孔隙性常用孔隙率 n 来表示。

岩石孔隙的体积与岩石总体积的比值称为岩石的孔隙率，一般用 n 表示，常表述为百分数。岩石的孔隙、裂隙有的与大气相通，有的不相通，孔隙、裂隙的开口也有大小之分，因此，岩石的孔隙性指标，应根据孔隙、裂隙的类型加以区分，分为总孔隙率 n、总开孔隙率 n_0、大开孔隙率 n_b、小开孔隙率 n_s 和闭孔隙率 n_c 五类。各类孔隙率可按下列公式分别进行计算：

$$n = \frac{V_p}{V} \times 100\% \tag{3-7}$$

$$n_0 = \frac{V_{p0}}{V} \times 100\% \tag{3-8}$$

$$n_b = \frac{V_{pb}}{V} \times 100\% \tag{3-9}$$

$$n_s = \frac{V_{ps}}{V} \times 100\% \tag{3-10}$$

$$n_c = \frac{V_{pc}}{V} \times 100\% \tag{3-11}$$

式中　V——岩石总体积，m^3；

V_p——岩石孔隙总体积，m^3；

V_{p_0}——岩石开型孔隙总体积，m^3；

V_{p_b}——岩石大开型孔隙体积，m^3；

V_{p_s}——岩石小开型孔隙体积，m^3；

V_{p_c}——岩石闭型孔隙体积，m^3。

孔隙率是衡量岩石工程质量的重要物理性质指标之一，反映了岩石的致密程度，即孔隙和裂隙在岩石中所占的百分率。孔隙率越大，岩石中的孔隙和裂隙就越多，岩石的力学性能就越差。常见岩石的孔隙率见表 3-3。

表 3-3　常见岩石的孔隙率

岩石名称	孔隙率/%	岩石名称	孔隙率/%	岩石名称	孔隙率/%
花岗岩	0.5~4.0	砾　岩	0.8~10.0	角闪岩	0.7~3.0
闪长岩	0.18~5.0	砂　岩	1.6~28.0	云母片岩	0.8~2.1
辉长岩	0.29~4.0	泥　岩	3.0~7.0	绿泥石片岩	0.8~2.1
辉绿岩	0.29~5.0	页　岩	0.4~10.0	千枚岩	0.4~3.6
玢　岩	2.1~5.0	石灰岩	0.5~27.0	板　岩	0.1~0.45
安山岩	1.1~4.5	泥灰岩	1.0~10.0	大理岩	0.1~6.0
玄武岩	0.5~7.2	白云岩	0.3~25.0	石英岩	0.1~8.7
火山集块岩	2.2~7.0	片麻岩	0.7~2.2	蛇纹岩	0.1~2.5
火山角砾岩	4.4~11.2	花岗片麻岩	0.3~2.4		
凝灰岩	1.5~7.5	石英片岩	0.7~3.0		

3.1.3　岩石裂隙与声波传播速度

岩石中的孔隙和裂隙会影响声波在岩石中的传播速度，一般可以通过测量纵波在岩石中的传播速度，对岩石中孔隙和裂隙的发育程度作定量的评价。具体步骤如下：

（1）确定被测岩石的矿物组成，并测定每一种矿物中的纵波传播速度。常见矿物的纵波传播速度见表 3-4。

表 3-4　常见矿物的纵波传播速度

矿物名称	纵波传播速度/$m \cdot s^{-1}$	矿物名称	纵波传播速度/$m \cdot s^{-1}$
石　英	6050	方解石	6600
橄榄石	8400	白云石	7500
辉　石	7200	磁铁矿	7400
角闪石	7200	石　膏	5200
白云母	5800	绿帘石	7450
正长石	5800	黄铁矿	8000
斜长石	6250		

（2）根据式（3-12），计算出被测岩石在无孔隙裂隙的条件下的纵波传播速度，即：

$$\frac{1}{V_1^*} = \sum_i \frac{C_i}{V_{1,i}} \tag{3-12}$$

式中 $V_{1,i}$——第 i 种矿物的纵波传播速度，m/s；

C_i——第 i 种矿物在被测岩石中所占比例。

常见岩石在无孔隙和裂隙的条件下的纵波传播速度见表 3-5。

表 3-5 常见岩石的纵波传播速度

岩石名称	纵波传播速度/m·s^{-1}	岩石名称	纵波传播速度/m·s^{-1}
辉长岩	7000	砂　岩	6000
玄武岩	6500～7000	石英岩	6000
石灰岩	6000～6500	花岗岩	5500～6000
白云岩	6500～7000		

（3）测量纵波在实际岩石中的传播速度，然后根据纵波在实际岩石中的传播速度与纵波在无孔隙和裂隙的条件下的传播速度之比，来定义与裂隙度相关的岩石质量指标，如下式所示：

$$IQ = \left(\frac{V_1}{V_1^*}\right) \times 100\% \tag{3-13}$$

式中 IQ——岩石质量指标，%；

V_1——纵波在实际岩石中的传播速度，m/s。

声波在岩石中的传播速度受裂隙和孔隙的影响，综合考虑二者的影响，根据岩石质量指标和不含裂隙的岩石孔隙度，将岩石中的裂隙发育程度划分为 5 个等级：Ⅰ为无裂隙至轻微裂隙；Ⅱ为轻微裂隙至中等程度裂隙；Ⅲ为中等程度裂隙至严重裂隙；Ⅳ为严重裂隙至非常严重裂隙；Ⅴ为极度裂隙化。

3.1.4 岩石的水理性

3.1.4.1 岩石的含水率

岩石中水的质量 m_w 与岩石固体颗粒质量 m_s 比值的百分数称为岩石的含水率（ω）。其计算公式如下：

$$\omega = \frac{m_w}{m_s} \times 100\% \tag{3-14}$$

3.1.4.2 岩石的吸水率

岩石吸入水后的质量与岩石固体颗粒的质量之比称为岩石的吸水率。根据试验方法岩石吸水率可分成自由吸水率（ω_a）和饱和吸水率（ω_{sa}），即：

$$\omega_a = \frac{m_0 - m_s}{m_s} \times 100\% \tag{3-15}$$

$$\omega_{sa} = \frac{m_p - m_s}{m_s} \times 100\% \tag{3-16}$$

式中　m_0——试件浸水 48h 后的质量；

　　　m_p——试件经煮沸或真空抽气饱和后的质量。

岩石自由吸水率的试验方法采用浸水法，其大小取决于岩石中孔隙数量和细微裂隙的连通情况。一般情况下，孔隙越大、越多、孔隙和细微裂隙连通情况越好，则岩石的吸水率越大，岩石的力学性能越差。

在高压条件下，通常认为水能进入岩样中所有敞开的裂隙和孔隙中。国外采用高压设备使岩样饱和，由于高压设备较为复杂，国内实验室常用真空抽气法或煮沸法使岩样饱和。饱和吸水率反映岩石中张开型裂隙和孔隙的发育情况，对岩石的抗冻性有较大影响。

岩石自由吸水率与饱和吸水率的比值称为饱水系数 k_w，其计算公式为：

$$k_w = \frac{\omega_a}{\omega_{sa}} \tag{3-17}$$

表 3-6 列出了部分岩石的吸水率。

表 3-6　部分岩石的吸水率

岩石名称	吸水率/%	岩石名称	吸水率/%	岩石名称	吸水率/%
花岗岩	0.1~4.0	砾　岩	0.3~2.4	石英片岩及角闪片岩	0.1~0.3
闪长岩	0.3~5.0	砂　岩	0.2~9.0		
辉长岩	0.5~4.0	泥　岩	0.7~3.0		
粉　岩	0.4~1.7	页　岩	0.5~3.2		
辉绿岩	0.8~5.0	石灰岩	0.1~4.5	云母片岩及绿泥石片岩	0.1~0.6
安山岩	0.3~4.5	泥灰岩	0.5~3.0		
玄武岩	0.3~2.8	白云岩	0.1~3.0	板岩	0.1~0.3
火山集块岩	0.5~1.7	片麻岩	0.1~0.7	大理岩	0.1~1.0
火山角砾岩	0.2~5.0	花岗片麻岩	0.1~0.85	页英岩	0.1~1.5
凝灰岩	0.5~7.5	千枚岩	0.5~1.8	蛇纹岩	0.2~2.5

表 3-7 列出了几种岩石的吸水性指标值。

表 3-7　几种岩石吸水性指标值

岩石名称	吸水率/%	饱水率/%	饱水系数
花岗岩	0.46	0.84	0.55
石英闪长岩	0.32	0.54	0.59
玄武岩	0.27	0.39	0.69
基性斑岩	0.35	0.42	0.83
云母片岩	0.13	1.31	0.10
砂　岩	7.01	11.99	0.58
石灰岩	0.09	0.25	0.36
白云质灰岩	0.74	0.92	0.80

3.1.4.3 岩石的透水性

岩石能被水透过的性能称为岩石的透水性，水只能沿连通孔隙渗透。岩石透水性大小可用渗透系数衡量（见表3-8），则主要取决于岩石孔隙的大小、方向及其相互连通情况。

表3-8 某些岩石渗透系数值

岩石名称	空隙情况	渗透系数 $K/cm \cdot s^{-1}$
花岗岩	较致密、微裂隙	$1.1\times10^{-12}\sim9.5\times10^{-11}$
	含微裂隙	$1.1\times10^{-11}\sim2.5\times10^{-11}$
	微裂隙及部分粗裂隙	$2.8\times10^{-9}\sim7\times10^{-8}$
石灰岩	致密	$3\times10^{-12}\sim6\times10^{-10}$
	微裂隙、孔隙	$2\times10^{-9}\sim3\times10^{-6}$
	空间较发育	$9\times10^{-5}\sim3\times10^{-4}$
片麻岩	致密	$<10^{-13}$
	微裂隙	$9\times10^{-8}\sim4\times10^{-7}$
	微裂隙发育	$2\times10^{-6}\sim3\times10^{-5}$
辉绿岩、玄武岩	致密	$<10^{-13}$
砂岩	较致密	$10^{-13}\sim2.5\times10^{-12}$
	空隙较发育	5.5×10^{-6}
页岩	微裂隙发育	$2\times10^{-10}\sim8\times10^{-9}$
片岩	微裂隙发育	$10^{-9}\sim5\times10^{-8}$
石英岩	微裂隙	$1.2\times10^{-10}\sim1.8\times10^{-10}$

3.1.4.4 渗透性

在水压力作用下，岩石的孔隙和裂隙透过水的能力称为岩石的渗透性，其间接地反映了岩石中裂隙间相互连通的程度。当水流在岩石的孔隙中流动时，大多数表现为层流状态，因此，其渗透性可用达西（Dancy）定律来描述，即：

$$q_x = AK\frac{\mathrm{d}h}{\mathrm{d}x} \tag{3-18}$$

式中 q_x——沿 x 方向水的流量，m^3/s；

h——水头的高度，m；

A——垂直于 x 方向的截面面积，m^2；

K——岩石沿 x 方向的渗透系数，m/s。

就一般工程而言，所关心的是渗透系数 K 的大小。通常情况下，渗透系数 K 可利用径向渗透试验而得到。所谓径向渗透试验，是采用钻有一同心轴内孔的岩芯，使得空心圆柱体试样在水力梯度的作用下，液体能够产生径向流动，并测得液体沿着岩石内的裂隙网流动时的各参数，进而求得岩石的渗透系数。

岩石的渗透性对于解决一些实际问题具有实际意义，例如：将水、油或者气体泵入多孔隙的岩体中；为了能量转换而在地下洞室中储存液体；评价水库的透水性；排除深埋洞室的渗水等。但是就渗透性而言，岩体的渗透特性远比岩石的渗透性重要，其原因是岩体中存在着的不连续面，使其渗透系数要比岩石的大得多。目前，国外已有人正在进行现场岩体的渗透性试验研究，这也是研究岩石渗透性的方向。

3.1.4.5 软化性

岩石与水相互作用时强度降低的特性称为岩石的软化性。软化作用的机理是水分子进入粒间间隙而削弱了粒间联结。岩石的软化性与其矿物成分、粒间联结方式、孔隙率以及微裂隙发育程度等因素有关。大部分未经风化的结晶岩在水中不易软化，许多沉积岩如黏土岩、泥质砂岩、泥灰岩以及蛋白岩、硅藻岩等，则在水中极易软化。

岩石的软化性高低一般用软化系数表示，软化系数是岩样饱和状态下的抗压强度与烘干状态下的抗压强度的比值，即：

$$\eta_c = \frac{R_{cw}}{R_c} \tag{3-19}$$

式中 η_c——岩石的软化系数；

R_{cw}——岩样在饱和状态下的抗压强度，MPa；

R_c——岩样烘干状态下的抗压强度，MPa。

岩石的软化系数是一个小于或等于 1 的系数，该值越小，则表示岩石受水的影响越大。主要岩石的软化系数见表 3-9。

表 3-9 某些岩石的软化系数 η_c 的试验值

岩石种类	η_c	岩石种类	η_c
花岗岩	0.80~0.98	砂　岩	0.60~0.97
闪长岩	0.70~0.90	泥　岩	0.10~0.50
辉长岩	0.65~0.92	页　岩	0.55~0.70
辉绿岩	0.92	片麻岩	0.70~0.96
玄武岩	0.70~0.95	片　岩	0.50~0.95
凝灰岩	0.65~0.88	石英岩	0.80~0.98
白云岩	0.83	千枚岩	0.76~0.95
石灰岩	0.68~0.94		

3.1.4.6 膨胀性

含有黏土矿物的岩石，遇水后会发生膨胀现象，这是因为黏土矿物遇水促使其颗粒间的水膜增厚所致。因此，对于含有黏土矿物的岩石，掌握经开挖后其遇水膨胀的特性是十分必要的。岩石的膨胀特性通常以岩石的自由膨胀率、岩石的侧向约束膨胀率、膨胀压力等来表述。

A 岩石的自由膨胀率

岩石的自由膨胀率是指岩石试件在无任何约束的条件下浸水后所产生膨胀变形量与试件原尺寸的比值，这一参数适用于评价不易崩解的岩石。常用的有岩石的径向自由膨胀率（V_D）和轴向自由膨胀率（V_H），其计算公式分别为：

$$\begin{cases} V_{\mathrm{H}} = \dfrac{\Delta H}{H} \times 100\% \\ V_{\mathrm{D}} = \dfrac{\Delta D}{D} \times 100\% \end{cases} \tag{3-20}$$

式中 ΔH，ΔD——浸水后岩石试件轴向、径向膨胀变形量，m；

H，D——岩石试件试验前的高度、直径，m。

自由膨胀率的试验通常是将加工完成的试件浸入水中，按一定的时间间隔测量其变形量，直至三次的读数差值不大于0.001mm，最终按式(3-20)算出。

B 岩石的侧向约束膨胀率

与岩石自由膨胀率不同，岩石侧向约束膨胀率是将具有侧向约束的试件浸入水中，使岩石试件仅产生轴向膨胀变形而求得的膨胀率（V_{HP}）。其计算公式如下：

$$V_{\mathrm{HP}} = \frac{\Delta H_{\mathrm{HP}}}{H} \times 100\% \tag{3-21}$$

式中 ΔH_{HP}——有侧向约束条件下所测得的轴向膨胀变形量，m。

C 膨胀压力

膨胀压力是指岩石试件浸水后，使试件保持原有体积所需施加的最大压力。其试验方法为：先加预压0.01MPa，待岩石试件的变形稳定后，将试件浸入水中，当岩石遇水膨胀的变形量大于0.001mm时，施加一定的压力，使试件保持原有的体积，经过一段时间的试验，测量试件体积不再变化（变形趋于稳定）时所施加的最大压力。

上述3个参数从不同的角度反映了岩石遇水膨胀的特性，进而可利用这些参数，评价建造于含有黏土矿物岩体中洞室的稳定性，并为这些工程的设计提供必要的参数。

3.1.4.7 抗冻性

岩石抵抗冻融破坏的性能称为岩石的抗冻性。岩石的抗冻性通常用抗冻系数 C_{R} 和质量损失率 C_{m} 表示。

A 抗冻系数 C_{R}

岩石的抗冻系数 C_{R} 是指岩样在±25℃的温度区间内，经过反复降温、冻结、升温、融解，岩样干抗压强度 R_{c_2} 与冻融前的抗压强度 R_{c_1} 的比值。其计算公式为：

$$C_{\mathrm{R}} = \frac{R_{c_2}}{R_{c_1}} \times 100\% \tag{3-22}$$

B 质量损失率 C_{m}

质量损失率是指冻融试验前后干质量之差（$m_{c_1} - m_{c_2}$）与试验前干质量 m_{c_1} 之比，即：

$$C_{\mathrm{m}} = \frac{m_{c_1} - m_{c_2}}{m_{c_1}} \times 100\% \tag{3-23}$$

C 测定方法

测定抗冻性的方法包括：

（1）将岩石浸水饱和。

（2）在-20~20℃下反复冻融25次以上，冻融次数和温度可根据工程所处地区的气候条件确定。

（3）把经过冻融的试件和未经过冻融的同类试件放入108℃烘箱中，将岩石烘至恒重（一般为24h）。

（4）测试经过冻融的试件和未经过冻融的同类岩石试件的质量和干抗压强度。

（5）由计算公式计算岩石的抗冻性参数。

岩石在反复冻融后强度降低的主要原因有：

（1）构成岩石的各种矿物的膨胀系数不同。当温度变化时，由于矿物的胀、缩不均而导致岩石结构的破坏。

（2）当温度降到0℃以下时，岩石孔隙中的水将结冰，其体积增大约9%，会产生很大的膨胀压力，使岩石的结构发生改变，直至破坏。

因此，岩石的抗冻性是高寒地区岩石强度特性研究的主要内容。一般认为，当 $C_R>75\%$ 且 $C_m<2\%$ 时，岩石抗冻性强。

3.1.5 岩石的热学性质

岩石的热交换方式主要有传导传热、对流传热及辐射传热等，其交换过程中的能量交换与守恒服从热力学原理。在以上集中热交换方式中，传导传热最为普遍，控制着几乎整个地壳岩石的传热状态，对流传热主要在地下水渗流带内进行，辐射传热仅发生在地表。热交换的发生导致岩石力学性质的变化，产生了独特的岩石力学问题。常用的热学性质指标有比热容、导热系数和热膨胀系数等。

3.1.5.1 岩石的比热容 C

岩石在热交换时吸收热能的能力称为岩石的热容性。单位质量岩石的温度升高1K（开尔文）时所需要的热量称为岩石的比热容 C，单位为J/(kg·K)。根据热力学第一定律，外界传给岩石的热量 ΔQ、消耗在内部的热能（温度上升）ΔE 和引起岩石膨胀所做的功 A 上，在传导过程中热量的传入与消耗总是平衡的，即 $\Delta Q=\Delta E+A$。对岩石来说，消耗在岩石膨胀上的热能与消耗在内能改变上的热能相比是微小的，这时传导给岩石的热量主要用于岩石升温。因此，如果设质量为 m 的岩石由温度 T_1 升高至 T_2 所需要的热量为 ΔQ，则 $\Delta Q=Cm(T_2-T_1)$，由此可得岩石的比热容公式为：

$$C=\frac{\Delta Q}{m(T_2-T_1)} \tag{3-24}$$

含水裂隙岩石具有较大的比热容，因此水的比热容为 4.19×10^3 J/(kg·K)。

因此，设岩石的干质量为 x_1，岩石中含水的质量为 x_2，则含水裂隙岩石的比热容为：

$$C_s=\frac{C_c x_1+C_w x_2}{x_1+x_2} \tag{3-25}$$

式中 C_c——干燥岩石的比热容；

C_w——水的比热容。

3.1.5.2 导热系数 k

岩石传导热量的能力称为热传导性，常用导热系数 k 表示。当某方向 x 的温度梯度 $\frac{dT}{dx}=1$ 时，单位时间内通过单位面积岩石的热量称为岩石的导热系数 k，单位为W/(m·K)。

根据热力学第二定律，物体内的热量通过热传导作用不断地从高温点向低温点流动，使物体内温度逐步一体化。设面积为 A 的平面上，温度仅沿 x 方向变化，这时通过 A 的热流量 Q 与温度梯度 $\frac{dT}{dx}$ 及时间 dt 成正比，即 $Q=-kA\frac{dT}{dx}dt$ 。由此得到岩石的导热系数为：

$$k=-\frac{Q}{A\frac{dT}{dx}dt} \tag{3-26}$$

注意：

（1）常温下的岩石，$k=6.07\sim16.1$W/(m·K)。

（2）多数沉积岩和变质岩的热传导性具有各向异性，即沿层理方向的导热系数比垂直层理方向的导热系数平均高 10%~30%。

（3）岩石的比热容与导热系数之间存在如下关系：

$$k=\lambda\rho C \tag{3-27}$$

式中 ρ——岩石密度，kg/m^3；

λ——岩石的热扩散率，m/s。

3.1.5.3 热膨胀系数 α

岩石在温度升高时体积膨胀、温度降低时体积收缩的性质，称为岩石的热膨胀性。该性质可用线膨胀（收缩）系数或体膨胀（收缩）系数表示。

当岩石试件的温度从 T_1 升高至 T_2 时，膨胀使试件伸长 Δl，并可以表示为 $\Delta l=\alpha l(T_2-T_1)$ 。其中，α 为线膨胀系数（K^{-1}）；l 为岩石试件的原始长度。由此可得：

$$\alpha=\frac{\Delta l}{l(T_2-T_1)} \tag{3-28}$$

注意：

（1）岩石的体膨胀系数大致为线膨胀系数的 3 倍；

（2）多数岩石的线膨胀系数为（0.3~3）$\times10^{-3}$K^{-1}；

（3）层状岩石具有热膨胀各向异性；

（4）岩石的线膨胀系数和体膨胀系数都随压力的增大而降低。

研究岩石的热学性质，在诸如深埋隧道（硐）、高寒地区及地温异常地区的工程建设、地热开发以及核废料处理和石质文物保护中都具有重要的实际意义。表 3-10 和表 3-11 分别给出了几种岩石的热学特性参数。

表 3-10 在 0~500℃下常见岩石的热学性质参数

岩 石	密度/g·cm^{-3}	比热容/J·(kg·K)$^{-1}$	导热系数/W·(m·K)$^{-1}$	热扩散率/cm^{-3}·s^{-1}
玄武岩	2.84~2.89	883.4~887.6	1.61~1.73	$6.38\times10^{-3}\sim6.83\times10^{-3}$
辉绿岩	3.01	787.1	2.32	9.46×10^{-3}
闪长岩	2.92	—	—	—
花岗岩	2.50~2.72	787.1~975.5	2.17~3.08	$10.29\times10^{-3}\sim14.31\times10^{-3}$

续表 3-10

岩　石	密度/g·cm^{-3}	比热容/J·(kg·K)$^{-1}$	导热系数 /W·(m·K)$^{-1}$	热扩散率/cm^{-3}·s^{-1}
花岗闪长岩	2.62~2.76	837.4~1256.0	1.64~2.33	5.03×10^{-3}~9.06×10^{-3}
正长岩	2.80	—	2.2	—
蛇纹岩	—	—	1.42~2.18	—
片麻岩	2.70~2.73	766.2~870.0	2.58~2.94	11.34×10^{-3}~14.07×10^{-3}
片麻岩（平行节理）	2.64	—	2.93	—
片麻岩（垂直节理）	2.64	—	2.09	—
大理岩	2.69	—	2.89	—
石英岩	2.68	787.1	6.18	29.52×10^{-3}
硬石膏	2.65~2.91	—	4.10~6.07	17.00×10^{-3}~25.7×10^{-3}
黏土泥灰岩	2.43~2.64	778.7~979.7	1.73~2.57	8.01×10^{-3}~11.66×10^{-3}
白云岩	2.53~2.72	921.1~1000.6	2.52~3.79	10.75×10^{-3}~14.97×10^{-3}
灰　岩	2.41~2.67	824.8~950.4	1.7~2.68	8.24×10^{-3}~12.15×10^{-3}
钙质泥灰岩	2.43~2.62	837.4~950.4	1.84~2.40	9.04×10^{-3}~9.64×10^{-3}
致密灰岩	2.58~2.66	824.8~921.1	2.34~3.51	10.78×10^{-3}~15.21×10^{-3}
泥灰岩	2.59~2.67	908.5~925.3	2.32~3.23	9.89×10^{-3}~13.82×10^{-3}
黏土板岩	2.62~2.83	858.3	1.44~3.68	6.42×10^{-3}~15.15×10^{-3}
盐　岩	2.08~2.28	—	4.48~5.74	25.20×10^{-3}~33.80×10^{-3}
砂　岩	2.35~2.97	762~1071.8	2.18~5.1	10.9×10^{-3}~423.62×10^{-3}
板　岩	2.70	—	—	—
板岩（垂直节理）	2.76	—	—	—

表 3-11　几种岩石的热学特性参数

岩　石	比热容 /J·(kg·K)$^{-1}$	导热系数 /W·(m·K)$^{-1}$	线膨胀系数 /K^{-1}	弹性模量 /GPa	导热系数 /MPa·K^{-1}
辉长岩	720.1	2.01	0.5×10^{-3}~1×10^{-3}	60~90	0.4~0.5
辉绿岩	699.2	3.35	1×10^{-3}~2×10^{-3}	30~40	0.4~0.5
花岗岩	782.9	2.68	0.6×10^{-3}~6×10^{-3}	10~80	0.4~0.6
片麻岩	879.2	2.55	0.8×10^{-3}~3×10^{-3}	30~60	0.4~0.9
石英岩	799.7	5.53	1×10^{-3}~2×10^{-3}	20~340	0.4
页岩	774.6	1.72	0.9×10^{-3}~1.5×10^{-3}	40	0.4~0.6
石灰岩	908.5	2.09	0.3×10^{-3}~3×10^{-3}	40	0.2~1.0
白云岩	749.4	3.55	1×10^{-3}~2×10^{-3}	20~40	0.4

3.2 岩石的强度

3.2.1 岩石抗压强度

岩石的抗压强度包括岩石的单轴抗压强度和三轴抗压强度。

3.2.1.1 单轴抗压强度

岩石在单轴压缩荷载作用下达到破坏前所能承受的最大压应力称为岩石的单轴抗压强度。因为试件只受到轴向压力作用，侧向没有压力，因此试件变形没有受到限制。单轴压缩试验试件受力和破坏状态示意图如图 3-1 所示。

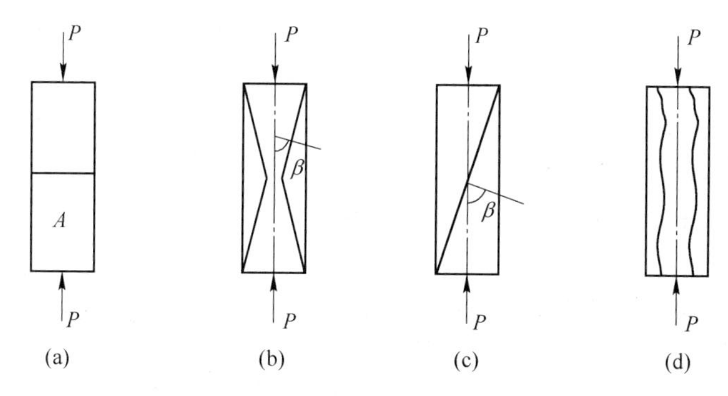

图 3-1 单轴压缩试验试件受力和破坏状态示意图

（a）单轴压缩试验试件受力；（b）x 状共轭斜面剪切破坏；（c）单斜面剪切破坏；（d）单轴压力作用下试件的劈裂

国际上通常把单轴抗压强度表示为 UCS，我国习惯于将单轴抗压强度表示为 σ_c，其值等于达到破坏时的最大轴向压力 P 与试件的横截面积 A 比值，即：

$$\sigma_c = \frac{P}{A} \tag{3-29}$$

如图 3-1 所示，试件在单轴压缩荷载作用下破坏时，在测件中可产生三种破坏形式：

（1）x 状共轭斜面剪切破坏；

（2）单斜面剪切破坏；

（3）单轴压力作用下试件的劈裂。

岩石单轴抗压强度一般在室内试验机上通过加压试验得到，试件采用圆柱体或立方体，广泛采用的圆柱体岩样尺寸一般为 50mm × 50mm × 100mm。进行岩石单轴抗压强度试验时应注意试件端部效应。当试验由上下加压板加压时，加压板与试件之间存在摩擦力，因此在试件端部存在剪应力，约束试件端部的侧向变形，所以试件端部的应力状态不是非限制性的。只有在离开端部一定距离的部位，才会出现均匀应力状态。为了减少这种端部效应，应将试件端部磨平，并在试件与加压板之间加入润滑剂，以充分减少加压板与试件端面之间的摩擦力。同时，应使试件长度达到规定要求，以保证在试件中部出现均匀应力状态。

在单轴应力状态下的应力状态，满足：

$$\tau_{zz} = \sigma，\tau_{xx} = \tau_{yy} = \tau_{xy} = \tau_{yz} = \tau_{xz} = 0 \tag{3-30}$$

轴向应力 σ 是控制的自变量，轴向应变是因变量。纵向应变可以用粘在岩石侧面的应变计来测量；或者，岩芯在加载方向上的总缩短量可以通过引伸来测量，该引伸计可以监测金属板之间垂直距离的变化。在这种情况下，纵向应变是由岩芯的相对缩短量来计算的，即 $\varepsilon = -\Delta L/L$。如果确定为单轴应力状态，那么杨氏模量可由 $E = \sigma/\varepsilon$ 来计算。应力可以缓慢增加，直至发生破坏。岩石破坏时的应力称为岩石的无侧限强度或单轴抗压强度。

影响试验结果的因素还有试件的形状、尺寸、加载速率等。试件的形状和尺寸对强度的影响主要表现在高径比 h/d（或高宽比 h/s）上。试件太长、高径比太大，会因弹性不稳定提前发生破坏，低估岩石的强度。试件太短，又会因试件端面与承压板之间出现的摩擦力阻碍试件的横向变形，使试件内部产生约束效应，以致高估岩石的试验强度。经试验研究，认为取高径比 $h/d = 2 \sim 2.5$ 为宜，这时试件内部应力分布均匀，并能保证破坏面不承受承压板约束可自由通过试件的全断面。试验测得的单轴抗压强度 σ_c' 与试件高径比 h/d 之间的关系示意图如图 3-2 所示。

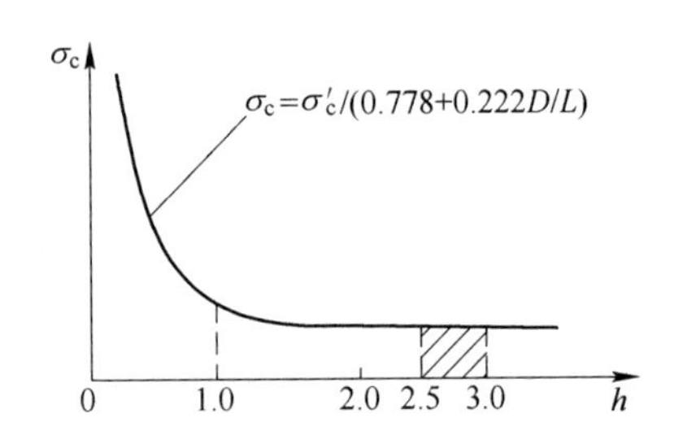

图 3-2 试验测得的单轴抗压强度 σ_c' 与试件高径比 h/d 之间的关系示意图

进行单轴压缩实验时，加载速率对弹性模量的测试也有明显影响。加载速率越大，测得的弹性模量越大，强度偏高；加载速率越小，测得的弹性模量越小，强度趋于长期强度。这点上岩石与混凝土情况类似。

3.2.1.2 三轴抗压强度

众所周知，除了露在地表的岩石之外，地层中的岩石绝大多数都处于三向压缩应力的作用下。从其受力条件而言，三向压缩应力作用下的强度特性是岩石受力特征的本质反映，因此，岩石在三向压缩应力作用下的强度特性就显得格外的重要。

三轴抗压强度是指在三向压缩应力作用下岩石抵抗外荷载的最大应力。为了得到岩石全面的力学特性，根据三个方向施加应力的不同可分为常规三轴压力试验（试件一般为圆柱体）和真三轴压力试验（试件一般为立方体），如图 3-3 所示。

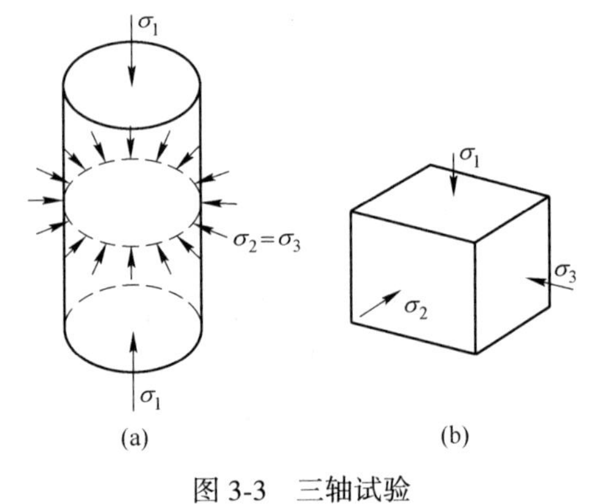

图 3-3 三轴试验
（a）常规三轴试验；（b）真三轴试验

常规三轴压力试验是使圆柱体试件周边受到均匀压力（$\sigma_2 = \sigma_3$），而轴向则用压力机加载（σ_1）。常规三轴试验机如图 3-4 所示。

三轴压力试验测得的岩石强度和围压关系很大，岩石抗压强度随围压的增加而提高。通常岩石类脆性材料随围压的增加而具有延性，三轴压缩试验最重要的成果就是对于同一种岩石的不同试件或不同的试验条件给出几乎恒定的强度指标值，这一强度指标值以莫尔强度包络线的形式给出。为了获得某种岩石的莫尔强度包络线，须对该岩石的5~6个试件做三轴压缩试验，每次试验的围压不同，由小到大，得出每次试件破坏时的应力莫尔圆，通常也将单轴压缩试验和拉伸试验破坏时的应力莫尔圆绘制出应力莫尔强度包络线。各莫尔圆的包络线就是莫尔强度曲线，如图3-5所示。若岩石中一点的应力组合（正应力和剪应力）落在莫尔强度包络线以下，则岩石不会破坏；若应力组合落在莫尔强度包络线之上，则岩石会出现破坏。莫尔强度包络线的形状一般是抛物线型的，但也有试验得出某些岩石的莫尔强度包络线是直线形的，如图3-5(b)所示，与此相对应的强度准则为库伦强度准则。

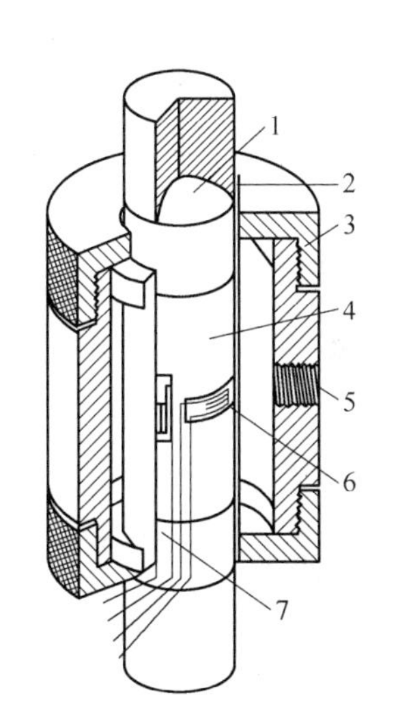

图3-4 常规三轴试验装置图
1—球状钢座；2—清扫缝；3—三轴压力腔壳体；4—岩石试件；
5—高压油入口；6—应变计；7—橡皮密封套

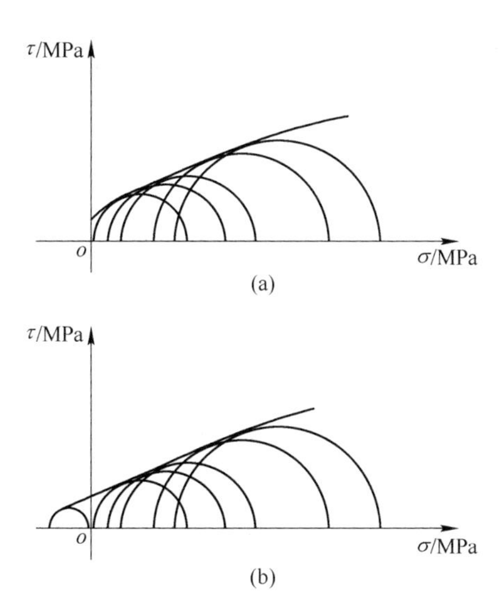

图3-5 莫尔强度包络线
（a）岩块莫尔强度包络线；
（b）直线型莫尔强度包络线

根据三轴试验结果绘制出不同围压下的岩石的三轴强度关系曲线，可计算出岩石的内聚力和内摩擦角。直线型强度包络线与 τ 轴的截距称为岩石的内聚力，记为 c(MPa)，与 σ 轴的夹角称为岩石的内摩擦角，记为 ϕ (°)。

对曲线型强度包络线，曲线斜率是变化的。确定 c 和 ϕ 值的方法有两种：一种是将包络线和 τ 轴的截距定为 c，将包络线与 τ 轴相交点的包络线外切线与 σ 轴夹角定为内摩擦角；另一种是建议根据实际应力状态在莫尔包络线上找到相应点，在该点作包络线外切线，外切线与 σ 夹角为内摩擦角，外切线及其延长线与 τ 轴的截距即为 c。实践中第一种方法被较多采用。

实际实验条件下，常规三轴实验容易实现，但不是地下岩石的真实受力状态。相比之下，真三轴试验更加让人信服。真三轴压力试验加载是使试件处于 $\sigma_1 > \sigma_2 > \sigma_3$ 的应力状态下。真三轴压力试验可得到许多不同应力路径下的结果，为岩石力学理论研究提供较多的资料。但是真三轴试验装置复杂，试件六面均可受到加压引起的摩擦力，影响试验结果，因此较少进行该类试验。

3.2.2 岩石抗拉强度

岩石在单轴拉伸荷载作用下达到破坏时所能承受的最大拉应力称为岩石的单轴抗拉强度（简称抗拉强度）。

3.2.2.1 拉伸法

如图 3-6 所示，通常以 σ_t 表示抗拉强度，其值等于达到破坏时的最大轴向拉伸荷载 P_t除以试件的横截面积 A，即：

$$\sigma_t = \frac{P_t}{A} \tag{3-31}$$

试件在拉伸荷载作用下的破坏通常是沿其横截面的断裂破坏，岩石的拉伸破坏试验分直接试验和间接试验两类。要直接进行如图 3-6(a)所示的拉伸试验是很困难的，因为不可能像压缩试验那样将拉伸荷载直接施加到试件的两个端面上，而只能将两端固定在材料

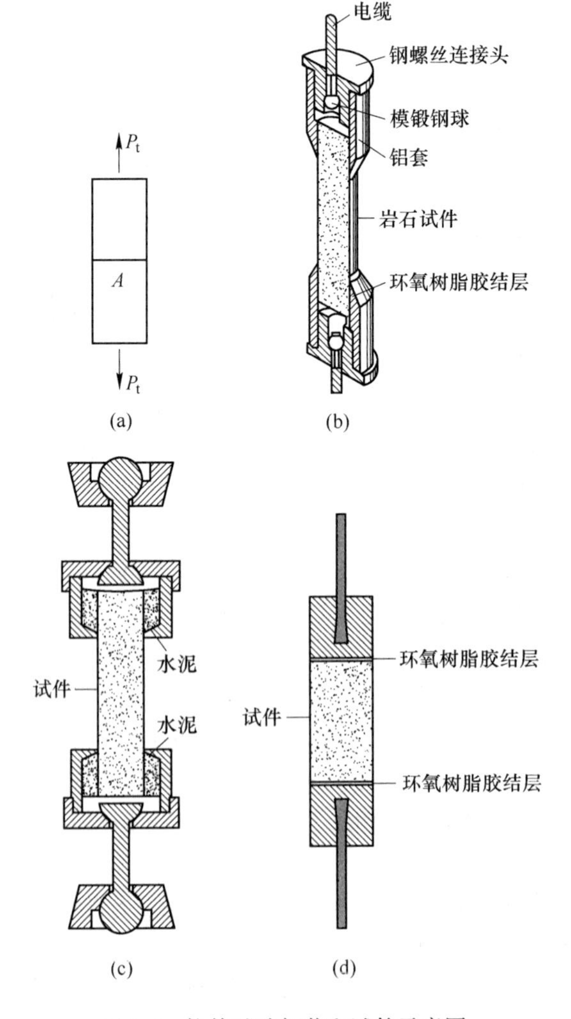

图 3-6 拉伸试验加载和试件示意图

机的拉伸夹具内［见图 3-6(b)］。由于夹具内所产生的应力过于集中，往往引起试件两端破裂，造成试验失败。若夹具施加夹持力不够大，试件就会从夹具中拉出，这也是不行的。通常直接试验所用的岩石试件其两端须胶结在水泥或环氧树脂中，如图 3-6(c)和(d)所示，拉伸荷载是施加在强度较高的水泥、环氧树脂或金属连接端上。这样就保证在试件拉伸断裂前，它的其他部位不会先行破坏而导致试验失败。

但该方法试样制备困难，且不易与拉力机固定，在试件固定处附近又常常有应力集中现象，同时难免在试件两端面有弯曲力矩。因此，这个方法用得不多。

3.2.2.2 间接法

在岩石上进行直接单轴拉伸实验的困难引出了许多间接评估抗拉强度方法的发展。这些方法被称为间接法，因为它们不涉及在岩石中产生均匀的拉应力状态，而是涉及导致在试样的某些区域产生拉伸应力的非均匀应力的实验装置。通过求解弹性方程，可以求出破坏起始点的拉应力的精确值。

A 劈裂法

劈裂法也称作径向压裂法，是由巴西人杭德罗斯（Hondros）提出的试验方法，故也称为巴西法。这种试验方法的基本原理是：用一个实心圆柱形试件，使它承受径向压缩线荷载至破坏，间接地求出岩石的抗拉强度，如图 3-7 所示。该方法具有一定的理论依据，参照弹性力学中半无限体上作用着集中力的布辛奈斯克（Boussinesq）解析解，将其作用于圆盘试件直径的两端，并减去由于集中力而产生于圆盘周边的应力，在此条件下求得岩石圆盘中心点的水平拉应力即为岩石的抗拉强度。由于该方法试件加工方便，试验步骤简单，是目前最常用的抗拉强度的试验方法，几乎所有国家的相关试验规范都推荐此方法求得岩石的抗拉强度。按现行《工程岩体试验方法标准》规定：试件的直径宜为 48~54mm，其厚度宜为直径的 0.5~1.0 倍，一组试件为 3 块。通过理论推导，岩石试件破坏时作用在试件中心的最大拉应力可按下式求得：

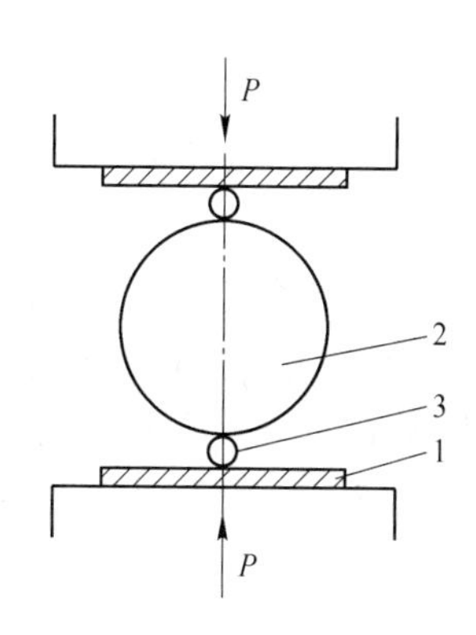

图 3-7 劈裂法示意图
1—承压板；2—试件；3—钢丝

$$\sigma_t = \frac{2P}{Dt\pi} \tag{3-32}$$

式中 σ_t——试件中心的最大拉应力（即抗拉强度），MPa；

P——试件破坏荷载，N；

D——试件的直径，mm；

t——试件的厚度，mm。

该方法简单易行，只要有普通压力机就可进行试验，不需特殊设备，因此该方法获得了广泛应用。但这样确定的岩石抗拉强度与直接拉伸试验所得的强度有一定的差别。

B 抗弯法

抗弯法是利用结构试验中梁的三点或四点加载的方法，使得岩石制成的梁在其下沿产生纯拉应力，最终由纯拉应力的作用导致岩石试件的下沿产生拉裂缝而破坏的试验原理，间接地求得岩石抗拉强度值的一种试验方法。此时，其抗拉强度的计算公式为：

$$\sigma_t = \frac{MC}{I} \tag{3-33}$$

3.2.3　岩石抗剪强度

岩石的抗剪强度是指岩石在一定的应力条件下（主要指压应力）所能抵抗的最大剪应力，通常用 τ 表示。该强度是岩石力学中重要指标之一，常以黏聚力 c 和内摩擦角 ϕ 这两个抗剪参数表示。确定岩石抗剪强度的方法可分为室内试验和现场试验两大类。室内试验常采用直接剪切试验、楔形剪切试验和三轴压缩试验来测定岩石的抗剪强度指标。该强度与岩石的抗压、抗拉强度不同，属于在复杂应力作用下的强度，且随法向应力的变化而变化。因此，岩石的抗剪强度不能仅采用一块试件的试验值表述，而是需要用一组岩石试件，在不同的法向应力作用下的试验结果来获得其抗剪强度。岩石的抗剪强度一般式可用以下的函数表示：

$$\tau = f(\sigma) \tag{3-34}$$

3.2.3.1　直接剪切试验

直接剪切试验采用直接剪切仪进行，如图 3-8 所示。

每次试验时，首先在试样上施加垂直荷载 P，然后在水平方向逐渐施加水平剪切力 T，直至达到最大值 T_{max} 发生破坏为止。剪切面上的正应力 σ 和剪应力 τ 按下列公式计算：

$$\sigma = \frac{P}{A} \tag{3-35}$$

$$\tau = \frac{T}{A} \tag{3-36}$$

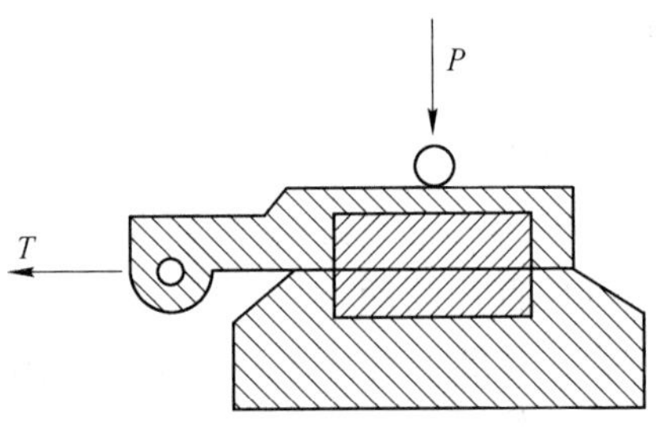

图 3-8　直接剪切仪图

式中　A——试样的剪切面面积。

在给定的正应力下的抗剪强度以 τ_f 表示。用相同的试样、不同的 σ 进行多次试验即可求出不同下的抗剪强度 τ_f，绘成关系曲线 τ_f-σ，如图 3-9 所示。

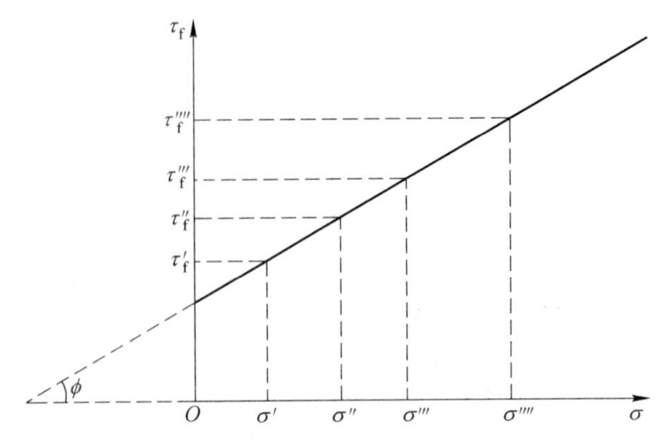

图 3-9　抗剪强度 τ_f 与正应力 σ 的关系

试验证明，这条强度线并不是绝对严格的直线，但在岩石较完整或正应力值不很大时可近似看作直线。

3.2.3.2 楔形剪切试验

楔形剪切试验用楔形剪切仪进行，这种仪器的主要装置和试件受力情况如图 3-10 所示。试验时把装有试件的这种装置放在压力机上加压，直至试件沿着 AB 面发生剪切破坏，这种试验实际上是另一种形式的直接剪切试验。

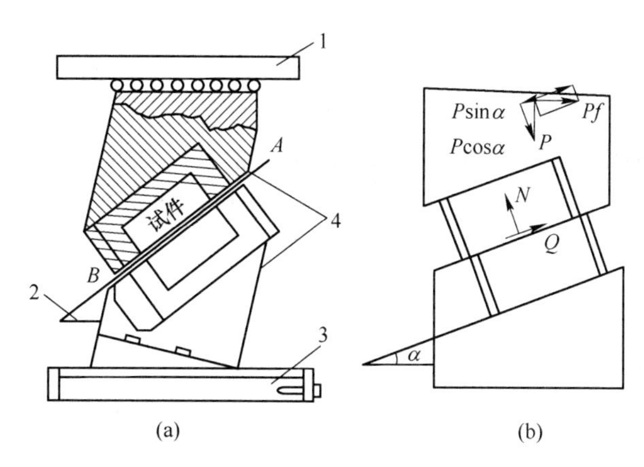

图 3-10 楔形剪切仪

（a）装置示意图；（b）试验时受力情况

1—上压板；2—倾角；3—下压板；4—夹具

根据受力平衡条件，可以列出下列方程式：

$$N - P\cos\alpha - Pf\sin\alpha = 0 \tag{3-37}$$

$$Q + Pf\cos\alpha - P\sin\alpha = 0 \tag{3-38}$$

式中 P——压力机上施加的总垂直力，kN；

N——作用在试件剪切面上的法向总压力，kN；

Q——作用在试件剪切面上的切向总剪力，kN；

f——压力机垫板下面的滚珠的摩擦系数，可由摩擦校正试验决定；

α——剪切面和水平面所成的角度。

将式(3-37)和式(3-38)分别除以剪切面面积，得：

$$\sigma = \frac{P}{A}(\cos\alpha + f\sin\alpha) \tag{3-39}$$

$$\tau_f = \frac{P}{A}(\sin\alpha - f\cos\alpha) \tag{3-40}$$

式中 A——剪切面面积。

试验中采用多个试件，分别以不同的 α 角进行试验。当破坏时，对应于每一个 α 值可以得出一组 σ 和 τ_f 值，由此可得到如图 3-11 所示的曲线。从图中可以看出，当 σ 变化范围较大时，$\tau_f - \sigma$ 为一曲线关系，但当 σ 不大时可

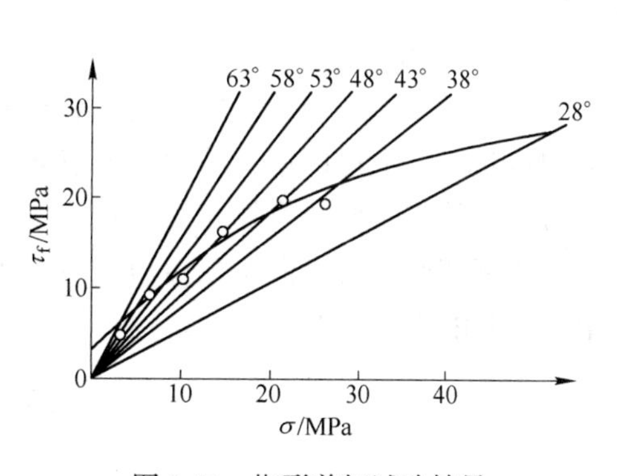

图 3-11 楔形剪切试验结果

视为直线，并可求出 c 和 ϕ。

从严格的意义上来说，抗剪断的试验方法存在一定的弊端。首先，从试验的结果看，岩石试件的破坏被强制规定于某个平面上，它的破坏并不能真正反映岩石的实际情况；其次，在试验时剪切破坏面上的应力状态极为复杂。因此，虽然《工程岩体试验方法标准》中也将其推荐为试验方法之一，但是作为抗剪强度的试验，目前最常用的还是通过三向压缩应力试验而求得强度。三轴试验完全克服了上述的不足，且其受力条件更为合理。

3.2.3.3　三轴压缩强度试验

岩石三轴压缩试验采用岩石三轴压力仪进行。在进行三轴试验时，先将试件施加侧压力，即最小主应力 σ_3'，然后逐渐增加垂直压力，直至破坏，得到破坏时的最大主应力 σ_1'，从而得到一个破坏时的莫尔应力圆。采用相同的岩样，改变侧压力为 σ_3''，施加垂直压力直至破坏 σ_1''，从而又得到一个莫尔应力圆。绘出这些莫尔应力圆的包络线，即可求得岩石的抗剪强度曲线。如果把该包络线看作是一根近似直线，则可根据该线在纵轴上的截距和该线与水平线的夹角求得黏聚力 c 和内摩擦角 ϕ。

3.2.4　岩石的强度理论

3.2.4.1　库伦准则

岩石材料最广泛使用的破坏准则就是库仑破坏准则（1773 年）。基于对摩擦广泛的实验研究，库伦假设岩石或土壤的破坏发生在沿切应力 τ 作用的平面上。假设运动受到摩擦力的阻挡，其大小等于沿该平面作用的正应力 σ 乘以某个常数因子 f。但与沿非焊接面滑动相比，沿初始完整破坏面的运动也被假定为受到材料内部黏聚力的抵抗。这种力反映了一个事实：在没有正应力的情况下，通常仍然需要有限的剪应力，以便引起破坏。这些方法产生了一种数学标准，如果满足以下条件，将会沿着平面发生破坏，即：

$$|\tau| = f\sigma + c \tag{3-41}$$

切应力的符号只影响破坏后的滑动方向，因此在破坏准则中出现了 τ 的绝对值，尽管在数学处理中经常容易忽略绝对值符号。相反，在任何平面上都不会出现类似 $|\tau| < c + f\sigma$ 这样的破坏。Savage 等人（1996）也证明了，这种影响确实是由于滑动摩擦力作用在断裂表面的那些实际上不完整的微观部分造成的。

准则以式(3-41)的形式表明莫尔圆的构造在其分析中是有用的。如图 3-12 所示，式(3-41) 在 $\{\sigma, \tau\}$ 平面上定义了一条直线，该直线在 τ 轴上截取 c，其斜率为 f。这条直线与 σ 轴的夹角为 ϕ，并由 $\phi = \tan^{-1} f$ 表示，被称为内摩擦角。如果应力圆上的点落在直线之下，则说明该点表示的应力还没有达到材料的强度值，故材料不发生破坏；如果应力圆上的点超出了上述区域，则说明该点表示的应力已超过材料的强度极限并发生破坏；如果应力圆上的点正好与直线相切（图中 D 点），则说明材料处于极限平衡状态，此时岩石所产生的剪切破坏将可能在该点所对应的平面（其法线方向）间的夹角为 β（称为岩石破断角），则由图 3-12 可得：

$$2\beta = \frac{\pi}{2} + \phi \tag{3-42}$$

把 σ 和 τ 以第一、第三主应力表示，与图 3-12 对应，则有：

$$\begin{cases}\sigma = \dfrac{1}{2}(\sigma_1 + \sigma_3) + \dfrac{1}{2}(\sigma_1 - \sigma_3)\cos 2\beta \\ \tau = \dfrac{1}{2}(\sigma_1 - \sigma_3)\sin 2\beta\end{cases} \tag{3-43}$$

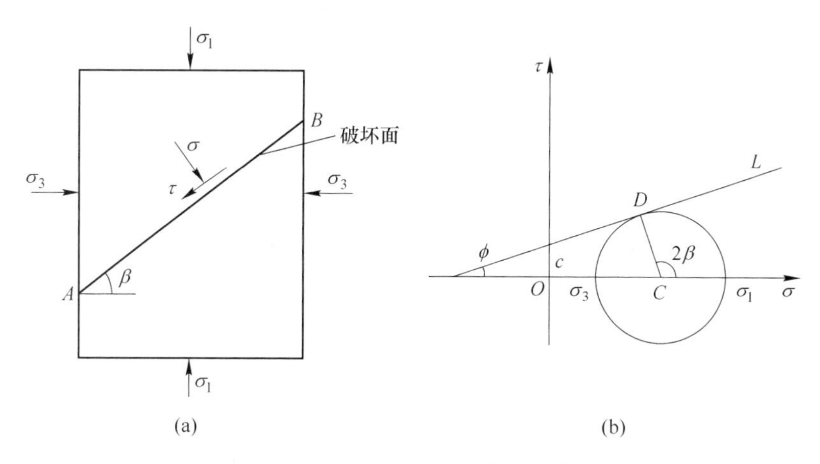

图 3-12 莫尔—库伦破坏准则以及破坏面
（a）单元体受力状态；（b）莫尔—库伦准则

将式(3-43)代入式(3-41)，可得库伦准则由主应力的表示形式，即：

$$\sigma_1 = \frac{1+\sin\phi}{1-\sin\phi}\sigma_3 + \frac{2c\cos\phi}{1-\sin\phi} \tag{3-44}$$

若取 $\sigma_3=0$，则极限应力 σ_1 为岩石单轴抗压强度 σ_c，即有：

$$\sigma_c = \frac{2c\cos\phi}{1-\sin\phi} \tag{3-45}$$

利用三角恒等式，得：

$$\frac{1+\sin\phi}{1-\sin\phi} = \cot^2\left(\frac{\pi}{4}-\frac{\phi}{2}\right) = \tan^2\left(\frac{\pi}{4}+\frac{\phi}{2}\right) \tag{3-46}$$

及剪切破断角关系式(3-42)，可得：

$$\frac{1+\sin\phi}{1-\sin\phi} = \tan^2\beta \tag{3-47}$$

将式(3-42)及式(3-45)代入方程式(3-44)，可得：

$$\sigma_1 = \sigma_3\tan^2\beta + \sigma_c \tag{3-48}$$

式(3-48)是由主应力、岩石破断角和岩石单轴抗压强度给出 σ_1-σ_3 坐标系中的库伦准则表达式。这里还要指出，在式(3-44)中不能以令 $\sigma_1=0$ 的方式去直接确定岩石抗拉强度与内聚力和内摩擦角之间的关系，在以下的讨论中可以看到这一点。

由式(3-45)可知：

$$\sigma_c = 2c\left(\sqrt{f^2+1}+f\right) \tag{3-49}$$

现确定岩石发生破裂时（或处于极限平衡时）σ_1 取值的下限。考虑到剪切面（见图 3-12）AB 上的正应力 $\sigma>0$ 的条件，这样在任意 θ 值的条件下，由式(3-43)得：

$$2\sigma = \sigma_1(1 + \cos 2\beta) + \sigma_3(1 - \cos 2\beta) \tag{3-50}$$

由 $\cos 2\beta = -f/\sqrt{f^2+1}$ 可得：

$$2\sigma = \sigma_1\left(1 - \frac{f}{\sqrt{f^2+1}}\right) + \sigma_3\left(1 + \frac{f}{\sqrt{f^2+1}}\right) \tag{3-51}$$

或

$$2\sigma = \frac{\sigma_1(\sqrt{f^2+1} - f)}{\sqrt{f^2+1}} + \frac{\sigma_3(\sqrt{f^2+1} + f)}{\sqrt{f^2+1}} \tag{3-52}$$

由于 $\sqrt{f^2+1} > 0$，故若 $\sigma>0$，则有：

$$\sigma_1(\sqrt{f^2+1} - f) + \sigma_3(\sqrt{f^2+1} + f) > 0 \tag{3-53}$$

与 $2c = \sigma_1(\sqrt{f^2+1} - f) - \sigma_3(\sqrt{f^2+1} + f)$ 联立，可得：

$$\sigma_1(\sqrt{f^2+1} - f) > c \tag{3-54}$$

或

$$\sigma_1 > \frac{c}{\sqrt{f^2+1} - f} = c(\sqrt{f^2+1} + f) \tag{3-55}$$

由此可得：

$$\sigma_1 > \frac{1}{2}\sigma_c \tag{3-56}$$

对于 σ_3 为负值（拉应力）时，由试验知，可能会在垂直于 σ_3 平面内发生张性破裂，特别在单轴拉伸（$\sigma_1=0$，$\sigma_3<0$）中，当拉应力值达到岩石抗拉强度 σ_t 时，岩石发生张性断裂。但是，这种破裂行为完全不同于剪切破裂，而这在库伦准则中没有描述。

基于库伦准则和试验结果分析，可得：

$$\begin{cases} \sigma_1(\sqrt{f^2+1} - f) - \sigma_3(\sqrt{f^2+1} + f) = 2c, & \sigma_1 > \dfrac{1}{2}\sigma_c \\ \sigma_3 = -\sigma_1, & \sigma_1 \leqslant \dfrac{1}{2}\sigma_c \end{cases} \tag{3-57}$$

式(3-57)为库伦准则。

由式(3-57)给出的库伦准则条件下，岩石可能发生以下四种方式的破坏：

(1) 当 $0 < \sigma_1 \leqslant \sigma_c/2(\sigma_3 = -\sigma_t)$ 时，岩石属单轴拉伸破坏；

(2) $\sigma_c/2 < \sigma_1 < \sigma_c(-\sigma_t < \sigma_3 < 0)$ 时，岩石属双轴拉伸破坏；

(3) $\sigma_1 = \sigma_c(\sigma_3 = 0)$ 时，岩石属单轴压缩破坏；

(4) $\sigma_1 > \sigma_c(\sigma_3 > 0)$ 时，岩石属双轴压缩破坏。

3.2.4.2 莫尔强度理论

为了改正库伦理论中的这些缺陷，莫尔（1900）建议将库伦方程［见式(3-41)］替换为一个更加一般的，可能是非线性的关系形式，即：

$$\tau = f(\sigma) \tag{3-58}$$

在原则上，该曲线可以通过实验确定所有莫尔圆的包络线，并对应于发生破坏时的应力状态。除了 f 现在可能是一个非线性的函数外，库伦模型的基本思想被保留了下来。具体来说，如果莫尔圆与式(3-58)中定义的曲线相接触，破坏就会发生。

根据莫尔强度理论，在判断材料内某点处于复杂应力状态下是否破坏时，只要在$\sigma-\tau$平面上做出该点的莫尔应力圆。如果所作应力圆在莫尔包络线以内，则通过该点任何面上的剪应力都小于相应面上的抗剪强度 τ_1，说明该点没有破坏；如果所作应力圆刚好与包络线相切，则通过该点有一对平面上的剪应力刚好达到响应面上的抗剪强度，该点开始破坏，或称此处为极限平衡状态。而与包络线相割的应力圆实质上是不存在的，因为当应力达到这一状态之前，该点就沿这一对平面破坏了。

关于莫尔包络线的数学表达式，有直线型、双曲线型、抛物线型和摆线型等多种形式，但以直线型最通用。如果莫尔包络线是直线，则莫尔准则与库伦准则相同，因此称式(3-58)为莫尔—库伦准则。但要注意，这两个准则的物理依据不尽相同。

对于莫尔—库伦准则，有：

(1) 库伦准则是建立在实验基础上的破坏判据。

(2) 库伦准则和莫尔准则都是以剪切破坏作为其前提。但是岩石试验证明，岩石破坏存在大量的微破裂，这些微破裂是张拉破坏而不是剪切破坏。

(3) 莫尔—库伦准则适用于低围压的情况。

3.2.4.3 格里菲斯准则

格里菲斯（A. A. Griffith）假定材料中存在着许多随机分布的微小裂隙，材料在荷载作用下，裂隙尖端产生应力集中。当方向最有利的裂隙尖端附近的最大应力达到材料的特征值时，会导致裂隙不稳定扩展而使材料脆性破裂。因此，格里菲斯认为脆性破坏是拉伸破坏，而不是剪切破坏。

以单轴抗拉强度 σ_t来度量，对于二维情况中的主应力 σ_1、σ_3，格里菲斯强度理论的破裂准则如下：

$$\begin{cases}\dfrac{(\sigma_1-\sigma_3)^2}{\sigma_1+\sigma_3}=8\sigma_t, & \sigma_1+3\sigma_3\geqslant 0\\ \sigma_3=-\sigma_t, & \sigma_1+3\sigma_3\leqslant 0\end{cases} \tag{3-59}$$

由式(3-59)可知，根据格里菲斯强度理论，岩石的单轴抗压强度是抗拉强度的8倍。格里菲斯准则在 σ_1-σ_3坐标中的强度曲线如图3-13所示。

由格里菲斯准则，可得出：

(1) 材料的单轴抗压强度是抗拉强度的8倍，其反映了脆性材料的基本力学特征。这个由理论上严格给出的结果，其在数量级上是合理的，但在细节上还是有出入的。

(2) 材料发生断裂时，可能处于各种应力状态。这一结果验证了格里菲斯准则所认为的，不论在何种应力状态，材料都是因裂纹尖端附近达到极限拉应力而断

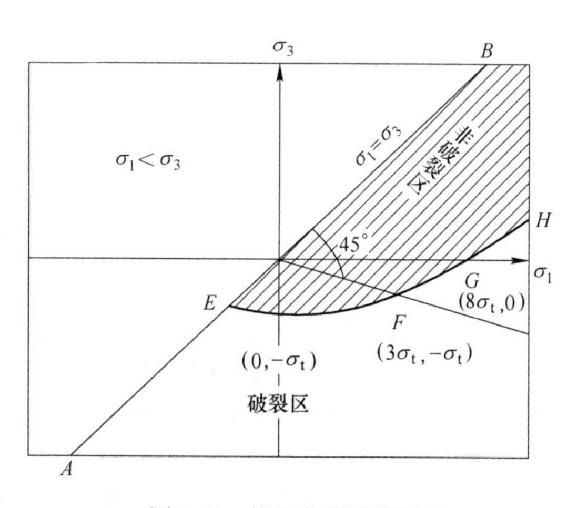

图3-13 格里菲斯准则图解

裂开始扩展的基本观点，即材料的破坏机理是拉伸破坏。在准则的理论解中还可以证明，新裂纹与最大主应力方向斜交，而且扩展方向会最终趋于与最大主应力平行。

格里菲斯准则是针对玻璃等脆性材料所提出来的，因而只适用于研究脆性岩石的破坏。而对一般的岩石材料，莫尔—库伦强度准则的适用性要远远大于格里菲斯准则。

3.3　岩石的变形

3.3.1　概述

岩石在荷载作用下，首先发生的物理现象是变形。随着荷载的不断增加，或在恒定荷载作用下，随着时间的增长，岩石变形逐渐增大，最终导致岩石破坏。岩石变形有弹性变形、塑性变形和黏性变形三种。

弹性是指物体在受外力作用的瞬间即产生全部变形，而去除外力（卸载）后又能立即恢复其原有形状和尺寸的性质，产生的变形称为弹性变形，具有弹性性质的物体称为弹性体。弹性体按其应力-应变关系又可分为两种类型：线弹性体（或称理想弹性体），其应力-应变呈直线关系；非线性弹性体，其应力-应变呈非直线的关系。

图 3-14(a)所示的变形性质较为简单，其中应变随应力线性增加，最终在点 F 处突然破坏。该应力-应变关系为：

$$\sigma = E\varepsilon \tag{3-60}$$

式中，E 的单位为 Pa，被称作杨氏模量或弹性模量。在破坏前，应力-应变这种性质被称为线弹性。

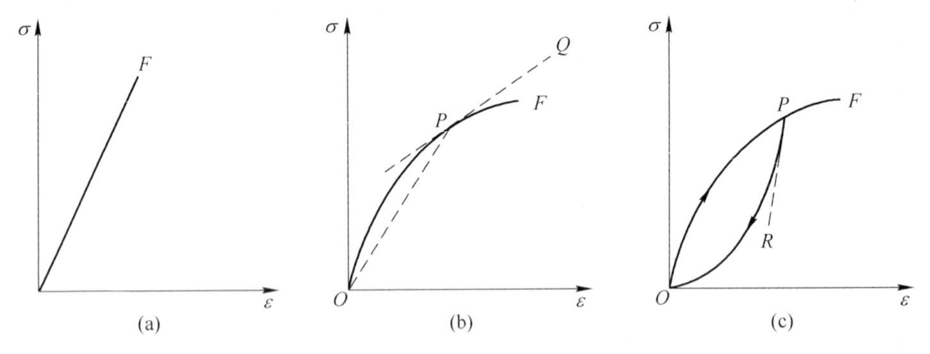

图 3-14　不同弹性体的应力-应变关系

（a）弹性；（b）非线弹性；（c）弹性滞后

根据弹性性质的定义，如果应力可以表示为应变的单值函数，那么这个材料就是完全弹性的，其应力-应变变化规律可以是线性的，也可以是非线性的，即：

$$\sigma = f(\varepsilon) \tag{3-61}$$

在这个定义下，弹性材料加载过程中的应力应变性质与在卸载过程中的相同。因此，图 3-14(b)所示的性质被称为非线弹性。对于非线弹性材料，应力-应变曲线的斜率随应力（或应变）的变化而变化。这类材料可以定义两种类型的弹性模量，每种弹性模量通常都随 σ 和 ε 的变化而变化。其中，割线模量被定义为总应力与总应变的比值，与直线

OP 的斜率相同，即：

$$E_{\text{sec}}=\frac{\sigma}{\varepsilon} \tag{3-62}$$

切线模量是应力-应变曲线的局部斜率，与图 3-14(b) 中直线 PQ 的斜率相同，即：

$$E_{\tan}=\frac{\mathrm{d}\sigma}{\mathrm{d}\varepsilon} \tag{3-63}$$

对于线弹性材料，其割线模量和切线模量是一致的。

如果岩石逐渐加载至某点，然后再逐渐卸载至零，应变也退至零，但卸荷曲线不走加载曲线的路线，这时产生了所谓的滞回效应，如图 3-14(c) 所示。这种材料在卸载期间表现出与在加载期间不同的切线模量，P 处的加载模量由曲线 OPF 在 P 点的切线给出，而同一点 P 处的卸载模量则由直线 PR 的斜率给出。对于具有图 3-14(c) 所示应力-应变特性的岩石，其在加载期间对岩石所做的功将大于卸载期间所做的功。因此，应力-应变曲线在加载部分和卸载部分之间的区域代表了消散的能量。

塑性是指物体受力后产生变形。在外力去除（卸载）后变形不能完全恢复的性质，称为塑性；不能恢复的那部分变形称为塑性变形，或称永久变形、残余变形；在外力作用下只发生塑性变形的物体，称为理想塑性体。理想塑性体的应力-应变关系如图 3-15(a) 所示，当应力低于屈服极限 σ_0 时，材料没有变形，应力达到 σ_0 后，变形不断增大而应力不变，应力-应变曲线呈水平直线。

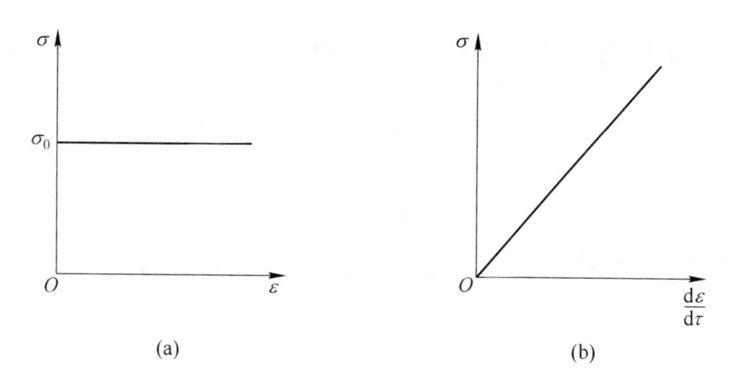

图 3-15 理想塑性体和黏性体的应力-应变关系
(a) 塑性；(b) 黏性

黏性是指物体受力后变形不能在瞬时完成，且应变速率随应力增加而增加的性质。其应力-应变速率关系为过坐标原点的直线的物质称为理想黏性体（牛顿流体），如图 3-15(b) 所示。

岩石是矿物的集合体，具有复杂的组成成分和结构，因此其力学性质也是很复杂的。同时，岩石的力学性质还与受力条件、温度等环境因素有关。在常温常压下，岩石既不是理想的弹性体，也不是简单的塑性体和黏性体，而是往往表现出弹-塑性、塑-弹性、弹-黏-塑性或黏-弹性等复合性质。

3.3.2 单轴压缩条件下岩石变形特征

图 3-14 中描述的理想化材料变形到 F，此时如果进一步施加载荷，它们会突然破坏，

但在压应力状态下，岩石的变形特性将更加复杂，如图 3-16 所示。岩石在单轴压缩下的应力-应变曲线可以在概念上划分为四个阶段。在 OA 阶段，大致为正曲率的二阶导数。在 AB 阶段，曲线非常接近线性，并在 BC 阶段继续上升，但此时它的曲率是负的。应力在 C 处达到最大，之后在整个 CD 阶段内下降。

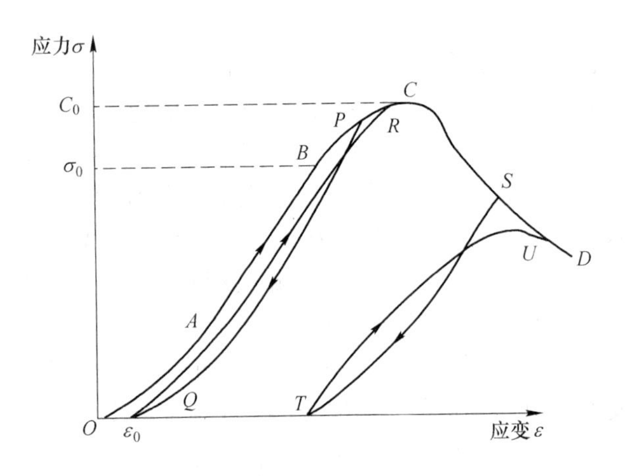

图 3-16　岩石的典型应力-应变全过程曲线

OA 段为孔隙裂隙压密阶段，即试件中原有微裂隙逐渐闭合，岩石被压密，形成早期的非线性变形，$\sigma-\varepsilon$ 曲线呈上凹型。在此阶段试件横向膨胀较小，试件体积随荷载增大而减小。本阶段变形对裂隙化岩石来说较明显，而对坚硬少裂隙的岩石则不明显，甚至不显现。

AB 段为弹性变形阶段，该阶段的应力-应变曲线成近似直线型，可以观察到一些轻微的滞后现象，但在该阶段内的加载和卸载将不会对岩石的结构或性质产生不可逆转的变化。

BC 段的 B 点是岩石从弹性变为塑性的转折点，称为屈服点。相应于该点的应力为屈服应力（屈服极限），其值约为峰值强度的 2/3。应力-应变曲线的斜率即切线模量，将会随着应力的增加而逐渐减小到零。在该阶段中，岩石发生了不可逆转的变化，并且持续的加载和卸载循环将描绘出不同的曲线。当应力达到零时，在 BC 阶段开始的诸如 PQ 的卸载循环将导致永久应变 ε_0。如果岩石重新加载，则会绘制出一条类似于 QR 的曲线，该曲线位于原始加载曲线 OBC 的下方，但最终会在应力大于 P 处重新重合。

CD 段为破裂后阶段，将从最大应力 C 点处开始，其斜率为负。当应力达到零时，从该区域开始的诸如 ST 的卸载循环将导致较大的永久应变。随后的重新加载将在 $\{\sigma-\varepsilon\}$ 平面上描绘出一条曲线，该曲线在 U 处将重新并入初始加载曲线，其对应的应力低于循环开始时的应力，即 S 点。在以应力为控制变量的试验机中无法观察到应力-应变曲线的这一阶段，在这种情况下，试样在 C 点附近将会发生剧烈破坏。但这一阶段可以在伺服控制试验机中观察到，其中应变是控制变量。在岩体中这个阶段也很重要，其中一个岩石区域承受附加荷载的能力降低，可以通过将荷载转移到相邻岩石区域进行补偿。

由于岩石性质的不同，其应力-应变曲线的特征不同。米勒（Muller）对 28 种岩石进行了大量的单轴压缩试验，根据载荷峰值前的应力-应变曲线特征将岩石分成以下六种类型（见图 3-17）：

（1）应力与应变的关系是一直线或者近似直线，直到试件发生突然破坏为止。具有这种变形性质的岩石有玄武岩、石英岩、白云岩以及极坚固的石灰岩等。由于塑性阶段不明显，这些材料被称为弹性体。

（2）应力较低时，应力-应变曲线近似于直线。当应力增加到一定数值后，应力-应变曲线向下弯曲，随着应力逐渐增加而曲线斜率也就越变越小，直至破坏。具有这种变形性质的岩石有较弱的石灰岩、泥岩以及凝灰岩等，这些材料被称为弹-塑性体。

（3）在应力较低时，应力-应变曲线略向上弯曲。当应力增加到一定数值后，应力-应变曲线逐渐变为直线，直至发生破坏。具有这种变形性质的代表岩石有砂岩、花岗岩、片理平行于压力方向的片岩以及某些辉绿岩等，这些材料被称为塑-弹性体。

（4）应力较低时，应力-应变曲线向上弯曲，当压力增加到一定数值后，变形曲线

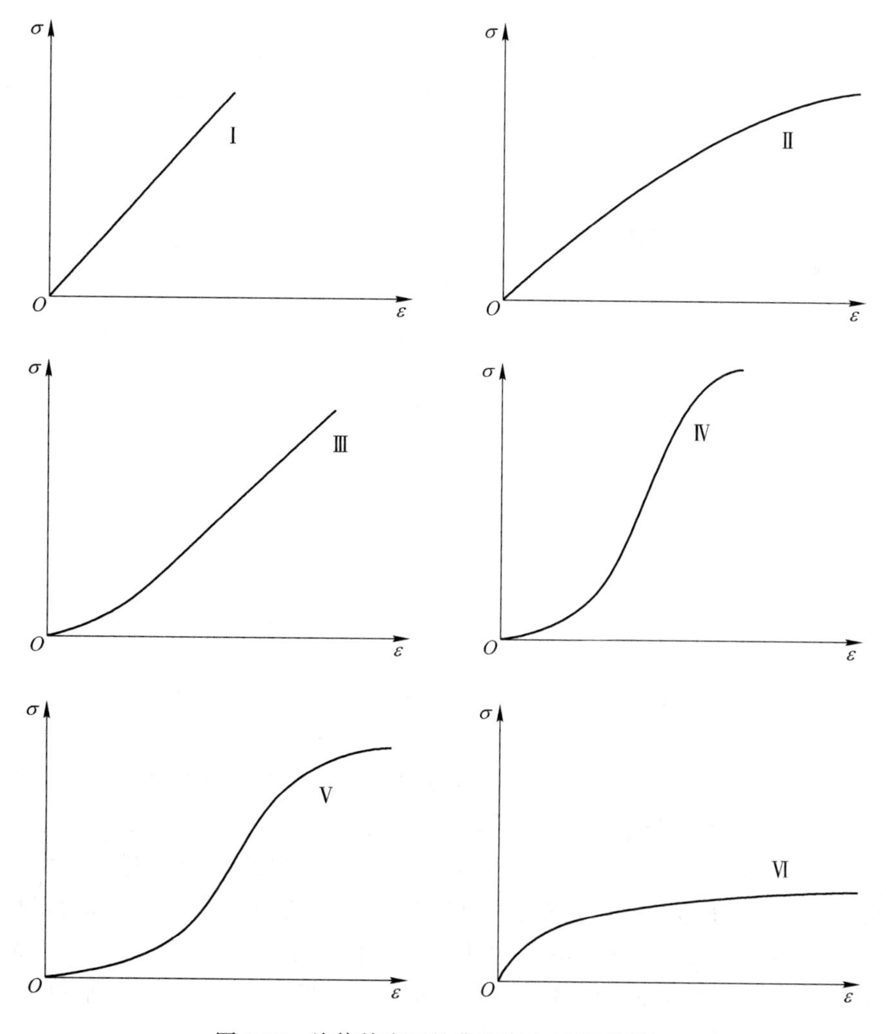

图 3-17　峰值前岩石的典型应力-应变曲线

成为直线，最后曲线向下弯曲，曲线似S形。具有这种变形特性的岩石大多数为变质岩，如大理岩、片麻岩等，这些材料被称为塑-弹-塑性体。

（5）应力-应变曲线趋势基本上与第（4）种类型趋势相同，也呈S型，不过曲线斜率较平缓，一般发生在压缩性较高的岩石中。应力垂直于片理的片岩具有这种性质。

（6）应力-应变曲线开始先有很小一段直线部分，然后有非弹性的曲线部分，并继续不断地蠕变。这是岩盐的应力-应变特征曲线，某些软弱岩石也具有类似特性，这类材料被称为弹—黏性体。

3.3.3　三向压缩条件下岩石的变形特性

Hojem等人（1975）给出了三轴压缩条件（$\sigma_2=\sigma_3=6.9$MPa）下，圆柱形泥质石英岩试样的全应力-应变曲线，如图3-18所示。轴向应力-轴向应变曲线显示了上述的大部分特点，包括明显的脆性状态。在其他两个方向的应变（径向应变，$\varepsilon_2=\varepsilon_3$）为负值，即试样在压缩时向外膨胀。在与图3-18径向应变和轴向应变各自对应的弹性状态范围内，径向应变的大小与轴向应变几乎成正比。径向应变与轴向应变的比值是负的，即$-\varepsilon_2/\varepsilon_1$（称为泊松比），并用$\nu$表示。对于线弹性材料，该参数与应力无关，其范围通常为0~0.5。

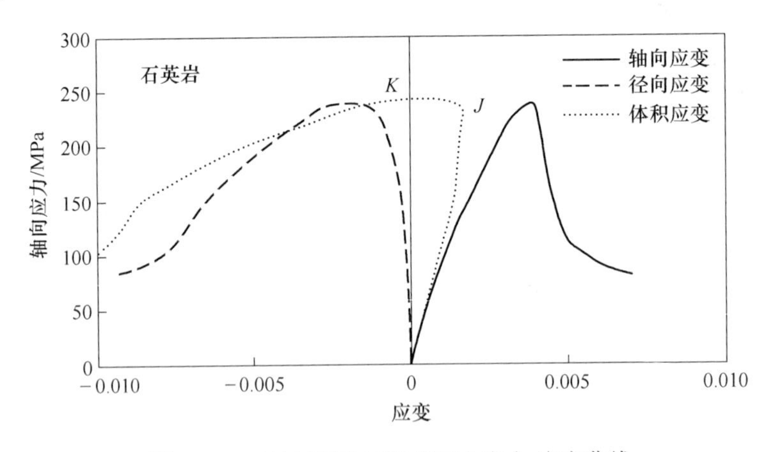

图3-18　三轴压缩条件下岩石全应力-应变曲线

在延性状态下，径向应变开始比轴向应变更加快速的增长（数量级）。体积应变$\Delta V/V$等于轴向和径向两个方向上的应变之和时，体积应变开始随着轴向应力的增加而减小，这意味着压缩的轴向应力增加会导致体积的逐渐增加，这种情况首次出现在图3-18中的J处。最终，横向应变变为负值，使得总体积应变也会变为负值，在图3-18中的K处发生。在附加压应力的作用下岩石体积增加的现象称为膨胀。膨胀可归结为开放微裂纹的形成与延伸，其轴线平行于最大主应力方向。通过对厚壁空心管样式的试件进行试验，Cook（1970）证明了膨胀在整个岩石体积中普遍存在，而不是只局限于外部边界的表面现象。另一方面，Spetzler和Martin（1974）以及Hadley（1975）也证明了，膨胀并非均匀分布在整个试件中，而是随着破坏的临近逐渐变得不均匀。

之前的讨论着重介绍了岩石三轴压缩过程中出现的剪胀现象，此类试验通常在恒定的侧向围压应力的条件下进行。在这种情况下，岩石可以相对自由地横向膨胀。然而，在岩体中这种横向膨胀在某种程度上会受邻近岩石的抵抗。可以想象，当一部分岩石横向膨胀时，会使相邻岩石对其施加的横向压应力增加，从而抑制了岩石的横向膨胀。因此，原位岩石特定部分的变形将不可避免地与邻近岩体的变形相耦合。但耦合通常在标准岩石试验中不会发生，这些试验的边界条件，无论是恒定的侧向应力或恒定的横向应变，都是事先施加的。

为了尽量接近现场可能发生的情况，Hallbauer 等人（1973）对细粒的泥质石英岩试件进行常规三轴试验，沿着应力-应变曲线在预测点处停止。仔细观察穿过试件轴线的纵截面，可以观察到与应力-应变曲线相关的微裂纹和裂缝的生长，结果如图 3-19 所示。

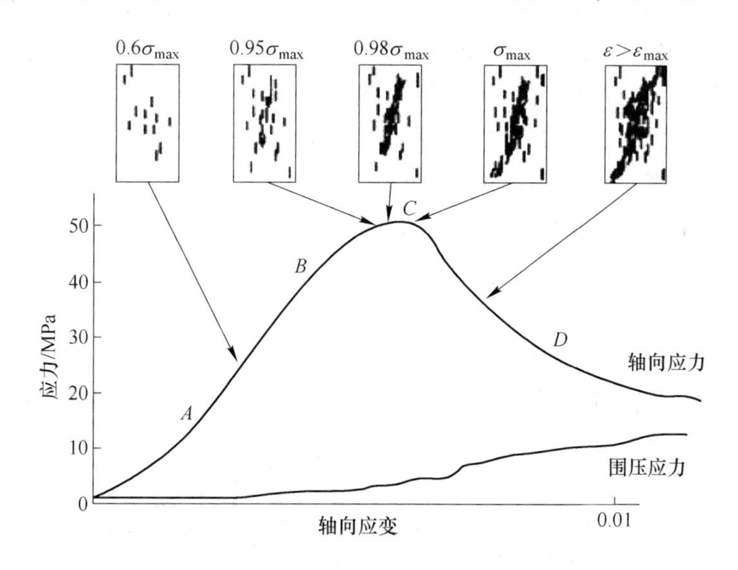

图 3-19 三轴压缩条件下岩石应力-应变全过程曲线

从图中可以看出，在应力-应变曲线的 *AB* 阶段，首先可见的结构损伤表现为细长微裂纹，其轴线朝着平行（在±10°范围内）于最大压应力的方向（即轴向）。裂纹分布在整个试样中，但主要集中在中心区域。由于受载后不断地出现裂纹扩展，岩石将产生一些不可逆的变形。*B* 点是岩石的屈服点，当应力超过 *B* 点后，进入 *BC* 段。在 *BC* 阶段的末端，微裂纹数量急剧增加，裂纹开始沿着位于试样中心区域的平面聚集。在最大的轴向应力 *C* 点处，微裂纹开始联合并形成一个宏观的断裂“面”。最后在 *CD* 阶段，断裂面已经扩展到整个试件，剪切位移开始在岩石的两个面上出现。在该阶段，随着岩石的继续压缩，试件所承受的轴向载荷逐渐减小。

在试件卸载后对微裂纹进行测量，结果表明：在卸载状态下，微裂纹长约 300μm，宽约 3μm，它们在应力作用下的宽度可能要比卸载时更宽；在应力-应变曲线的每个阶段，裂纹的总体积（在卸载状态下测量）约为试件在加载期间观察到的非弹性体积膨胀的 16%~19%。Hallbauer 等人（1973）得出的结论是，膨胀的体积变化反映了这些微裂纹的开裂程度。

岩石在三向压缩应力作用下的变形特性与岩石的强度一样，也与单向压缩状态存在着比较大的差异。

3.3.3.1　$\sigma_2=\sigma_3$时岩石的变形特性

在$\sigma_2=\sigma_3$的条件下（即经常说的假三轴的试验条件下），岩石的变形特性将受到围压的影响。如图3-20(a)中显示了变形特性具有以下几条规律：

(1) 随着围压（$\sigma_2=\sigma_3$）的增加，岩石的屈服应力随之增高。

(2) 总体来说，岩石的弹性模量变化不大，有随着围压增大而增大的趋势。

(3) 随着围压的增加，峰值应力所对应的应力变化值有所增大，其变形特性表现出低围压的脆性向高围压的塑性转换的规律。

3.3.3.2　σ_3为常数时岩石的变形特性

当σ_3为常数时，在不同的σ_2作用下，其变形曲线如图3-20(b)所示。由图中可知：

(1) 随着σ_2的增大，岩石的屈服应力有所提高。

(2) 弹性模量基本不变，不受σ_2变化的影响。

(3) 当σ_2不断增大时，岩石由塑性逐渐向脆性转换。

3.3.3.3　σ_2为常数时岩石的变形特性

当σ_2为较大值且为常数时，在不同的σ_3作用下，岩石的变形曲线特性如图3-20(c)所示。其主要特征如下：

(1) 其屈服应力几乎不变。

(2) 岩石的弹性模量基本不变。

(3) 岩石始终保持塑性破坏的特性，只是随σ_3的增大，其塑性变形量也随之增大。

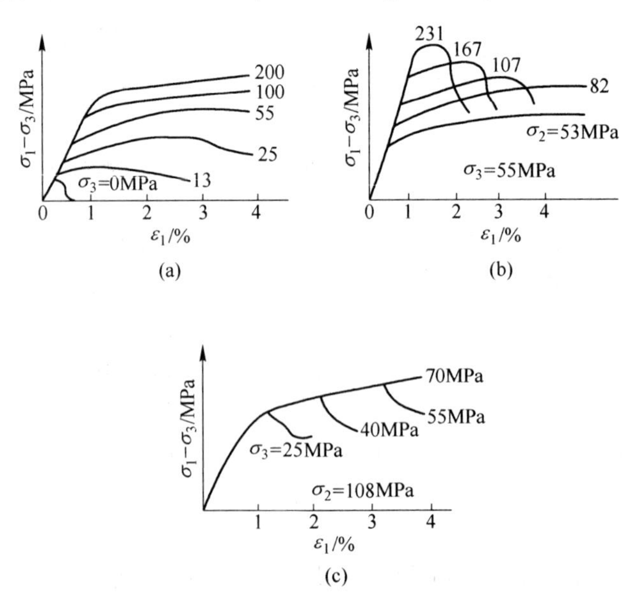

图3-20　岩石在三轴压缩状态下的应力-应变曲线

(a) $\sigma_2=\sigma_3$；(b) σ_3为常数；(c) σ_2为常数

3.3.3.4　围压和温度的影响

自19世纪末以来，人们就知道，如果三轴压缩试验中对圆柱试件施加围压增加，则导致破坏所需的轴向应力也会增加，且岩石将显示出更大的延展性。围压对石英岩轴向应力-轴向应变曲线的影响如图3-21(a)所示。对于$\sigma_2=\sigma_3$的每个值，应力-应变曲线最初表现为近似线弹性部分，其斜率（杨氏模量）与围压几乎无关，但屈服应力和破坏应力均随围压的增加而增大。最后，曲线有一个很小的下降部分，达到脆性断裂。

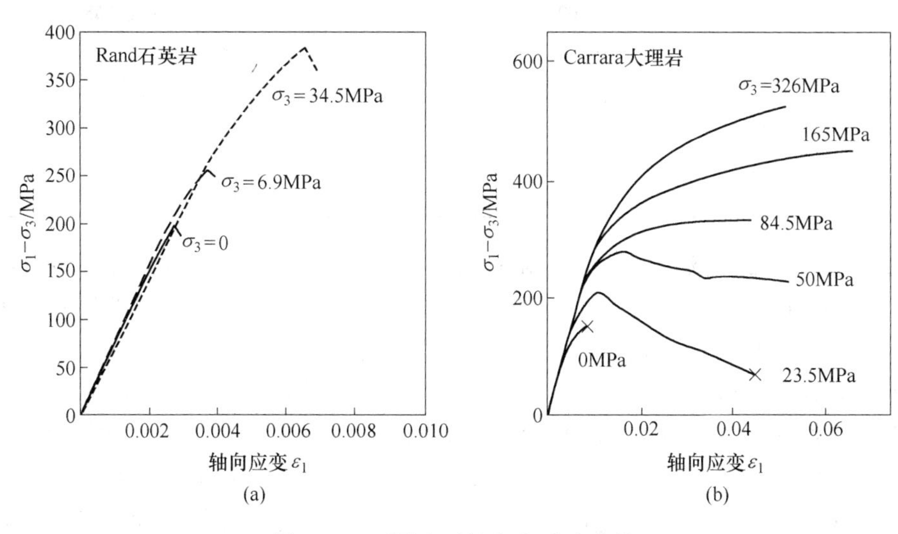

图3-21　不同岩石的应力-应变曲线

（a）石英岩；（b）不同围压下大理岩

其他岩石（特别是碳酸岩）和一些沉积物则表现出不同类型的特性。图3-21(b)展示了von Kármán（1911）在Carrara大理岩上收集的数据。对于足够低的围压应力，例如标记为$\sigma_3=0$MPa的曲线，大理岩会像石英岩一样发生脆性断裂（用X表示）。但是在较高的围压应力下，例如标记为50MPa的曲线，大理岩可承受高达7%的应变，而其承载能力没有明显变化（即轴向应力没有下降），在这种情况下岩石表现为延性特性。对于$\sigma_3=23.5$MPa的曲线则表现出过渡型的性质，即产生了相当大的非弹性应变，但岩石最终还是会因脆性断裂而破坏。因此，定义一个不太明确的围压应力，可以说在该值下脆性和韧性之间发生了转变。Heard（1960）提出这种脆性—延性转变的围压下，破坏时应变为3%~5%。对于如图3-21(b)中的165MPa或更高的围压下，屈服点过后，轴向应力σ_1继续随应变的增加而增大，这种性质在冶金中被称为加工硬化，而在岩石力学中被更简单地称为硬化。表3-12展示了Paterson（1978）根据各种来源汇编的在室温下测量的不同类型岩石的脆性—延性过渡压力。

表3-12　在室温$\sigma_2=\sigma_3$压缩下的脆—延性过渡压力（Paterson，1978）

岩石类型	$\sigma_2(b\rightarrow d)$/MPa	来　源
石灰岩、大理岩	30~100	Heard（1960），Rutter（1972）
白云石	100~200	Handin和Hager（1957），Mogi（1971）
石　膏	40	Murrell和Ismail（1976）
硬石膏	100	Handin和Hager（1957）

续表 3-12

岩石类型	$\sigma_2(b \to d)$/MPa	来　源
岩盐矿	<20	Handin（1953）
滑　石	400	Edmond 和 Paterson（1972）
蛇纹石	300~500	Raleigh 和 Paterson（1965）
绿泥石	300	Murrell 和 Ismail（1976）
泥质砂岩	200~300	Edmond 和 Paterson（1972），Schock 等人（1973）
粉砂岩、页岩	<100	Handin 和 Hager（1957）
多孔熔岩	30~100	Mogi（1965）

大致来说，较高的温度通常有助于提高延展性。图 3-22(a)展示了 Griggs 等人(1960) 测量的在 500MPa 围压应力下花岗岩的应力-应变曲线。在室温下岩石是脆性的，但在较高的温度下它可能会发生大量的永久变形。到 800℃时，岩石几乎完全具有延展性，应变可以在几乎恒定的载荷下继续增加。因此，对于恒定的围压，脆性会在达到一定温度后变为延性。由于较高的温度和较高的围压往往有利于延展性，因此脆性-延性转变的温度会随着围压的增加而降低。Heard（1960）绘制了 Solenhofen 石灰岩在$\{t, \sigma_3\}$空间中的相图，该相图展示了由延性-脆性转变曲线分隔开的延性或脆性性质区域，如图 3-22(b)所示。对于这种岩石，当温度高于 500℃时，可以在零围压下观察到它的延展性。然而，对于大多数岩石来说，如果没有围压，则在熔化温度以下的行为为脆性（Murrell 和 Chakravarty，1973）。

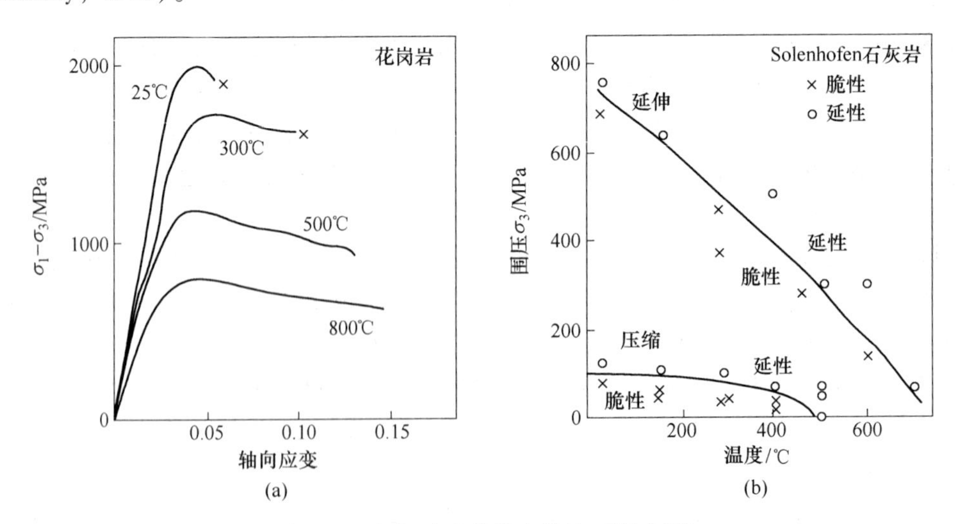

图 3-22　应力-应变曲线和脆性-延性相图

（a）不同温度下花岗岩的应力-应变曲线；（b）石灰岩的脆性-延性相图

3.3.4　全应力-应变曲线的应用

全应力-应变曲线除了能全面显示岩石在受压破坏过程中的应力、变形特征，尤其是破坏后的强度与力学性质变化规律外，还有以下三个用途：

（1）预测岩爆。从图 3-23 可以看出，全应力-应变曲线所围成的面积以峰值强度点 C 为界，可以分为左右两个部分。左半部分 OCE（面积 A）代表达到峰值强度时，积累在试件内部的应变能；右半部 CED（面积 B）代表试件从破裂到破坏的整个过程所消耗的能量。若 $B<A$，则说明岩石破坏后还剩余一部分能量，这部分能量突然释放就会产生岩爆；若 $B>A$，则说明应变能在变形破坏过程中已完全消耗掉，因而不会产生岩爆。

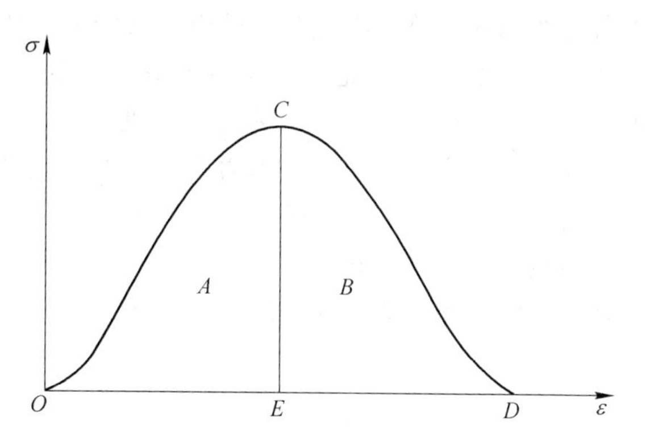

图 3-23　全应力-应变曲线预测岩爆示意图

（2）预测蠕变破坏。从图 3-24 中的蠕变终止轨迹线可以看出，在试件加载到一定的应力水平后，保持应力恒定，试件将发生蠕变；而在适当的应力水平下，蠕变发展到一定程度，即应变达到某一值时，蠕变就会停止，岩石试件将处于稳定状态。蠕变终止轨迹就是在不同应力水平下蠕变终止点的连线，这是事先通过大量试验获得的。当应力水平在 H 点以下时保持应力恒定，岩石试件不会发生蠕变；当应力水平达到 E 点时保持应力恒定，则蠕变应变会发展到 F 点并与蠕变终止轨迹相交，蠕变就会停止。G 点是临界点，应力水平在 G 点以下保持恒定，蠕变应变发展到最后还是会和蠕变终止轨迹相交，蠕变将会停止，岩石试件不会破坏；若应力水平在 G 点保持恒定，则蠕变应变发展到最后就会和全应力-应变曲线的右半部（即破坏后的曲线）相交，此时试件将发生破坏，这是该岩石所能产生的最大蠕变应变值；当应力水平在 G 点之上保持恒定时，会产生蠕变，最终都将导致破坏。由于最后都要和全应力-应变曲线的破坏后段相交，应力水平越高，从蠕变发生到破坏的时间就越短，比如：从 C 点开始蠕变，到 D 点破坏；从 A 点开始蠕变，到 B 点破坏。

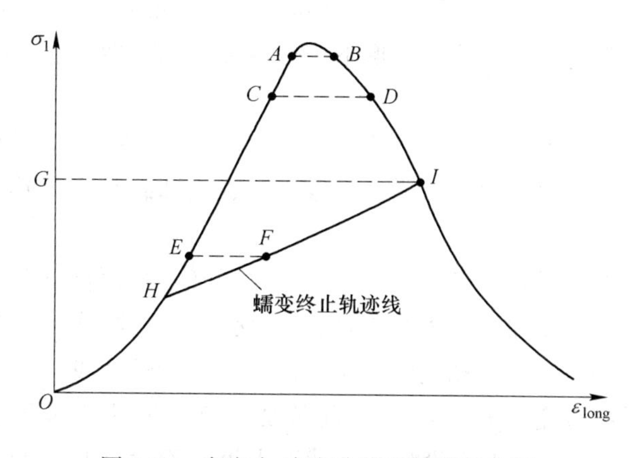

图 3-24　全应力-应变曲线预测蠕变破坏

（3）预测循环加载条件下岩石的破坏。在岩土工程中经常会遇到循环加载的情况，比如反复的爆破作业就是对围岩施加的循环荷载，而且是动荷载。由于岩石的非线性，使得其加载和卸载路径不重合，所以每次的加—卸载都会形成一个迟滞回路，留下一段永久变形。图 3-25 表示的是在高应力水平下的循环加载，岩石在很短的时间内就会破坏，比如从 A 点施加循环荷载，永久变形发展到 B 点，岩石就会破坏，这是因为 B 点已和破坏后的曲线段相交。这表明，当岩石本身处于较高的受力状态时，若再出现循环荷载作用，则岩石将会非常容易发生破坏，若在 C 点的应力水平下遭受循环荷载作用，只有在经历了相对较长的一段时间后，岩石才会发生破坏。因此，可根据岩石本身已有的应力水平、循环荷载的大小、循环荷载的周期以及全应力-应变曲线来预测循环加载条件下岩石发生破坏的时间。

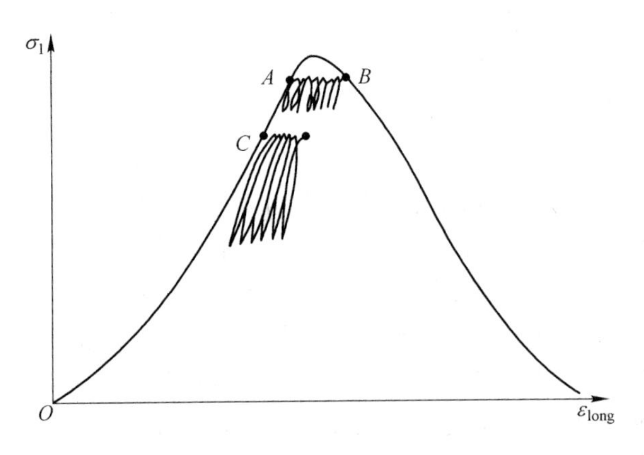

图 3-25　全应力-应变曲线预测反复加载条件下的破坏

3.4　岩石的流变

3.4.1　岩石的流变特性

流变性质是指材料的应力-应变关系与时间因素有关的性质；材料变形过程中具有时间效应的现象称为流变现象。岩石的变形不仅呈现弹性和塑性，而且也具有流变性质，岩石的流变包括蠕变、松弛和弹性后效。

蠕变是当应力保持不变时，变形随时间增长而增长的现象；松弛是当应变保持不变时，应力随时间增加而减少的现象；弹性后效是加载或卸载时，变形滞后于应力延迟恢复的现象。

由于岩石的蠕变特性对岩石工程稳定性有重要意义，下面将对其进行重点分析。一般而言，软弱岩石的典型蠕变曲线分为图 3-26(b)所示的三个阶段。图中纵坐标表示岩石承载后的变形，横坐标表示时间。蠕变的第Ⅰ阶段称为初始蠕变段，如果应力瞬间施加到试样上，将立即产生弹性应变（A 点所示），此阶段应变-时间曲线向下弯曲，应变与时间大致呈对数关系，即 $\varepsilon \propto \lg t$；第Ⅰ阶段结束后就进入第Ⅱ阶段（自 B 点开始），此阶段内变形缓慢，应变与时间近于线性关系，故称为等速蠕变段或稳定蠕变段；最后进入第Ⅲ阶段，此阶段内呈加速蠕变，这将导致岩石的迅速破坏，因此称为加速蠕变段。

如果在阶段Ⅰ内，将所施加的荷载骤移除，则 $\varepsilon - t$ 曲线具有图 3-26(b)中所示 PQR 的

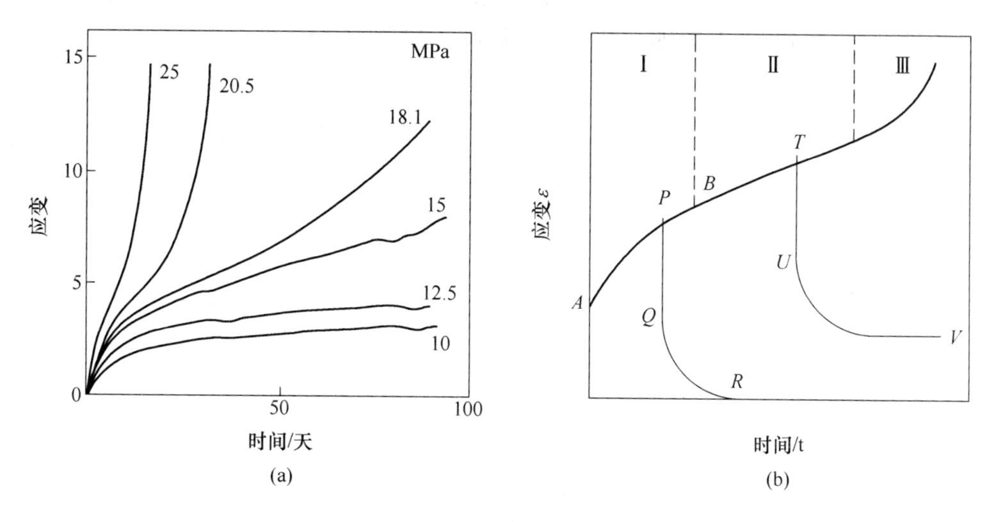

图 3-26　以 MPa 计的单轴压应力

（a）石膏在不同压力下的蠕变曲线；（b）岩石典型的蠕变曲线

形式。其中，*PQ* 为瞬时弹性变形，而曲线 *QR* 表明应变需经历一定时间才能完全恢复（这种现象就是弹性后效），这说明初始蠕变段岩石仍保持着弹性性能。如果在等速应变段Ⅱ内将所施加的应力骤然降到零，则 $\varepsilon - t$ 曲线呈 *TUV* 曲线的路径，最终将保持一定的永久塑性变形。

图 3-26(a)为在不同的单轴应力水平作用下浸水雪花石膏的蠕变曲线。由图中曲线可知，当在稍低的应力作用下，蠕变曲线只存在于前两个阶段，并不产生非稳态蠕变。在初始时期，应变快速增加，但增加的速率在降低（即曲线是向下凹的），之后应变以恒定速率（线性曲线）增加，变形最后将趋向于一个稳定值。它表明了在这样的应力作用下，试件不会发生破坏。相反，在较高应力作用下，试件经过短暂的第二阶段，立即进入非稳态蠕变阶段，如图 3-26(a)中对于两个最高的单轴应力 25MPa 和 20. 5MPa，在一定时间之后，应变开始以不断增加的速率（向上凹的曲线）增加，最终导致试样破坏直至完全破坏。而只有在中等应力水平（大约为岩石峰值应力的 60%～90%）的作用下，才能产生包含三个阶段完整的蠕变曲线。这一特点对于进行蠕变试验而言，是极为重要的，据此选择合理的应力水平是保证蠕变试验成功与否的关键。

3. 4. 2　岩石的流变模型

3. 4. 2. 1　基本元件

为了描述岩石的流变特性，目前常采用简单的基本单元来模拟材料的某种性状，然后将这些基本单元进行不同的组合，获得岩石不同的蠕变方程式，以模拟不同岩石的蠕变属性。通常采用的基本单元有三种，其分别为弹性单元、塑性单元和黏性单元。

A　弹性单元

这种模型是线性弹性的，完全服从虎克定律，所以也可称为虎克体。应力作用下应变及时发生，且应力与应变成正比关系。应力 σ 与应变 ε 的关系可写为：

$$\sigma = E\varepsilon \tag{3-64}$$

这种模型可用刚度为 E 的弹簧来表示，如图 3-27(a)所示。

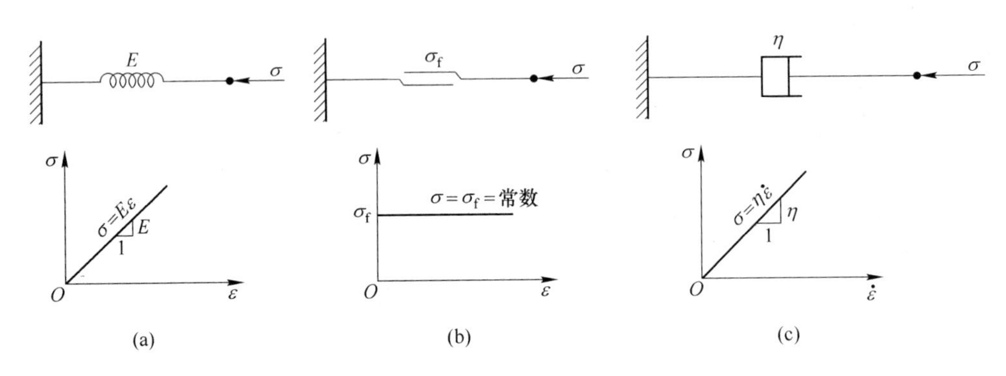

图 3-27 基本单元模型

(a) 线性弹簧（弹性单元）；(b) 粗糙滑块（塑性单元）；(c) 线性缓冲壶（黏性单元）

B 塑性单元

这种模型是理想刚塑性的，在应力小于屈服值时可以看成刚体，不产生变形；应力达到屈服值后，应力不变而变形无限增长。此模型也可称为圣维南体。

这种模型可用两块粗糙的滑块来表示，图 3-27(b)所示。

C 黏性单元

这种模型完全服从牛顿黏性定律，它表示应力与应变速率成比例。应力与应变速率的关系可写为：

$$\sigma = \eta\dot{\varepsilon} \tag{3-65}$$

或

$$\sigma = \eta \frac{\mathrm{d}\varepsilon}{\mathrm{d}t} \tag{3-66}$$

式中 t——时间；

η——黏滞系数。

3.4.2.2 常用的岩石介质模型

根据岩石的变形特性，利用前面介绍的三种基本模型的不同组合，可以建立描述岩石各种不同变形特性的力学模型。下面仅介绍最常用的三种较为简单的岩石介质模型，以此了解建立模型的基本思路与方法。

A 弹塑性介质模型

这是用弹簧与摩擦器串联在一起的一个模型，常用于描述具有弹塑性变形特性的岩石介质。弹塑性介质模型的建立借鉴于以下的思想：一个滑块放置在一平面上，当作用在滑块上的力大于滑块与平面的摩擦力时，滑块将产生滑动，而撤去作用力时，滑块将静止。由此描述的岩石的塑性变形，通常将模型称为摩擦器。对岩石而言，当作用在试件上的外力 σ 超出 σ_0（屈服应力）时，试件将产生滑动，该滑动量即为岩石的弹塑性变形量。据分析，岩石的弹塑性变形具有以下两种类型：

（1）理想的弹塑性变形（见图 3-28 中的实线），即：

$$\begin{cases}当\sigma < \sigma_0, \ \varepsilon = 0 \\ 当\sigma = \sigma_0, \ \varepsilon 持续增长\end{cases} \tag{3-67}$$

（2）具有硬化特性的塑性变形（见图 3-28 中的虚线），即：

$$\begin{cases}当\sigma < \sigma_0, \ \varepsilon = 0 \\ 当\sigma \geqslant \sigma_0, \ \varepsilon = \dfrac{\sigma - \sigma_0}{K}\end{cases} \tag{3-68}$$

式中，K 为塑性硬化系数，表示只有在外力不断做功的条件下塑性变形才会继续发生。

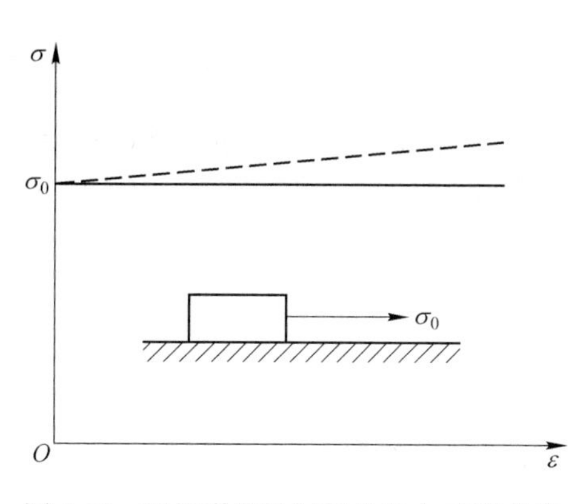

图 3-28 理想弹塑性材料的应力-应变曲线

B 黏弹性介质模型

常用描述岩石黏弹性特性的力学介质模型，主要有马克斯韦尔（Maxwell）模型和凯尔文（Kelvin）模型。

a 马克斯韦尔模型（H-N 体）

马克斯韦尔（Maxwell）体是一种黏弹性体，它由一个弹簧和一个阻尼器串联组成，其力学模型如图 3-29 所示。

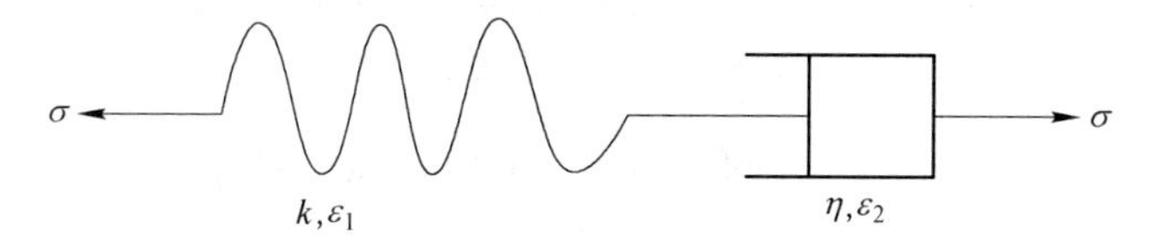

图 3-29 马克斯威尔体力学模型

（1）本构方程。由串联性质可得：

$$\sigma = \sigma_1 = \sigma_2, \ \varepsilon = \varepsilon_1 + \varepsilon_2 \tag{3-69}$$

由于

$$\dot{\varepsilon}_1 = \frac{1}{k}\dot{\sigma}, \ \dot{\varepsilon}_2 = \frac{1}{\eta}\sigma \tag{3-70}$$

所以

$$\dot{\varepsilon} = \frac{1}{k}\dot{\sigma} + \frac{1}{\eta}\sigma \tag{3-71}$$

式(3-71)为马克斯威尔体的本构方程。

（2）蠕变方程。在恒定荷载 $\sigma = \sigma_0$ 条件下，满足：

$$\frac{\mathrm{d}\sigma}{\mathrm{d}t} = 0 \tag{3-72}$$

本构方程(3-71)可简化为：

$$\dot{\varepsilon} = \frac{1}{\eta}\sigma_0 \tag{3-73}$$

解此微分方程，得：

$$\varepsilon = \frac{1}{\eta}\sigma_0 t + C \tag{3-74}$$

式中，C 为积分常数，由初始条件确定。

当 $t=0$ 时，$\varepsilon=\varepsilon_0=\sigma_0/k$，由此可知，$C=\sigma_0/k$，代入式(3-74)，可得马克斯威尔体的蠕变方程，即：

$$\varepsilon = \frac{1}{\eta}\sigma_0 t + \frac{\sigma_0}{k} \tag{3-75}$$

由式(3-75)可知，模型有瞬时应变，并随着时间增长应变逐渐增大，这种模型反应的是等速蠕变，如图 3-30(a)所示。

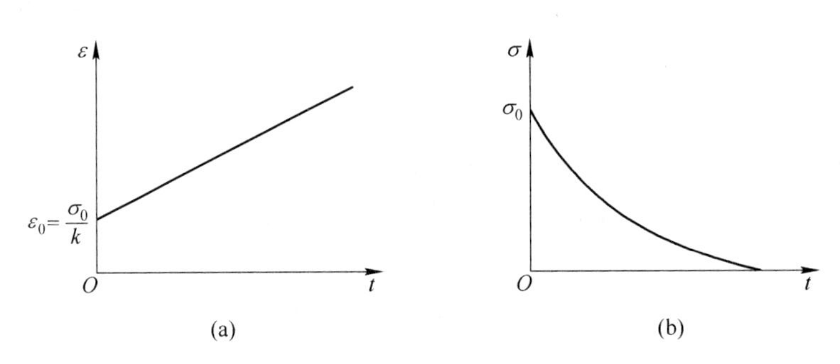

图 3-30　马克斯威尔体的蠕变曲线和松弛曲线
(a) 蠕变曲线；(b) 松弛曲线

(3) 松弛方程。保持 ε 不变，则有 $\dot{\varepsilon}=0$。本构方程(3-71)可变为：

$$\frac{1}{k}\dot{\sigma} + \frac{1}{\eta}\sigma = 0 \tag{3-76}$$

解此方程，得：

$$-\frac{k}{\eta}t = \ln\sigma + C \tag{3-77}$$

式中，C 为积分常数，由初始条件确定。

当 $t=0$ 时，$\sigma=\sigma_0$（σ_0为瞬时应力），得 $C=-\ln\sigma_0$，代入式（3-83），可得：

$$-\frac{K}{\eta}t = \ln\sigma - \ln\sigma_0 = \ln\frac{\sigma}{\sigma_0} \tag{3-78}$$

所以

$$\sigma = \sigma_0 e^{-\frac{k}{\eta}t} \tag{3-79}$$

由式(3-79)可知，当 t 增加时，σ 将逐渐减少，即当应变恒定时，应力随时间的增长而逐渐减少，这种力学现象称为应力松弛（简称松弛），如图 3-30(b)所示。

从模型的物理概念来理解松弛现象，当 $t=0$ 时，黏性元件来不及变形，只有弹性元件产生变形。但是，随着时间的增长，黏性元件在弹簧的作用下逐渐变形，同时，随着阻尼器的伸长，弹簧逐渐收缩，即弹簧中的应力逐渐减少，表现出松弛现象。

根据上述分析，马克斯威尔体具有瞬时变形、等速蠕变和松弛的性质，因此可描述具有这些性质的岩石。

b 凯尔文体（H | N 体）

凯尔文（Kelvin）体是一种黏弹性体，它由胡克体与牛顿体即一个弹簧与一个阻尼器并联而成，力学模型如图 3-31 所示。

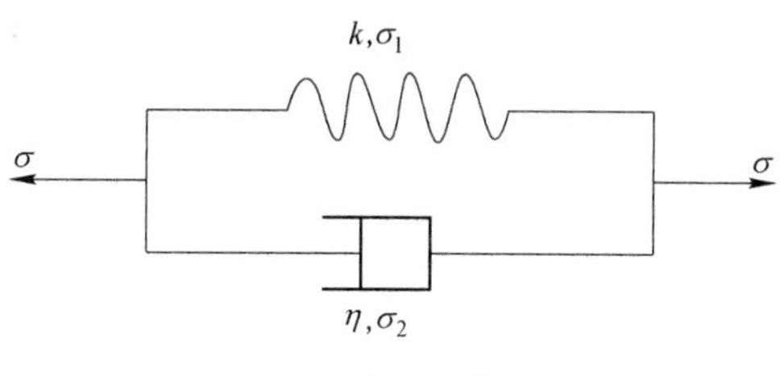

图 3-31 凯尔文体模型

（1）本构方程。由并联性质可得：

$$\sigma = \sigma_1 + \sigma_2 , \varepsilon = \varepsilon_1 + \varepsilon_2 ,$$

$$\sigma_1 = k\varepsilon_1 = k\varepsilon , \sigma_2 = \eta\dot{\varepsilon}_2 = \eta\dot{\varepsilon} \tag{3-80}$$

式(3-80)联立，可得：

$$\sigma = k\varepsilon_1 + \eta\dot{\varepsilon} \tag{3-81}$$

式(3-81)为凯尔文体的本构方程。

（2）蠕变方程。如果在 $t=0$ 时，施加应力 σ_0，并保持 $\sigma=\sigma_0$ 为恒定值，则本构方程变为：

$$\sigma_0 = k\varepsilon + \eta \frac{\mathrm{d}\varepsilon}{\mathrm{d}t}$$

$$\frac{\mathrm{d}\varepsilon}{\mathrm{d}t} + \frac{k}{\eta}\varepsilon = \frac{1}{\eta}\sigma_0 \tag{3-82}$$

解此微分方程，得：

$$\varepsilon = \frac{\sigma_0}{k} + A\mathrm{e}^{-\frac{k}{\eta}t} \tag{3-83}$$

式中，A 为积分常数，可由初始条件求出。

当 $t=0$ 时，$\varepsilon = 0$，这是因为施加瞬时应力 σ_0后，由于阻尼器的惰性，阻止弹簧产生瞬时变形，整个模型在 $t=0$ 时不产生变形，应变为零。由此可得：

$$A = -\frac{\sigma_0}{k} \tag{3-84}$$

将 A 代入式(3-83)，得：

$$\varepsilon = \frac{\sigma_0}{k}(1 - \mathrm{e}^{-\frac{k}{\eta}t}) \tag{3-85}$$

对式(3-81)作图，得到指数曲线形式的蠕变曲线，从式(3-85)和曲线可知，当 $t\to\infty$ 时，$\varepsilon=\sigma_0/k$ 趋于常数，相当于只有弹簧 H 的应变，如图 3-32 所示。该模型可描述岩石蠕变的初始阶段。

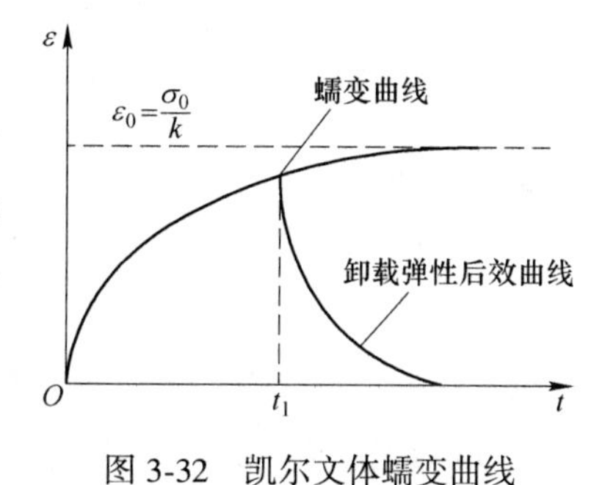

图 3-32 凯尔文体蠕变曲线和弹性后效曲线

（3）弹性后效（卸载效应）。在 $t=t_1$后卸载，$\sigma=0$，代入本构方程(3-81)，得：

$$\eta\dot{\varepsilon} + k\varepsilon = 0 \tag{3-86}$$

其通解为 $\ln\varepsilon = -k/\eta + A_1$，其中，$A_1$ 为积分常数，即：

$$\varepsilon = A_1\mathrm{e}^{-\frac{k}{\eta}t} \tag{3-87}$$

这里，初始条件为 $t=t_1$，$\varepsilon=\varepsilon_1$，即：

$$\varepsilon_1 = A_1 e^{-\frac{k}{\eta}t_1} \tag{3-88}$$

由此可得：

$$A_1 = \varepsilon_1 e^{-\frac{k}{\eta}t_1} \tag{3-89}$$

这里 ε_1 由式(3-85)确定，即：

$$\varepsilon_1 = \frac{\sigma_0}{k}(1 - e^{-\frac{k}{\eta}t_1}) \tag{3-90}$$

可得卸载方程：

$$\varepsilon = \varepsilon_1 e^{-\frac{k}{\eta}(t-t_1)} \tag{3-91}$$

由式(3-91)可知，当 $t=t_1$ 时，应力虽然卸除，但瞬时应变 $\varepsilon=\varepsilon_1$。随时间 t 的增加，应变 ε 逐渐减小，当 $t\to\infty$ 时，应变 $\varepsilon=0$。

弹簧收缩时，也随之逐渐恢复变形，最终弹性元件与黏性元件完全恢复变形，这种现象就是前面讲的弹性后效。

（4）松弛方程。若令模型应变保持恒定，即 $\varepsilon=\varepsilon_0$ 为常数，此时本构方程为：

$$\sigma = k\varepsilon_0 \tag{3-92}$$

式(3-92)表明，当应变保持恒定时，应力 σ 也就保持恒定，并不随时间增长而减小，即模型无应力松弛性能。

综上所述，凯尔文体属于稳定蠕变模型，有弹性后效，没有松弛。

习　题

3-1　解释下列名词。

（1）孔隙比；（2）孔隙率；（3）吸水率；（4）渗透性；（5）抗冻性；（6）蠕变；（7）松弛；（8）弹性后效；（9）岩石的三轴抗压强度。

3-2　阐述岩石物理性质的主要指标及其表示方式。

3-3　三块几何尺寸（5cm×5cm×5cm）相同的花岗岩试件，在自然状态下称得质量分别为 315g、337.5g 和 325g，经过烘干后的恒重分别为 209.4g、332.1g 和 311.25g。将烘干试件放入水中后测得孔隙的体积分别为 $0.75cm^3$、$0.5cm^3$ 和 $0.625cm^3$。求该花岗岩的容重、密度、孔隙率、孔隙比、含水量和饱和度。

3-4　某岩样测得其容重 γ=21kN/m^3，天然含水量为 w=24%，相对密度 $\Delta\rho$=2.71。试计算该岩样的孔隙度 n 和孔隙比 e。

3-5　请根据 σ-τ 坐标下的库伦准则，推导出由主应力、岩石破断角和岩石单轴抗压强度给出的在 σ_3-σ_1 坐标系中的库伦准则表达式 $\sigma_1 = \sigma_3\tan^2\theta + \sigma_c\left(式中\ \sigma_3 = \dfrac{2c\cos\phi}{1-\sin\phi}\right)$。

3-6　已知某水库附近现场地应力为 $\sigma_1=12$MPa，$\sigma_3=4$MPa，该水库位于多孔性石灰岩区域内，石灰岩三轴实验结果为 $c=1$MPa，$\varphi=35°$。试分析在该区域最大能修建多深的水库而不至因地下水位的升高导致岩石破坏。

3-7　大理石的抗剪强度试验为：当 $\sigma_{n_1}=6$MPa，$\sigma_{n_2}=10$MPa 时，$\tau_{n_1}=19.2$MPa，$\tau_{n_2}=22$MPa；当侧向应力 $\sigma_3=0$ 时，该岩石的抗压强度为 $\sigma_c=100$MPa；当侧向应力 $\sigma_3=6$MPa 时。试求其三轴抗压强度。

3-8　试从试验条件、变形破坏特征、强度简要分析试件在单轴抗压强度试验与三向压缩强度试验的不同。

3-9　什么是莫尔强度包络线，如何根据试验结果绘制莫尔强度包络线？

3-10　简述岩石在单轴压缩条件下的变形特性。

3-11　分析说明典型岩石蠕变曲线的加载、卸载特性。

3-12　论述库伦准则的基本思想，并由库伦准则的一般表达式推导出主应力表达式。

3-13　根据格里菲斯强度理论分析脆性岩体破坏机理，并写出格里菲斯强度准则的主应力表达式。

3-14　简述岩石在单轴压缩条件下的变形、破坏特征，并说明原因。

3-15　有一云母岩试件，其力学性能在沿片理方向 A 和垂直片理方向 B 出现明显的各向异性，试问：

（1）岩石试件分别在 A 向和 B 向受到相同的单向压力时，表现的变形哪个更大，弹性模量哪个大，为什么？

（2）岩石试件的单轴抗压强度哪个更大，为什么？

3-16　在大理岩中，已经找到一个与主应力 σ_1 成 β 角的节理面。对原有节理面设 $\tau_0=0$，摩擦角为 ϕ_0，问该岩体重新开始滑动需要的应力状态。

3-17　请推导马克斯威尔模型的本构方程、蠕变方程和松弛方程，并画出力学模型、蠕变和松弛曲线。

3-18　简述常见的几种岩石流变模型及其特点。

3-19　分段说明典型岩石蠕变曲线的加载、卸载特性。

3-20　如何根据全应力-应变曲线预测岩石的岩爆、流变以及在反复加、卸载作用下的破坏？

4 岩体的力学性质

4.1 岩体结构

岩体是地质历史的产物，在长期的成岩及变形过程中形成了它们特有的结构。岩体结构包括两个基本要素其分别为结构面和结构体。结构面是指岩体内具有一定方向、延展较大、厚度较小的面状地质界面，包括物质的分界面和不连续面，它是在地质发展历史中，尤其是地质构造变形过程中形成的。被结构面分割而形成的岩块，四周均被结构面所包围，这种由不同产状的结构面组合切割而形成的单元体称为结构体。

结构面是岩体的重要组成单元，岩体质量的好坏与结构面的性质密切相关，结构面的强度取决于它的特性（即它的粗糙度及充填物的性质）。其中，结构面对岩体结构类型的划分常起着主导作用。在研究结构面时，一方面要注意结构面的强度、密度及其延展性，另一方面还须注意结构面的规模大小和它们之间的组合关系。

结构体就是被结构面所包围的完整岩石（或隐蔽裂隙的岩石），结构体也是岩体的重要组成部分。在研究结构体时，首先要弄清结构体的岩石类型及其物理力学属性，然后根据结构面的组合确定结构体的几何形态和大小，以及结构体之间的镶嵌组合关系等。结构体的不同形态称为结构体的形式，常见的单元结构体有块状、柱状、板状体，以及菱形、楔形、锥形体等。

岩体结构是由结构面的发育程度和组合关系，或结构体的规模及排列形式决定的。岩体结构类型的划分反映出岩体的不连续性和不均性特征。中国科学院地质研究所根据多年的工程实践，从岩体结构的角度提出了岩体结构分类，见表 4-1。根据这个分类，岩体结构分为块状结构、镶嵌结构、层状结构、碎裂结构、层状碎裂结构以及松散结构等。我国有不少专门为工程目的进行的岩体分类，比如为建造地下隧道和洞室的围岩分类（铁路隧道规范分类、岩石地下建筑技术措施分类等），都是以岩体结构分类为基础的。

表 4-1 岩体结构类型及其特征

岩体结构类型	岩体地质类型	主要结构体形式	结构面发育情况	工程地质评价
块状结构	厚层沉积岩 火成侵入岩 火山岩变质岩	块状 柱状	节理为主	岩体在整体上强度较高，变形特征接近于均质弹性各向同性体；作为坝基及地下工程洞体具有良好的工程地质条件，在坝肩及边坡条件虽也属良好，但要注意不利于岩体稳定的平缓节理

续表 4-1

岩体结构类型	岩体地质类型	主要结构体形式	结构面发育情况	工程地质评价
镶嵌结构	火成侵入岩 非沉积变质岩	菱形 锥形	节理比较发育，有小断层错动带	岩体在整体上强度仍高，但不连续性较为显著，在坝基经局部处理后仍为良好地基；在边坡过陡时易以崩塌形式出现，不易构成大滑坡体；在地下工程，若跨度不大，塌方事故很少
碎裂结构	构造破坏 强烈岩体	碎块状	节理、断层及断层破碎带交叉劈理发育	岩体完整性破坏较大，强度受断层及软弱结构面控制，并易受地下水作用影响，岩体稳定性较差，在坝基要求对规模较大断层进行处理，一般可灌浆固结；在边坡有时出现较大的塌方；在地下矿坑开采中易产生塌方、冒顶，要求紧跟支护；对永久性地下工程要求衬砌
层状结构	薄层沉积岩 沉积变质岩	板状 楔形	层理、片理、节理比较发育	岩体为接近均一的各向异性体；作为坝基，坝肩、边坡及地下洞体的岩体时其稳定与岩层产状关系密切，一般陡立的较为稳定，而平缓的较差；倾向不同时也有很大差异，要结合工程具体考虑；这类岩体在坝肩、坝基及边坡处较易出现破坏事故
层状碎裂结构	较强烈褶皱，构造严重受到影响的破碎岩层	碎块状 楔形	层理、片理、节理、断层层间错动面发育	岩体完整性差，整体强度低，软弱结构面发育，易受地下水不良作用影响，稳定性很差，不宜选作高混凝土坝、坝基、坝肩；边坡设计角较低，地下工程施工中常遇塌方；作为永久性工程要求加厚衬砌
松散结构	构造影响剧烈的断层破碎带，强风化带，全风化带	鳞片状 碎屑状 颗粒状	断层破碎带、风化带及次生结构面	岩体强度遭到极大破坏，接近松散介质，稳定性最差，在坝基及人工边坡上要作清基处理，在地下工程进出口处也应进行适当处理

4.2 岩体中的结构面

4.2.1 结构面的类型

结构面是具有一定方向、延展较大而厚度较小的二维面状地质界面，它在岩体中的变化非常复杂。结构面的存在，使岩体显示构造上的不连续性和不均质性，岩体力学性质与结构面的特性密切相关。

根据结构面的形成原因，通常将其分为三种类型，其分别为原生结构面、构造结构面和次生结构面。

4.2.1.1 原生结构面

原生结构面包括所有在成岩阶段所形成的结构面。根据岩石成因不同，其可分为沉积结构面、火成结构面和变质结构面三类。

沉积结构面是沉积岩在成岩作用过程中形成的各种地质界面，包括层面、层理、沉积间断面（不整合面、假整合面）和原生软弱夹层等，它们都是层间结构面。这些结构面的特征能反映出沉积环境，标志着沉积岩的成层条件和岩性、岩相的变化，例如：海相沉积，其结构面延展性强，分布稳定；陆相及滨海相沉积易于尖灭，形成透镜体、扁豆体。沉积结构面产状一般与岩层产状一致，会随着岩层产状而变化。沉积结构面的层面特征典型多样，比如常见的有泥裂、波痕、交错层理、缝合线等。在沉积间断面中，还常见有古风化残积物。原生软弱夹层是指在相对坚硬岩层（如石灰岩、砂岩等）中夹有相对软弱的物质成分（如页岩、黏土岩等），它们在沉积过程中就形成了这种结构特点。这种层状软弱物质受后期构造运动及地下水作用下，极易软化、泥化，使岩体强度大大降低。

火成结构面为岩浆侵入、喷溢冷凝所形成的各种结构面（如流层、流结、火山岩流接触面、各种蚀变带、挤压破碎带以及原生节理等）。这些结构面的产状受侵入岩体与围岩接触面所控制。接触面一般延伸较远，原生节理延展性不强，但它们往往密集。原生节理常常是平行或垂直接触面，节理面粗糙，较不平整，在浅成岩体或火山岩体内常发育有特殊的节理及柱状节理。节理面间有时充填软弱物质，蚀变带和挤压破碎带是岩体中薄弱的部分。

变质结构面为岩体在变质作用过程中所形成的结构面（如片理、片麻理、板理及软弱夹层等）。变质结构面的产状与岩层基本一致，延展性较差，但它们一般分布密集。片理结构面是变质结构面中最常见的，其面常常是光滑的，但形态呈波浪状；片麻理面常呈凹凸不平状，结构面也比较粗糙。变质岩中的软弱夹层主要是片状矿物（如黑云母、绿泥石、滑石等的富集带），其抗剪强度低，遇水之后性质会更差。

4.2.1.2　构造结构面

构造结构面是指岩体受地壳运动（构造应力）作用所形成的结构面，如断层、节理、劈理以及由于层间错动而引起的破碎层等。其中，断层的规模最大，节理的分布最广。

A　断层

断层一般是指位移显著的构造结构面。就其规模来说，其大小有很大的不同，有的深切岩石圈甚至地幔，有的仅限于地壳表层，或地表以下数十米。断层破碎带往往有一系列滑动面，而且还存在一套复杂的构造岩。

断层因应力条件不同而具有不同的特征。根据应力场的特性，可分张性、压性及剪性（扭性）断层，也就是正断层、逆断层和平移断层。

张性断层由张（拉）应力或与断层平行的压应力形成。张裂面上参差不齐、宽窄不一、粗糙不平、少擦痕；裂面中常充填有附近岩层的岩石碎块，有时沿裂面常有岩脉或矿脉充填，或有岩浆岩侵入；平行的张裂面往往形成张裂带，每个张裂面往往延长不远即行消失。

压性断层主要是指压性逆断层和逆掩断层。破裂的压性结构面一般均呈舒缓波状，沿走向和倾向方向都有这种特征，沿走向尤为明显。断层面上经常有与走向大致垂直的逆冲擦痕。断面上片状矿物如云母、叶蜡石等呈鳞片状排列，长柱状矿物或针状矿物如角闪石、绿帘石等呈定向排列，它们的劈面大都与主要挤压面平行。一系列压性断层大致平行集中出现，则可构成一个挤压断层带。

剪性断层主要是指平移断层和一部分正断层。剪裂面产状稳定，断面平整光滑，有时甚至呈镜面出现；断面上常有平移擦痕，有的具羽痕；组成断层带的构造岩以角砾岩为主，而它往往因碾磨甚细而成糜枝状；断层带的宽度变化，比前两种小；剪裂面常成对出现，为共轭的X形断层；平移断层往往咬合力小，摩擦系数低，含水性和导水性一般；正断层则含水性和导水性较好，摩擦系数多较平移断层为高。

压性、张性和剪性断层是断层中最基本的类型，单一性质的断裂一般比较容易鉴别。但有时构造运动多次发生，由于先后作用的应力性质不同，构造形迹越来越复杂，甚至出现互相“矛盾”的现象。早期的张性断裂破碎带之中，出现许多挤压片理和由张性角砾岩组成的挤压扁豆体；又比如绝大多数逆断层属压性断层，大部分正断层属张性断层，但在个别场合，也可能出现“矛盾”。挤压断层带中的个别压性断层表现出正断层的状况，这种状况是由于断层两侧岩块发生快慢不同的相对运动所造成。

B 节理

节理可分为张节理、剪节理和层面节理。张节理是岩体在张应力作用下形成的一系列裂隙的组合，其特点是：裂隙宽度大，裂隙面延伸短，尖灭较快，曲折；表面粗糙，分布不均；在砾岩中裂隙面多绕砾石而过。

剪节理是岩体在剪应力作用下形成的一系列裂隙的组合，它通常以相互交叉的两组裂隙同时出现，因而又称X节理或共轭节理，有时只有一组比较发育。剪节理的特点是：裂隙闭合，裂隙面延伸远且方位稳定，一般较平直，有时有平滑的弯曲，无明显曲折；面光滑，常具有磨光面、擦痕、阶步、羽裂等痕迹；在砾岩中裂隙面常切穿砾石而过。

层面节理是指层状岩体在构造应力作用下，沿岩层层面（原生沉积软弱面）破裂而形成的一系列裂隙的组合。岩层在褶曲发育的过程中，两翼岩层的上覆层与下覆层发生层间滑动，使形成剪性层面节理，而在层间发生层间脱节，形成张性层面节理。

C 劈理

在地应力作用下，岩石沿着一定方向产生密集的、大致平行的破裂面，有的是明显可见的，有的则是隐蔽的。岩石的这种平行密集的破开现象称为劈理。一般把组成劈理的破裂面称为劈面；相邻劈面所夹的岩石薄片称为劈石；相邻劈面的垂直距离称为劈面距离，一般在几毫米至几厘米之间。

劈理的密集性与岩性和厚度等因素有关。较厚岩层中的劈理相对于薄层的岩层稀疏些，同时劈理在通过不同岩性的岩层时要发生折射，构成S形或反S形的反射劈理。

4.2.1.3 次生结构面

次生结构面是指岩体在外应力（如风化、卸荷、应力变化、地下水、人工爆破等）作用下面形成的结构面。它们的发育多呈无序状的、不平整、不连续的状态。

风化裂隙是由风化作用在地壳的表部形成的裂隙。风化作用沿着岩石脆弱的地方，比如层理、劈理、片麻构造及岩石中晶体之间的结合面，产生新的裂隙。另外，风化作用还使岩体中原有的软弱面扩大、变宽，这些扩大和变宽的弱面是原生作用或构造作用形成的，但有风化作用参与的明显痕迹。风化裂隙的特点是：裂隙延伸短而弯曲或曲折；裂隙面参差不齐，不光滑，分支分叉较多，裂隙分布密集，相互连通，呈不规则网状；裂隙发育程度随深度的增加而减弱，浅部裂隙极发育，使岩石破碎，甚至成为疏松土，向深处裂隙发育程度减弱，岩石完整，并保持有原岩的矿物组成、结构，仅在裂隙面上或附近有化学风化的痕迹。

密集的风化裂隙加上裂隙间的岩块又被化学侵蚀，并且普遍地存在于地壳表层的一定深度，而形成岩石风化层。风化层实际上是分布于地壳表层的软弱带，它的深度为 10～50m，局部如构造破碎带，可达 100m 甚至更深。

卸荷裂隙是指岩体的表面某一部分被剥蚀掉，引起重力和构造应力的释放或调整，使得岩体向自由空间膨胀而产生了平行于地表面的张裂隙。若在深切的河谷，还有重力作用的剪应力分量而产生剪张裂隙，这些裂隙基本平行于岸坡表面。另外，在漫长的岁月中伴随着年复一年的地下水季节性的变动，同样可以产生与地下水面近平行的卸荷裂隙。

卸荷裂隙的产状主要与临空面有关，多为曲折、不连续状态。裂隙充填物包括气、水、泥质碎屑，其宽窄不一，变化多端，结构面多呈粗糙。

应力变化、人工爆破等作用也可生成次生结构面。

4.2.2 结构面特征定量描述的基本参数

由结构面的定义可知，结构面是指没有或具有极低抗拉强度的力学不连续面，包括一切地质分离面。它是在成岩过程中或者在后期的地质构造作用下所形成的，在地质体中主要表现为将岩体分割成两部分，两部分岩体或紧密地贴在一起或岩体中间充填着一些杂质。结构面存在于地质体中，因此必定受到各种地质作用的影响，并以一种特殊的状态出露或者隐藏于地质体中。要了解结构面的力学特性，必须要掌握结构面所具有的特征。为了全面、正确地掌握结构面在地质体中的特征，应该了解描述结构面特征的基本参数。根据大量工程实践的经验，结构面特征一般可以采用以下几个基本参数加以描述。

4.2.2.1 产状

产状是指结构面在空间的分布状态，它由走向、倾向、倾角所表示的产状三要素来描述。由于走向可根据倾向来加以推算，一般只用倾向和倾角来表示。

结构面的产状与岩体开挖面的空间关系将直接影响岩体的稳定性。最简单的实例就是顺坡向和逆坡向的结构面，前者从几何学上是一个影响岩体失稳的不利因素，而后者由于结构面的倾向与边坡的坡向相反，它对于岩体稳定性的影响几乎不存在。

4.2.2.2 间距

结构面的间距是指同组相邻结构面的垂直距离，其通常采用同组结构面的平均间距作为代表。间距的大小直接反映了该组结构面的发育程度，因此，间距将反映岩体的完整程度。平均间距与裂隙度 K 有关。裂隙度 K 是指沿着某个取样线方向，单位长度上节理的数量。设有一取样直线，其长度为 l，若沿长度 l 内出现节理的数量为 n，则该岩体的裂隙度 K 为：

$$K = \frac{n}{l} \tag{4-1}$$

那么，沿取样线方向上结构面的平均间距 d 为：

$$d = \frac{l}{n} = \frac{1}{K} \tag{4-2}$$

4.2.2.3 延展性（持续性）

在一个岩石的露头上，所见到的结构面的迹线长度通常称为结构面的延展性。该参数反映了该组结构面发育规模的大小，此外，还可利用与倾向方向上的延展性的乘积，推算结构面的面积，评价结构面切割岩体的程度。

此处，切割度是评价节理分割岩体程度的一个参数。节理通常是一个面状的形态，它将岩体切割成两部分。有些属贯通性节理，可将整个岩体完全切割；而有些节理为非贯通性，在岩体中会出现断断续续的现象，其伸延不长，则只能切割岩体中的一部分，没有使整个岩体分离成两部分。据此，切割度的定义是指单位面积的岩体中结构面面积所占的比例。假设选取岩体中一个平直的断面，它与岩体中某个节理面相重叠，令该岩体平直断面面积为 A，那么，根据切割度的定义，节理面的面积 a 与这个平直断面面积 A 的比值称为切割度 X_e，即：

$$X_e = \frac{a}{A} = \frac{a_1 + a_2 + a_3 + \cdots + a_n}{A} = \frac{\sum_1^n a_i}{A} \tag{4-3}$$

4.2.2.4 粗糙度和起伏度

相对于结构面表面的不平整程度，结构面通常用粗糙度和起伏度表示，这也是评价结构面抗剪强度的一个重要几何参数。起伏度是指相对较大一级表面的不平整状态，若起伏度较大，可能会影响结构面的局部产状，对结构面的强度具有较大影响，其主要取决于结构面的粗糙度；粗糙度是指结构面局部凹凸不平的程度，当结构面受到剪切力作用时结构面表面越粗糙其抗剪强度也会越高。

4.2.2.5 结构面面壁强度

结构面是由岩体的两个表面组成，该表面通常称为结构面的面壁。结构面面壁的强度对结构面的剪切强度有很大的影响。在岩体中，由于长期的地质作用（尤其是水流的通过），该表面将发生不同程度的风化作用，进而影响其表面的力学特性。当结构面的面壁风化程度与母岩很接近时，其强度与母岩基本一致；当其风化程度与母岩相差较大时，其强度将要小得多。在后种情况下，当结构面张开度较小时，其将表现出相对较低的抗剪强度。

4.2.2.6 结构面的开度与充填物

结构面两个面壁之间的垂直距离称作结构面的开度。一般情况下，张性的结构面具有较大的开度，较大的开度又往往使得结构面成为地下水的通道，在长年累月的水流作用下，水流中的一部分物质残留在结构面中；同时，由于结构面的面壁被风化，部分物质遗留在裂缝中；另外，由于后期的地质作用，张开的裂缝由一些矿物重新胶结在一起。这些都成为结构面中存在着杂质的主要原因。其中这些遗留在结构面缝隙中的物质称为充填物。

结构面的开度与充填物两个参数相互依存，开度较大的结构面一般也有较厚的充填物。在具有较厚的充填物的情况下，对结构面强度的影响主要取决于充填物的性质。

4.2.2.7 结构面的渗透性

结构面的渗透性是指单个结构面或者整个岩体中所见到水流和水量的状态。水对岩体的影响是不言而喻，通常用水的流速和流量来描述结构面的渗透性。渗透性的大小反映了岩体可能受水流影响的大小，甚至会影响结构面的强度。

4.2.2.8 结构面的组数和岩块的尺寸

岩体中结构面的组数反映了结构面的发育程度，而结构面组数的多少，又可反映岩体被结构面切割所形成岩块的大小，同样，这也是两个相辅相成的参数。岩体的完整性如何，主要由这些参数来描述。

综上所述，主要从结构面空间分布的规律、发育的规模及程度、表面的几何形态等参数描述结构面在地质体中的基本特征。这些参数一般是利用现场地质调查所获得的资料，进行统计分析，并获得相应的统计规律，最终提出相应的参数值。

4.2.3 结构面的变形特性

结构面的变形主要包括法向变形和剪切变形。

4.2.3.1 法向变形

在法向荷载作用下，岩石粗糙结构面的接触面积和接触点数随荷载增大而增加。结构面间隙呈非线性减小，应力与法向变形呈指数变化关系，如图 4-1 所示。这种非线性力学行为归结于接触微凸体弹性变形、压碎和间接拉裂隙的产生，以及新的接触点、接触面积的增加。当荷载去除时，将引起明显的后滞和非弹性效应。Goodman（1974）通过试验，得出法向应力 σ_n 与结构面闭合量 δ_n 的关系为：

$$\frac{\sigma_n - \xi}{\xi} = s\left(\frac{\delta_n}{\delta_{\max} - \delta_n}\right)^t \tag{4-4}$$

式中，ξ 为原位压力，由测量结构面法向变形的初始条件决定；$\delta_{\max}$ 为最大可能的闭合量；s、t 为与结构面几何特征、岩石力学性质有关的两个参数。

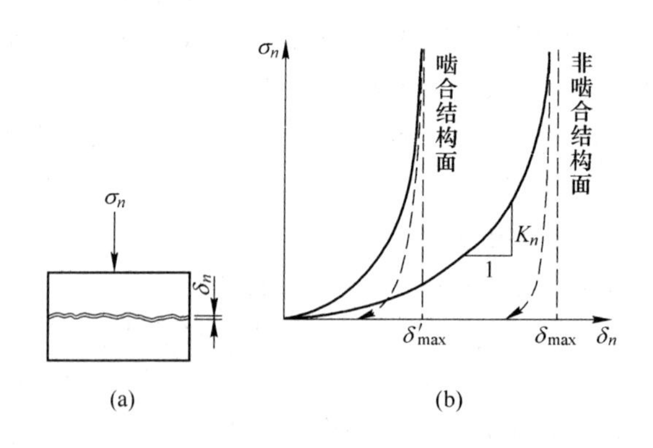

图 4-1 结构面法向变形曲线

（a）粗糙结构面压缩变形分析模型；（b）啮合以及非啮合结构面的法向变形曲线

图 4-1 中，K_n 称为法向变形刚度，反映结构面产生单位法向变形的法向应力梯度。它不仅取决于岩石本身的力学性质，更主要取决于粗糙结构面接触点数、接触面积和结构面两侧微凸体相互啮合程度。通常情况下，法向变形刚度不是一个常数，与应力水平有关。

根据 Goodman（1974）的研究，法向变形刚度的计算公式为：

$$K_n = K_{n_0}\left(\frac{K_{n_0}\delta_{\max} + \delta_n}{K_{n_0}\delta_{\max}}\right)^2 \tag{4-5}$$

式中　K_{n_0}——结构面的初始刚度。

Bandis 等人（1984）通过对大量的天然、不同风化程度和表面粗糙程度的非充填结构面的试验研究，提出双曲线型法向应力 σ_n 与法向变形 ε_n 的关系式，即：

$$\sigma_n = \frac{\delta_n}{a - b\delta_n} \tag{4-6}$$

式中　a，b——常数。

显然，当法向应力 $\sigma_n \to \infty$，$a/b = \delta_{\max}$。从式(4-6)可推导出法向刚度的表达式：

$$K_n = \frac{\partial \sigma_n}{\partial \delta_n} = \frac{1}{a - b\delta_n} \tag{4-7}$$

Bandis 等人（1983）结合双曲线型加卸载曲线，将有效法向应力、结构面闭合量和表面粗糙性联系在一起，得出法向刚度的经验公式，即：

$$K_n = K_{n_0}\left(1 - \frac{\sigma_n}{K_{n_0}\delta_{\max} + \sigma_n}\right)^{-2} \tag{4-8}$$

式中　K_n——结构面的初始法向刚度；

$\delta_{\max}$——最大闭合量。

$$K_{n_0} = 0.02\left(\frac{JCS}{\delta_{n_0}}\right) + 1.75JRC - 7 \tag{4-9}$$

$$\delta_{\max} = A + B(JRC) - C\left(\frac{JCS}{\delta_{n_0}}\right)^D \tag{4-10}$$

式中　JCS——结构面的抗压强度；

JRC——结构面的粗糙性系数；

δ_{n_0}——每次加载或卸载开始时结构面的张开度；

A，B，C——常数，取决于结构面受载历史。

4.2.3.2　剪切变形

在一定的法向应力作用下，结构面在剪切作用下产生切向变形。通常有以下两种基本形式（见图 4-2）：

（1）对非充填粗糙结构面，随剪切变形发生，剪切应力相对上升较快。当达到剪应力峰值后，结构面抗剪能力出现较大的下降，并产生不规则的峰后变形［见图 4-2(b)中 A 曲线］或滞滑现象。

（2）对于平坦（或有充填物）的结构面，初始阶段的剪切变形曲线呈下凹型，随着剪切变形的持续发展，剪切应力逐渐升高但没有明显的峰值出现，最终达到恒定值，有时也出现剪切硬化［见图 4-2(b)中 B 曲线］。

剪切变形曲线从形式上可划分成弹性区（峰前应力上升区）、剪应力峰值区和塑性区（峰后应力降低区或恒应力区）（Goodman，1974）。在结构面剪切过程中，伴随有微凸体的弹性变形、劈裂、磨粒的产生与迁移、结构面的相对错动等多种力学过程。因此，剪切变形一般是不可恢复的，即便在弹性区，剪切变形也不可能完全恢复。

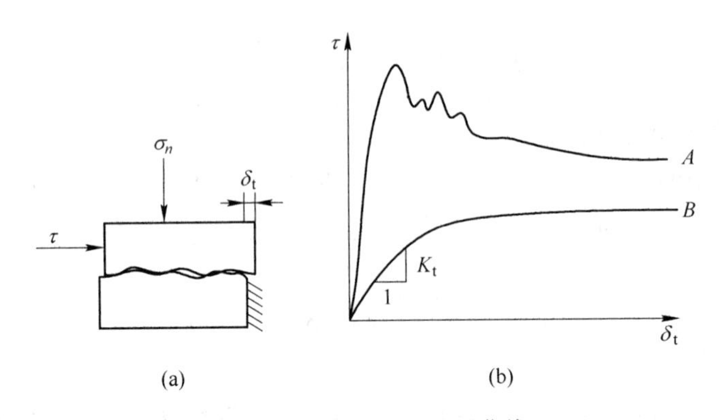

图 4-2　结构面剪切变形曲线

（a）非充填粗糙结构面；（b）平坦（或有填物）结构面

通常将弹性区单位变形内的应力梯度称为剪切刚度 K_t，其计算公式为：

$$K_t = \frac{\partial \tau}{\partial \delta_t} \tag{4-11}$$

根据 Goodman（1974）的研究，剪切刚度 K_t的计算公式为：

$$K_t = K_{t_0}\left(1 - \frac{\tau}{\tau_s}\right) \tag{4-12}$$

式中　K_{t_0}——初始剪切刚度；

τ_s——产生较大剪切位移时的剪应力渐近值。

试验结果表明，对于较坚硬的结构面，剪切刚度一般是常数；对于松软结构面，剪切刚度随法向应力的大小而改变。

对于凹凸不平的结构面，可简化成如图 4-3(a)所示的力学模型。受剪切结构面上有凸台，凸台角为 i，模型上半部作用有剪切力 S 和法向力 N，模型下半部固定不动。在剪应力作用下，模型上半部沿凸台斜面滑动，除有切向运动外，还产生向上的移动，这种剪切过程中产生的法向移动分量称之为剪胀。在剪切变形过程中，剪力与法向力的复合作用，可能使凸台剪断或拉破坏，此时剪胀现象消失如图 4-3(b)所示。当法向应力较大，或结构面强度较小时，S 持续增加，使凸台沿根部剪断或拉破坏，结构面剪切过程中没有明显的剪胀如图 4-3(c)所示。从这个模型可看出，结构面的剪切变形与岩石强度、结构面粗糙性和法向力有关。

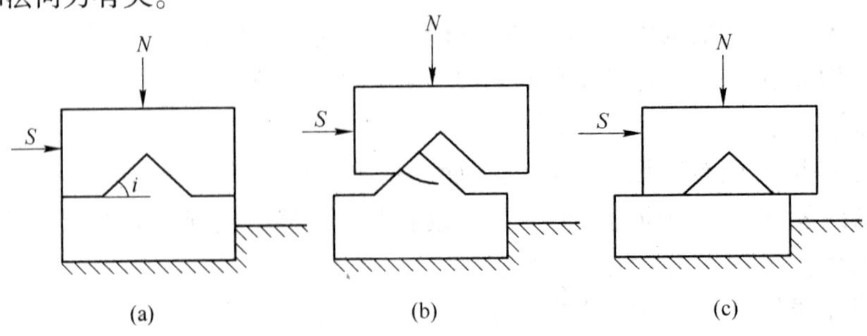

图 4-3　结构面剪切力学模型

（a）粗糙结构面剪切受力分析模型；（b）粗糙结构面剪切变形模型一；

（c）粗糙结构面剪切变形模型二

4.2.4 结构面的剪切强度特性

4.2.4.1 抗剪强度

抗剪强度是结构面最重要的力学性质之一。从结构面的变形分析可以看出，结构面在剪切过程中的力学机制比较复杂，构成结构面抗剪强度的因素是多方面的。大量试验结果表明，结构面抗剪强度一般可以用库伦准则表述，即：

$$\tau = c + \sigma_n \tan\phi \tag{4-13}$$

式中 c，ϕ——结构面上的黏聚力和摩擦角；

σ_n——作用在结构面上的法向应力。

其中，摩擦角可表示成 $\phi = \phi_b + i$，ϕ 是岩石平坦表面基本摩擦角，i 是结构面上凸台斜坡角。

图 4-4 为上面凸台模型的剪力与法向力的关系曲线，其近似呈双直线。结构面受剪初期，剪切力上升较快；随着剪力和剪切变形增加，结构面上部分凸台被剪断此后剪切力上升，梯度变小，直至达到峰值抗剪强度。

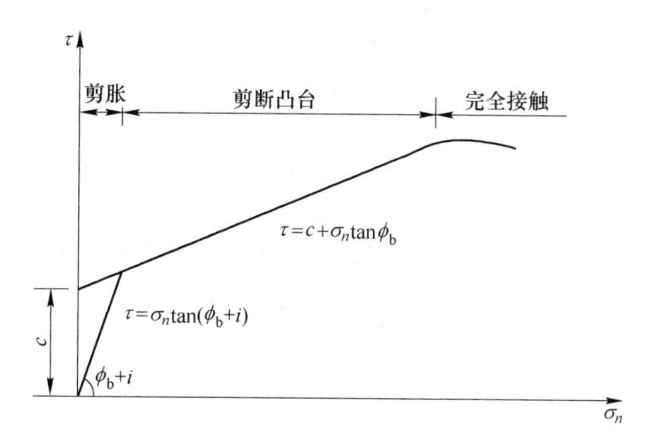

图 4-4 凸台模型的剪力与法向力的关系曲线

试验表明，低法向应力时的剪切，结构面有剪切位移和剪胀；高法向应力时，凸台剪断，结构面抗剪强度最终变成残余抗剪强度。在剪切过程中，凸台起伏形成的粗糙度以及岩石强度对结构面的抗剪强度起着重要作用。考虑到上述三个基本因素（法向力 σ_n、粗糙度 *JRC*、结构面强度 *JCS*）的影响，Barton 和 Choubey（1977）提出了结构面的抗剪强度公式，即：

$$\tau = \sigma_n \tan\left[JRC\lg\left(\frac{JCS}{\sigma_n}\right) + \phi_b\right] \tag{4-14}$$

式中 *JCS*——结构面的抗压强度；

ϕ_b——岩石表面的基本摩擦角；

JRC——结构面粗糙性系数。

图 4-5 是 Barton 和 Choubey（1976）给出的 10 种典型剖面，*JRC* 值根据结构面的粗糙性在 0~20 变化，平坦近平滑结构面为 5，平坦起伏结构面为 10，粗糙起伏结构面为 20。

对于具体的结构面，可以对照 *JRC* 典型剖面目测确定 *JRC* 值，也可以通过直剪试验

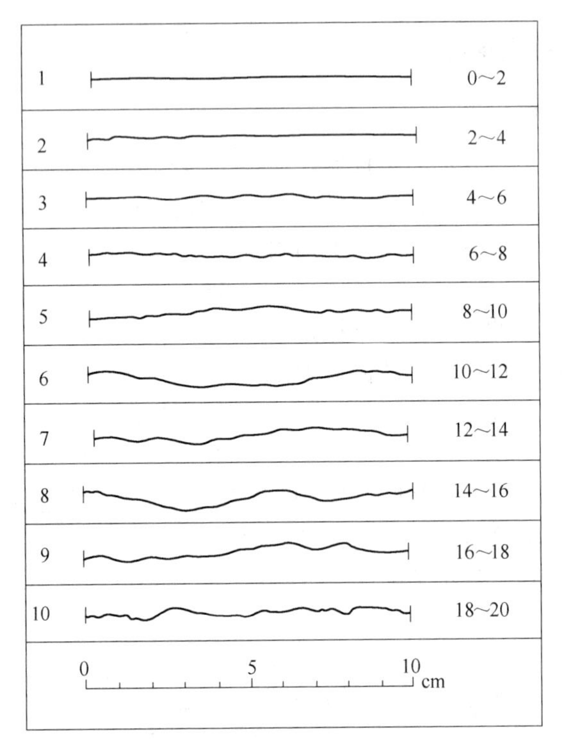

图 4-5　典型 *JRC* 剖面

或简单倾斜拉滑试验得出的峰值剪切强度和基本摩擦角来反算 *JRC* 值，即：

$$JRC = \frac{\phi_p - \phi_b}{\lg \dfrac{JCS}{\sigma_n}} \tag{4-15}$$

式中，峰值剪切角等于 $\phi_p \arctan(\tau_p/\sigma_n)$，或等于倾斜试验中岩块产生滑移时的倾角。

为了克服目测确定结构面 *JRC* 值的主观性以及由试验反算确定 *JRC* 值的不便，近年来国内外学者提出应用分形几何方法描述结构面的粗糙程度。

4.2.4.2　结构面力学性质的影响因素

A　尺寸效应

结构面的力学性质具有尺寸效应。Barton 和 Bandis（1982）用不同尺寸的结构面进行了试验研究，结果表明：当结构面的试块长度从 5~6cm 增加到 36~40cm 时，平均峰值摩擦角降低约 8°~12°，随着试块面积的增加，平均峰值剪切应力呈减少趋势。结构面的尺寸效应还体现在以下几个方面：

（1）随着结构面尺寸的增大，达到峰值强度时的位移量增大。

（2）由于尺寸的增加，剪切破坏形式由脆性破坏向延性破坏转化。

（3）尺寸加大，峰值剪胀角减小。

（4）随结构面粗糙度减小，尺寸效应也在减小。

结构面的尺寸效应在一定程度上与表面凸台受剪破坏有关。对试验过的结构表面观察发现，大尺寸结构面真正接触的点数很少，但接触面积大；小尺寸结构面接触点数多，而每个点的接触面积都较小，前者只是将最大的凸台剪断了。研究者还认为，结构面的强度

JCS 与试件的尺寸成反比，结构面的强度与峰值剪胀角是引起尺寸效应的基本因素。对于不同尺寸的结构面，这两种因素在抗剪阻力中所占的比重不同：小尺寸结构面凸台破坏和峰值剪胀角所占比重均高于大尺寸结构面，当法向应力增大时，结构面尺寸效应将随之减小。

B 前期变形历史

自然界中结构面在形成过程中和形成以后，大多经历过位移变形。结构面的抗剪强度与变形历史有密切关系，即新鲜结构面的抗剪强度明显高于受过剪切作用的结构面的抗剪强度。Jaeger 的试验表明，当第一次进行新鲜结构面剪切试验时，试样具有很高的抗剪强度。沿同一方向重复进行到第 7 次剪切试验时，试样还保留峰值与残余值的区别，当进行到第 15 次时，已看不出峰值与残余值的区别。这说明在重复剪切过程中，结构面上凸台被剪断、磨损，岩粒、碎屑的产生与迁移，使结构面的抗剪力学行为逐渐由凸台粗糙度和起伏度控制转化为由结构面上碎岩屑的力学性质所控制。

C 后期充填性质

结构面在长期地质环境中，由于风化（或分解），被水带入的泥沙，以及构造运动时产生的碎屑和岩溶产物充填。当结构面内充填物的厚度小于主力凸台高度时，结构面的抗剪性能与非充填时的力学特性相类似。当充填厚度大于主力凸台高度时，结构面的抗剪强度取决于充填材料。充填物的厚度、颗粒大小与级配、矿物组分和含水程度都会对充填结构面的力学性质有不同程度的影响：

（1）夹层厚度的影响。实验结果表明，结构面抗剪强度随夹层厚度增加迅速降低，并且与法向应力的大小有关。

（2）矿物颗粒的影响。充填材料的颗粒直径为 2~30mm 时，抗剪强度随颗粒直径的增大而增加，但颗粒直径超过 30mm 后，抗剪强度变化不大。

（3）含水量的影响。由于水对泥夹层的软化作用，含水量的增加使泥质矿物内聚力和结构面摩擦系数急剧下降，结构面的法向刚度和剪切刚度大幅度下降。暴雨引发岩体滑坡事故正是由于结构面含水量剧增的缘故，因此，水对岩体稳定性的影响不可忽视。

在岩土工程中经常遇到岩体软弱夹层和断层破碎带，它的存在常导致岩体滑坡和隧道坍塌，这也是岩土工程治理的重点。软弱夹层力学性质与其岩性矿物成分密切相关，其中以泥化物对软弱结构面的弱化程度最为显著，同时，矿物粒度的大小与分布也是控制变形与强度的主要因素。

已有研究表明，泥化物中有大量的亲水性黏土矿物，一般水稳性都比较差，对岩体的力学性质有显著影响。一般来说，主要黏土矿物影响岩体力学性能的大小顺序是：蒙脱石>伊利石>高岭石。表 4-2 汇总了不同类型软夹层的力学性能，从表中可以看出，软弱结构面抗剪强度随碎屑（碎岩块）成分与颗粒尺寸的增大而提高，随黏土含量的增加而降低。

表 4-2 夹层物质成分对结构面抗剪强度的影响

软弱夹层成分	摩擦系数	黏聚力/MPa
泥化夹层和夹泥层	0.15~0.25	0.005~0.02
破碎夹泥层	0.3~0.4	0.02~0.04
破碎夹层	0.5~0.6	0~0.1
含铁锰质角砾破碎夹层	0.65~0.85	0.03~0.15

另外，泥化夹层具有时效性，在恒定荷载下会产生蠕变变形。一般认为充填结构面长期抗剪强度比瞬时强度低 15%～20%，泥化夹层的瞬间抗剪强度与长期强度之比约为 0.67～0.81，此比值随黏粒含量的降低和砾粒含量的增多而增大。在抗剪参数中，泥化夹层的时效作用主要表现在 c 值的降低，对摩擦角的影响较小。这是因为软弱夹层的存在表现出时效性，必须注意岩体长期极限强度的变化和预测，从而保证岩体的长期稳定性。

4.3 岩体的强度

岩体是指由各种形状的岩块和结构面组成的地质体，因此其强度必然受到岩块和结构面强度及其组合方式（岩体结构）的控制。一般情况下，岩体的强度既不同于岩块的强度，也不同于结构面的强度。但是，如果岩体中结构面不发育，呈整体或完整结构时，则岩体的强度大致与岩块接近，可视为均质体；如果岩体发生沿某一特定结构面的滑动破坏时，则其强度取决于结构面的强度。这是两种极端情况，比较容易处理，困难的是由节理裂隙切割的裂隙化岩体强度的确定问题，其强度介于岩块与结构面强度之间。

岩体强度是指岩体抵抗外力破坏的能力，与岩块一样，也有抗压强度、抗拉强度和剪切强度之分。但对于节理裂隙岩体来说，抗拉强度很小，工程设计上一般不允许岩体中有拉应力出现。实际上岩体抗拉强度测试技术难度大，因此目前对岩体抗拉强度的研究很少。本节主要讨论岩体的抗压强度和剪切强度。

4.3.1 岩体强度的试验测定

4.3.1.1 试验确定法

确定岩体强度的试验一般是指在现场原位切割较大尺寸试件进行单轴压缩、三轴压缩和抗剪强度试验。为了保持岩体的原有力学条件，在试块附近不能爆破，只能使用钻机、风镐等机械破岩，根据设计的尺寸，凿出所需规格的试件。一般试件为边长 0.5～1.5m 的立方体，加载设备用千斤顶和液压枕（扁千斤顶）。

A 岩体单轴压缩强度试验

切割成的试件如图 4-6 所示。在拟加压的试件表面（在图 4-6 中为试件的上端）抹一层水泥砂浆，将表面抹平，并在其上放置方木和工字钢组成的垫层，以便把千斤顶施加的荷载经垫层均匀传给试体，根据试体破坏时千斤顶施加的最大荷载及试体受载截面积，计算岩体的单轴抗压强度。

B 岩体抗剪强度试验

岩体抗剪强度试验一般采用双千斤顶法：一个垂直千斤顶施加正压力，另一个千斤顶施加横推力，如图 4-7 所示。

为使剪切面上不产生力矩效应，合力通过剪切面中心，使其接近于纯剪切破坏，另一个千斤顶成倾斜布置，一般采取倾角 $\alpha=15°$，试验时，每组试体应有 5 个。

剪断面上应力按式(3-41)和式(3-42)计算，然后根据 τ、σ 绘制岩体强度曲线。σ 和 τ 的计算公式分别为：

$$\sigma=\frac{P+T\sin\alpha}{F} \tag{4-16}$$

$$\tau = \frac{T}{F}\cos\alpha \tag{4-17}$$

式中　P，T——垂直及横向千斤顶施加的荷载；

F——试体受剪截面积。

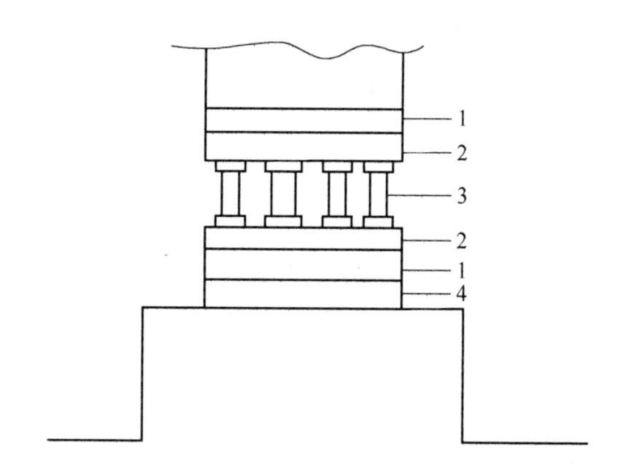

图 4-6　岩体单轴压缩试验

1—方木；2—工字钢；3—千斤顶；4—水泥砂浆

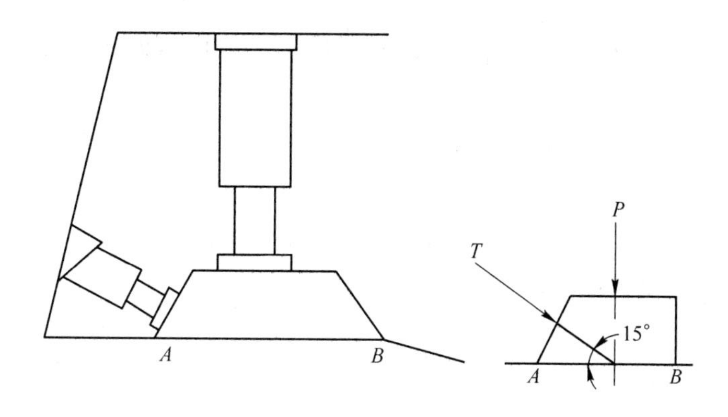

图 4-7　岩体剪切试验

C　岩体三轴压缩强度试验

地下工程的受力状态是三维的，所以做三轴力学试验非常重要。但由于现场原位三轴力学试验在技术上很复杂，岩体三轴压缩强度试验只在非常必要时才进行。现场岩体三轴试验装置如图 4-8 所示，用千斤顶施加轴向荷载，用压力枕施加围压荷载。

根据围压情况，可分为等围压三轴试验（$\sigma_2 = \sigma_3$）和真三轴试验 $\sigma_1 > \sigma_2 > \sigma_3$。近期研究表明，中间主应力在岩体强度中起重要作用，在多节理的岩体中尤其重要。因此，真三轴试验越来越受重视，而等围压三轴试验的实用性更强。

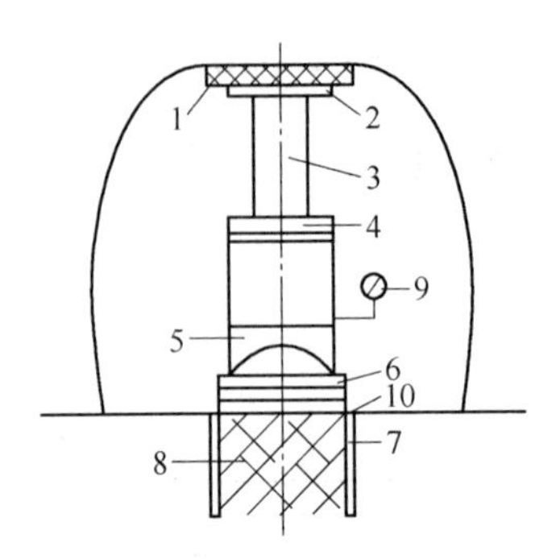

图 4-8 原位岩体三轴试验

1—混凝土顶座；2，4，6—垫板；3—顶柱；5—球面垫；7—压力枕；8—试件；9—液压表（千斤顶）；10—液压枕

4.3.2 结构面方位对岩体强度的影响

4.3.2.1 单结构面强度分析

为了从理论上用分析法研究裂隙岩体的压缩强度，耶格（Jaeger）提出单结构面理论，可作为研究的起点。

如图 4-9 所示，岩体中发育一组结构面 AB，假定 AB 面（指其法线方向）与最大主应力方向夹角为 β，由莫尔应力圆理论，作用于 AB 面上的法向应力 σ 和剪应力 τ 为：

$$\begin{cases}\sigma = \dfrac{1}{2}(\sigma_1 + \sigma_3) + \dfrac{1}{2}(\sigma_1 - \sigma_3)\cos 2\beta \\ \tau = \dfrac{1}{2}(\sigma_1 - \sigma_3)\sin 2\beta\end{cases} \tag{4-18}$$

结构面强度曲线服从库伦准则，即：

$$\tau = C_w + \sigma\tan\phi_w \tag{4-19}$$

式中，C_w、ϕ_w分别为结构面的黏聚力和内摩擦角。

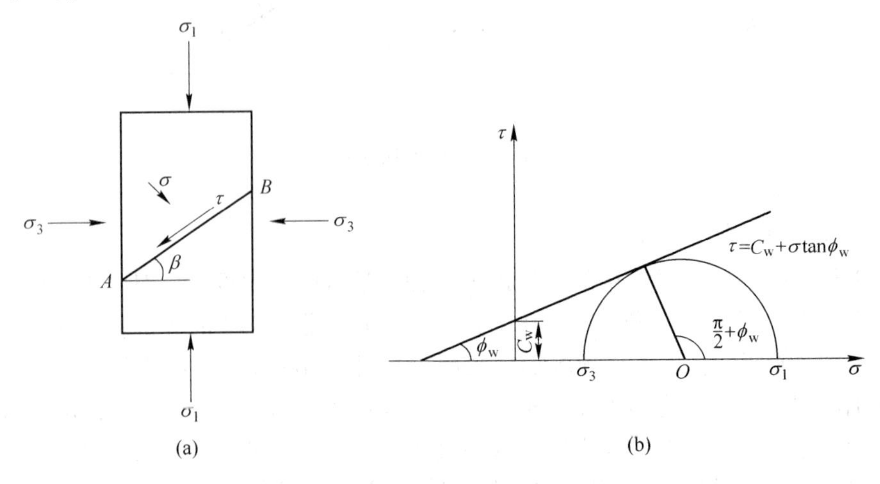

图 4-9 单结构面分析理论图

（a）岩体单元体受力状态；（b）单结构面莫尔强度包络线

将式(4-18)代入式(4-19)，经整理，可得到沿结构面 AB 产生剪切破坏的条件：

$$\sigma_1 = \sigma_3 + \frac{2(C_w + \sigma_3 \tan\phi_w)}{(1 - \tan\phi_w \cot\beta)\sin 2\beta} \tag{4-20}$$

以 $\tan\phi_w = f_w$ 代入式(4-20)，得：

$$\sigma_1 = \sigma_3 + \frac{2(C_w + \sigma_3 f_w)}{(1 - f_w \cot\beta)\sin 2\beta} \tag{4-21}$$

式(4-20)是式(4-21)和式(4-18)的综合表达式，其物理含义是：当作用在岩体上的主应力值满足本方程时，结构面上的应力处于极限平衡状态。

从式(4-20)中可以看出：

（1）当 $\beta = \dfrac{\pi}{2}$ 时，$\sigma_1 \to \infty$；

（2）当 $\beta = \phi_w$ 时，$\sigma_1 \to \infty$。

这说明，当 $\beta = \pi/2$ 和 $\beta = \phi_w$ 时，试件不可能沿结构面破坏。但 σ_1 不可能无穷大，在此条件将沿岩石内的某一方向破坏。

如图 4-10 所示，当岩体不沿结构面破坏，而沿岩石的某一方向破坏时，岩体的强度就等于岩石（岩块）的强度。此时，破坏面与 σ_1 的夹角为：

$$\beta_0 = \frac{\pi}{4} + \frac{\phi_0}{2} \tag{4-22}$$

岩块的强度为：

$$\sigma_1 = \sigma_3 + \frac{2(C_w + \sigma_3 f_0)}{(1 - f_0 \cot\beta)\sin 2\beta} \tag{4-23}$$

式中，$f_0 = \tan\phi_0$，C_0、ϕ_0 分别为岩石（岩块）的黏聚力和内摩擦角。

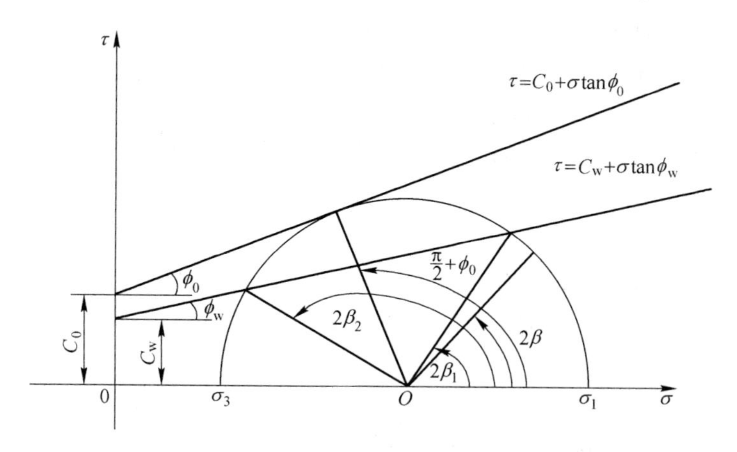

图 4-10　单结构面岩体强度分析

为了分析试件是否破坏、沿什么方向破坏，可根据莫尔强度包络线和应力莫尔圆的关系进行判断。图 4-10 中，$\tau = C_w = \sigma\tan\phi_w$ 为节理面的强度包络线；$\tau = C_0 = \sigma\tan\phi_0$ 为岩石（岩块）的强度包络线；根据试件受力状态（σ_1，σ_3）可给出应力莫尔圆。应力莫尔圆的某一点代表试件上某一方向的一个截面上的受力状态。

根据莫尔强度理论，若应力莫尔圆上的点落在强度包络线之下，则试件不会沿此截面破坏。所以从图 4-10 可以看出，结构面与 σ_1 的夹角 β（见图 4-9）满足：

$$2\beta_1 < 2\beta < 2\beta_2 \tag{4-24}$$

此时，试件将会沿结构面破坏。在图 4-10 中，显然当角 β 不满足式(4-24)所列条件时，试件不会沿节理面破坏，但应力莫尔圆已与岩石强度包络线相切，因此试件将沿 $\beta = \pi/4 + \phi_0/2$ 一个岩石截面破坏。若应力莫尔圆并不与岩石强度包络线相切，而是落在其下，那么此时试件将不发生破坏（既不沿结构面破坏，也不沿岩石面破坏），β_1、β_2 的值也可通过下列计算方法确定。

由正弦定律可得：

$$\frac{\dfrac{\sigma_1 - \sigma_3}{2}}{\sin\phi_w} = \frac{C_w\cot\phi_w + \dfrac{\sigma_1 + \sigma_3}{2}}{\sin(2\beta_1 - \phi_w)}$$

简化整理后，可得：

$$\beta_1 = \frac{\phi_w}{2} + \frac{1}{2}\arcsin\left[\frac{(\sigma_1 + \sigma_3 + 2C_w\cot\phi_w)\sin\phi_w}{\sigma_1 - \sigma_3}\right] \tag{4-25}$$

同理，可得：

$$\beta_2 = \frac{\phi_w}{2} + \frac{\pi}{2} - \frac{1}{2}\arcsin\left[\frac{(\sigma_1 + \sigma_3 + 2C_w\cot\phi_w)\sin\phi_w}{\sigma_1 - \sigma_3}\right] \tag{4-26}$$

图 4-11 给出当 σ_3 为定值时，岩体的承载强度 σ_1 与 β 的关系。水平线与结构面破坏曲线相交于两点（a、b）。此两点相对于 β_1 与 β_2，此两点之间的曲线表示沿结构面破坏时 β-σ_1 值。在此两点之外（即 $\beta < \beta_1$ 或 $\beta < \beta_2$ 时），岩体不会沿结构面破坏，此时岩体强度取决于岩石强度，而与结构面的存在无关。

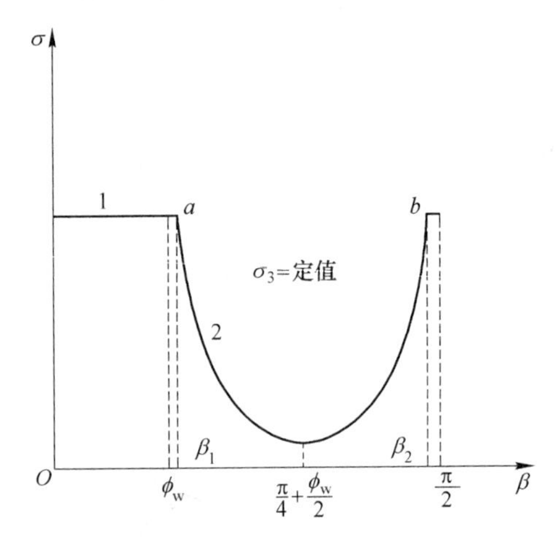

图 4-11　结构面力学效应
（σ_3 = 常数时，σ_1 与 β 的关系）
1—完整岩石破裂；2—沿结构面滑动

改写式(4-21)，可得到岩体的三轴压缩强度 σ_{1m} 为：

$$\sigma_{1m} = \sigma_3 + \frac{2(C_w + \sigma_3 f)}{(1 - f\cot\beta)\sin 2\beta} \tag{4-27}$$

令 $\sigma_3 = 0$，可得岩体单轴的压缩强度 σ_{mc} 为：

$$\sigma_{mc} = \frac{2C_w}{(1 - f\cot\beta)\sin 2\beta} \tag{4-28}$$

根据单结构面强度效应可以看出岩体强度的各向异性、岩体单轴或三轴受压，其强度受加载方向与结构面夹角 β 的控制。例如，岩体为同类岩石分层所组成，或岩体只含有一种岩石（有一组发育的较弱结构面简称弱面，如层理等），当最大主应力 σ_1 与弱面垂直时，岩体强度与弱面无关，此时岩体强度就是岩石的强度；当 $\beta = \pi/4 + \phi_w/2$ 时，岩体将沿弱面破坏，此时岩体强度就是弱面的强度；当最大主应力与弱面平行时，岩体将因弱面横向扩张而破坏，此时岩体的强度将介于前述两种情况之间。

4.3.2.2　多结构面岩体强度

如果岩体含有二组或二组以上结构面，岩体强度的确定方法是分步运用单结构面理论式，分别绘出每一组结构面单独存在时的强度包络线和应力莫尔圆。岩体到底沿哪组结构面破坏，由 σ_1 与各组结构面的夹角所决定。当沿着强度最小的那组结构面破坏时，岩体强度取得最小抗压强度，此时，沿强度最小的那组结构面破坏。

如图 4-12 所示含有三组结构面的岩石试件，首先绘出三组结构面及岩石的强度（包络线和受力状态莫尔圆）。若第一组结构面的受力状态点落在第一组结构面的强度包络线 $\tau = c_{w_1} = \sigma \tan\phi_{w_1}$ 上或其之上，即第一组结构面与 σ_1 的夹角 β 满足 $2\beta_1' \leqslant 2\beta' \leqslant 2\beta_2'$，则岩体将沿第一组结构面破坏。而若此时，第二组结构面与 σ_1 的夹角 β'' 满足 $2\beta_1'' \leqslant 2\beta'' \leqslant 2\beta_2''$，则岩体将沿第二组结构面破坏。依此类推，若三组节理面的受力状态点均落在其相应的强度包络线之下，即：

$$2\beta_1' \leqslant 2\beta' \leqslant 2\beta_2',\ 2\beta_1'' \leqslant 2\beta'' \leqslant 2\beta_2'',\ 2\beta_1''' \leqslant 2\beta''' \leqslant 2\beta_2''' \tag{4-29}$$

此时，岩体将不沿三组结构面破坏，而将沿 $\beta_0 = \pi/4 + \varphi_0/2$ 的岩石截面破坏，因为图 4-12 中的莫尔圆也已与岩石的强度包络线相切。若莫尔圆不与岩石强度包络线相切，而是落在其之下，则此时岩体将不发生破坏。

需要说明的是，若试件沿某一结构面不发生破坏，σ_1 就不会达到图 4-12 所示那么大，也不会出现应力莫尔圆和岩石强度包络线相切的情况。若岩体中节理非常发育，则节理面的方向将多种多样，很难满足式(4-29)所列的条件，则岩体必然沿某一节理面破坏。

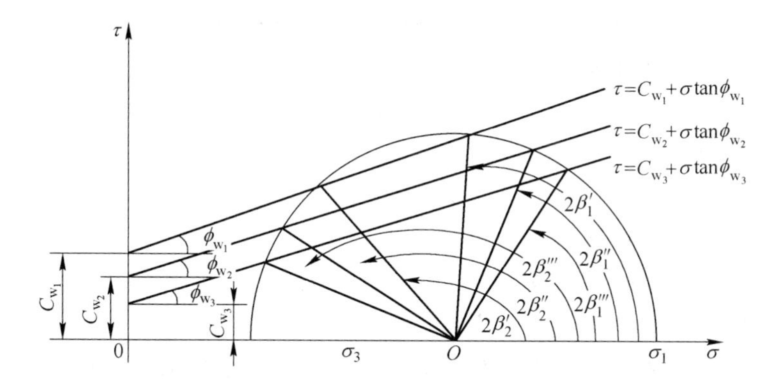

图 4-12　多组结构面岩体强度分析

试验表明，随着岩体内结构面数量的增加，岩体强度特性越来越趋于各向同性，而岩体的整体强度却大大削弱了。Hoek 和 Brown 认为，含四组以上性质相近结构面的岩体，在地下开挖工程设计中按各向同性岩体来处理是合理的。另外，随着围压 σ_3 增大，岩体由各向异性向各向同性转化，一般认为当 σ_3 接近岩体单轴抗压强度时，可视为各向同性体。

4.3.3　岩体强度估算

岩体强度是岩体工程设计的重要参数，而做岩体的原位实验又十分费时、费钱，难以大量进行。因此，如何利用地质资料及小试块室内试验资料对岩体强度作出合理估算是岩体力学中重要研究课题。

4.3.3.1　准岩体强度

这种方法的实质是用某种简单的试验指标来修正岩块强度，作为岩体强度的估算值。节理、裂隙等结构面是影响岩体的主要因素，其分布情况可通过弹性波传播来查明。弹性波穿过岩体时，遇到裂隙便会发生绕射或被吸收，传播速度会有所降低，裂隙越多，波速降低越大，小尺寸试件含裂隙少，传播速度大。因此，根据弹性波在岩石试块和岩体中的传播速度比，可判断岩体中裂隙发育程度，比值的平方称为岩石完整性（龟裂）系数，用 K 表示。其计算公式为：

$$K = \left(\frac{v_{m_1}}{v_{c_1}}\right)^2 \tag{4-30}$$

式中　v_{m_1}——岩体中弹性波纵波传播速度；

v_{c_1}——岩块中弹性波纵波传播速度。

各种岩体的完整性系数列于表4-3，岩体完整系数确定后，便可计算准岩体强度。

表 4-3　岩体完整性系数

岩 体 种 类	岩体完整性系数 K
完整岩体	>0.75
块状岩体	0.45~0.75
破裂状岩体	<0.45

其中，准岩体抗压强度为：

$$\sigma_{m_c} = K\sigma_c$$

准岩体抗拉强度：

$$\sigma_{n_t} = K\sigma_t$$

式中　σ_c——岩石试件的抗压强度；

σ_t——岩石试件的抗拉强度。

4.3.3.2　裂隙岩体强度的经验估算

建立岩体强度与地质条件某些因素之间的经验关系是岩体强度估算的重要途径，这方面国内外有不少学者做出了许多有益的探索与研究，提出了许多经验方程。下面主要介绍 Hoek-Brown 的经验方程。

E. Hoek 和 E. T. Brown（1980）根据岩体性质的理论与实践经验，用试验法导出了岩块和岩体破坏时主应力之间的关系为：

$$\sigma_1 = \sigma_3 + \sqrt{m\sigma_c\sigma_3 + S\sigma_c^2} \tag{4-31}$$

式中　σ_1，σ_3——破坏主应力；

σ_c——岩块的单轴抗压强度；

m，S——与岩性及结构面情况有关的常数。

令 $\sigma_3=0$，由式(4-31)可得岩体的单轴抗压强度 σ_{m_c} 为：

$$\sigma_{m_c} = \sqrt{S}\sigma_c \tag{4-32}$$

对于完整岩块来说，$S=1$，则 $\sigma_{m_c}=\sigma_c$（为岩块的抗压强度）；对于裂隙岩体来说，

必有 $S<1$。

令 $\sigma_1=0$，从式(4-32)中可解得岩体的单轴抗压强度 σ_{m_c} 为：

$$\sigma_{m_c}=\frac{\sigma_c(m-\sqrt{m^2+4S})}{2} \tag{4-33}$$

通过式(4-31)可以得到多个岩体破坏时的莫尔应力圆，这些莫尔应力圆的包络线为岩体的抗剪强度曲线，可表示为：

$$\tau=A\sigma_c\left(\frac{\sigma}{\sigma_c}-T\right)^B \tag{4-34}$$

$$T=\frac{1}{2}\left(m-\sqrt{m^2+4S}\right) \tag{4-35}$$

式中 τ——岩体的剪切强度；

σ——法向应力；

A，B——常数。

其中，A、B、T 可由表 4-4 获得。

表 4-4 岩体质量和经验常数之间关系表（据 Hoek-Brown，1980）

岩体质量描述	岩体结构面形状描述				
	酸盐类岩石，具有发育结晶解理，如白云岩、灰岩、大理岩	成岩的黏土质岩石，如泥岩、粉砂岩、页岩、板岩（垂直于板理）	强烈结晶，结晶解理不发育的砂质岩石，如砂岩、石英岩	细粒、多矿物、结晶岩浆岩，如安石岩、辉绿岩、玄武岩、流纹岩	粗粒、多矿物结晶岩浆岩和变质岩，如角闪岩、辉长岩、片麻岩、花岗岩、石英闪长岩等
完整岩块试件，实验室试件尺寸，无节理，$RMR=100$，$Q=500$	$m=7.0$ $s=1.0$ $A=0.816$ $B=0.658$ $T=-0.140$	$m=10.0$ $s=1.0$ $A=0.918$ $B=0.677$ $T=-0.099$	$m=15.0$ $s=1.0$ $A=1.044$ $B=0.692$ $T=-0.067$	$m=17.0$ $s=1.0$ $A=1.086$ $B=0.696$ $T=-0.059$	$m=25.0$ $s=1.0$ $A=1.220$ $B=0.705$ $T=-0.040$
非常好质量岩体，紧密互锁，未扰动，未风化岩体，节理间距 3m 左右，$RMR=85$，$Q=100$	$m=3.5$ $s=0.1$ $A=0.651$ $B=0.679$ $T=-0.028$	$m=5.0$ $s=0.1$ $A=0.739$ $B=0.692$ $T=-0.020$	$m=7.5$ $s=0.1$ $A=0.848$ $B=0.702$ $T=-0.013$	$m=8.5$ $s=0.1$ $A=0.883$ $B=0.705$ $T=-0.012$	$m=12.5$ $s=0.1$ $A=0.998$ $B=0.712$ $T=-0.008$
好的质量岩体，新鲜至轻微风化，轻微构造变化岩体，节理间距 1～3m，$RMR=65$，$Q=10$	$m=0.7$ $s=0.004$ $A=0.369$ $B=0.669$ $T=-0.006$	$m=1.0$ $s=0.004$ $A=0.427$ $B=0.683$ $T=-0.004$	$m=1.5$ $s=0.004$ $A=0.501$ $B=0.695$ $T=-0.003$	$m=17.0$ $s=1.0$ $A=1.086$ $B=0.696$ $T=-0.059$	$m=2.5$ $s=0.004$ $A=0.603$ $B=0.707$ $T=-0.002$

续表 4-4

岩体质量描述	岩体结构面形状描述				
	酸盐类岩石，具有发育结晶解理，如白云岩、灰岩、大理岩	成岩的黏土质岩石，如泥岩、粉砂岩、页岩、板岩（垂直于板理）	强烈结晶，结晶解理不发育的砂质岩石，如砂岩、石英岩	细粒、多矿物、结晶岩浆岩，如安石岩、辉绿岩、玄武岩、流纹岩	粗粒、多矿物结晶岩浆岩和变质岩，如角闪岩、辉长岩、片麻岩、花岗岩、石英闪长岩等
中等质量岩体，中等风化，岩体中发育有几组节理间距为 0.3 ~ 1m，$RMR=44$，$Q=1.0$	$m=0.14$ $s=0.0001$ $A=0.198$ $B=0.662$ $T=-0.0007$	$m=0.20$ $s=0.0001$ $A=0.234$ $B=0.675$ $T=-0.0005$	$m=0.30$ $s=0.0001$ $A=0.280$ $B=0.688$ $T=-0.0003$	$m=0.34$ $s=0.0001$ $A=0.295$ $B=0.691$ $T=-0.0003$	$m=0.50$ $s=0.0001$ $A=0.346$ $B=0.700$ $T=-0.0002$
坏质量岩体，大量风化节理，间距为 30 ~ 500mm，并含有一些夹泥，$RMR=23$，$Q=0.1$	$m=0.04$ $s=0.00001$ $A=0.115$ $B=0.646$ $T=-0.0002$	$m=0.05$ $s=0.00001$ $A=0.129$ $B=0.655$ $T=-0.0002$	$m=0.08$ $s=0.00001$ $A=0.162$ $B=0.646$ $T=-0.0001$	$m=0.09$ $s=0.00001$ $A=0.172$ $B=0.676$ $T=-0.0001$	$m=0.13$ $s=0.00001$ $A=0.203$ $B=0.686$ $T=-0.0001$
非常坏质量岩体，具大量严重风化节理，间距小于 50mm 充填夹泥，$RMR=3$，$Q=0.01$	$m=0.007$ $s=0$ $A=0.042$ $B=0.534$ $T=0$	$m=0.010$ $s=0$ $A=0.050$ $B=0.539$ $T=0$	$m=0.015$ $s=0$ $A=0.061$ $B=0.546$ $T=0$	$m=0.017$ $s=0$ $A=0.065$ $B=0.548$ $T=0$	$m=0.025$ $s=0$ $A=0.078$ $B=0.556$ $T=0$

利用式(4-31)~式(4-35)可对裂隙化岩体的三轴压缩强度 σ_{1m}、单轴抗压强度 σ_{m_c} 及单轴抗拉强度 σ_{m_t} 进行估算，同时还可作为岩体的剪切强度包络线，并求得其剪切强度参数 C_m、ϕ_m 值。进行估算时，需先通过工程地质调查，得出工程所在部位的岩体质量指标（RMR 和 Q 值）、岩石类型及岩块单轴抗压强度。

关于 m、S 的物理意义，E. Hoek（1983）曾指出，m 与库伦-莫尔判据中的内摩擦角 ϕ 非常相似，而 S 则相当于黏聚力 C 值。若如此，根据 Hoek-Brown 提供的常数，m 最大为 25，显然这时用式(4-31)估算的岩体强度偏低，特别是在低围压下及较坚硬完整的岩体条件下，估算的强度明显偏低。但对于受构造变动扰动改造及结构面较发育的裂隙化岩体，E. Hoek（1987）认为用这一方法估算是合理的。

另外，P. R. Sheorey 和 V. Choubeg 等人（1989）在研究煤系地层和其他岩体的强度试验资料后，提出用如下的经验方程来估算裂隙岩体的强度：

$$\sigma_1 = a\sigma_c\left(1 + \frac{\sigma_3}{c\sigma_c}\right)^b \tag{4-36}$$

$$b = 2.6\frac{J_r}{J_a}\left(\frac{a}{c} - 0.1\right)^{-0.8} \tag{4-37}$$

式中 σ_1，σ_3——裂隙岩体破坏主应力；

σ_c——岩块单轴抗压强度；

σ_{m_c}，σ_{m_t}——岩体的单轴抗压强度和单轴抗拉强度；

a，c——与岩体质量指标 Q 值有关的系数，$a=\sigma_{m_t}/\sigma_c$，$c=\sigma_{m_c}/\sigma_c$，其关系如图4-13所示；

J_r——结构面粗糙度系数；

J_a——结构面蚀变系数。

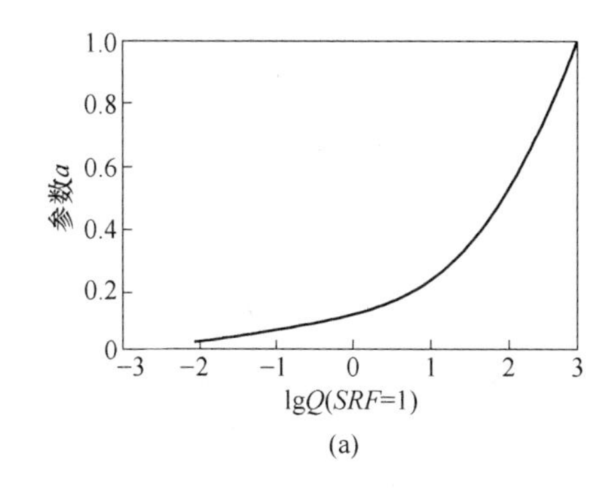

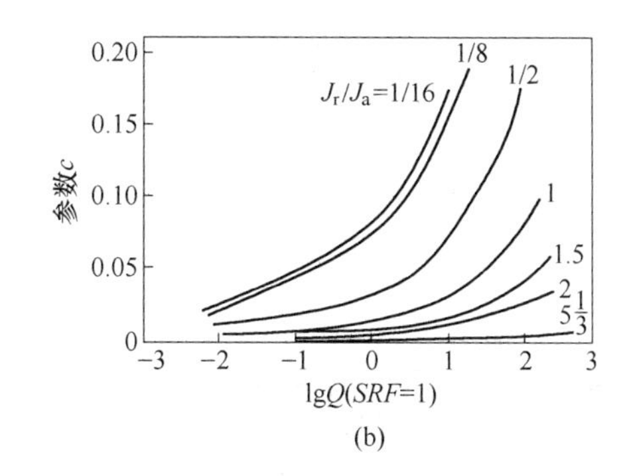

图 4-13 参数 a、c 随 Q 变化曲线
(a) 参数 a；(b) 参数 c

通过现场工程地质调查，取得岩体质量指标 Q 值、结构面粗糙系数 J_r、蚀变系数 J_a 和岩块单轴抗压强度 σ_c 后，就可利用式(4-36)和式(4-37)估算岩体的强度。研究表明，式(4-36)适用于 $\sigma_1=(3\sim4)\sigma_3$ 的脆性破坏范围。

4.4 岩体的变形

4.4.1 岩体的变形试验

岩体的现场变形试验，按其原理和方法的不同一般可分为静力法和动力法两种。静力法是指岩体的现场变形试验以静力荷载进行加荷，其变形是由静力荷载引起的；动力法则是以动力荷载进行加荷，其变形是由动力荷载引起的。常用的静力法有承压板板法、钻孔变形法和狭缝法等。通常情况下，求算岩体的弹性模量 E 及变形模量 E_d 采用千斤顶法；求算岩石的弹性抗力系数采用钻孔变形法。

4.4.1.1 承压板法

按照承压板刚度的不同，承压板法一般可分为刚性承压板法和柔性承压板法两种，刚性承压法试验通常是在平巷中进行，其装置如图4-14所示。先在选择好的具有代表性的岩面上清除浮石，平整岩面；然后依次装上承压板、千斤顶、传力柱和变形量表等，将洞顶作为反力装置，通过油压千斤顶对岩面施加荷载，并用百分表测量、记录岩体的变形值。

试验点的选择应具有代表性，并尽量避开大的断层及破碎带。受荷面积可视岩体裂隙的发育情况及加荷设备的供力大小而定，一般以 0.25~1.0m^2 为宜，承压板的尺寸应与受荷面积相同并具有足够的刚度。试验时，先将预定的最大荷载分为若干级，采用逐级一次循环法加压。在加压过程中，同时测记各级压力（p）下的岩体变形值（W），绘制 p-W 曲线，如图 4-15 所示。

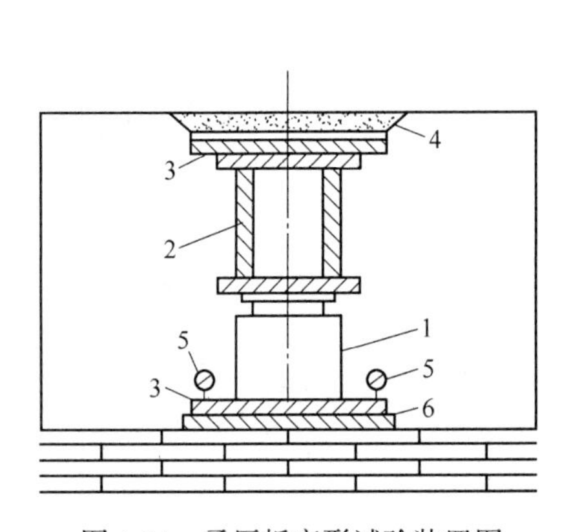

图 4-14 承压板变形试验装置图

1—千斤顶；2—传力柱；3—钢板；
4—混凝土顶板；5—百分表；6—承压板

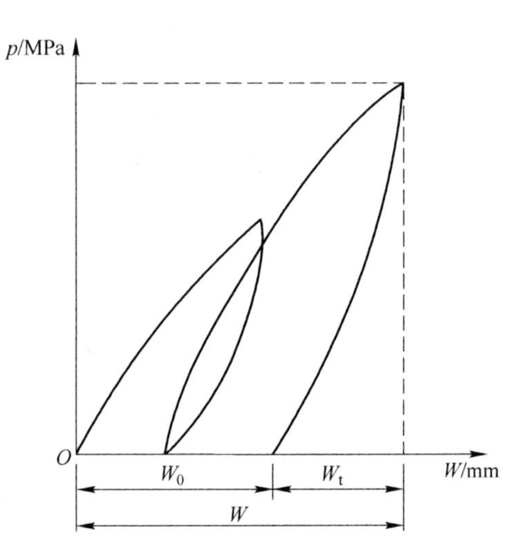

图 4-15 岩体荷载变形曲线

通过某级压力下的变形值，用布西涅斯克（J. Boussineq）公式计算岩体的变形模量 E_d（MPa）和弹性模量 E(MPa)。其公式分别为：

$$E_d = \frac{pD(1-\mu_m^2)\omega}{W} \tag{4-38}$$

$$E = \frac{pD(1-\mu_m^2)\omega}{W_e} \tag{4-39}$$

式中 p——承压板单位面积上的压力，MPa；

D——承压板的边长或直径，cm；

W，W_e——与 p 相对应的岩体总变形和弹性变形，cm；

ω——与承压板刚度有关的系数，方形板为 0.886，圆形板为 0.785；

μ_m——岩体的泊松比。

若采用柔性承压板，则岩体的变形模量应按柔性承压板法的公式进行计算。

4.4.1.2 钻孔变形法

钻孔变形法是利用钻孔膨胀计等设备，通过水泵对一定长度的钻孔壁施加均匀的径向荷载，同时测记各级压力下的径向变形（U），如图 4-16 所示；然后利用厚壁筒理论推导出岩体的变形模量 E_d(MPa）与径向变形 U 之间的关系。其计算公式为：

$$E_d = \frac{dp(1+\mu_m)}{U} \tag{4-40}$$

式中 d——钻孔孔径，cm；

p——计算压力，MPa。

与承压板法相比较，钻孔变形试验有如下优点：

（1）对岩体扰动小；

（2）可以在地下水位以下和相当深的部位进行；

（3）试验方向基本上不受限制，而且试验压力可以达到很大；

（4）在一次试验中可以同时量测几个方向的变形，便于研究岩体的各向异性。

其主要缺点在于试验涉及的岩体体积小，代表性受到局限。

4.4.1.3　狭缝法

狭缝法又可称为狭缝扁千斤顶法。该方法是在选定的岩体表面割槽，然后在槽内安装扁千斤顶（压力枕）进行试验，如图 4-17 所示。在试验时，利用油泵和扁千斤顶对槽壁岩体分级施加法向压力，同时利用百分表测记相应压力下的变形值 W_R。其变形模量 E_d（MPa）的计算公式为：

$$E_d = \frac{pl}{2W_R}[(1-\mu_m)(\tan\theta_1 - \tan\theta_2) + (1+\mu_m)(\sin2\theta_1 - \sin2\theta_2)] \qquad (4\text{-}41)$$

式中　p——作用于槽壁上的压力，MPa；

W_R——测量点 A_1、A_2的相对位移值见图 4-18，$W_R = y_2 - y_1$， cm。

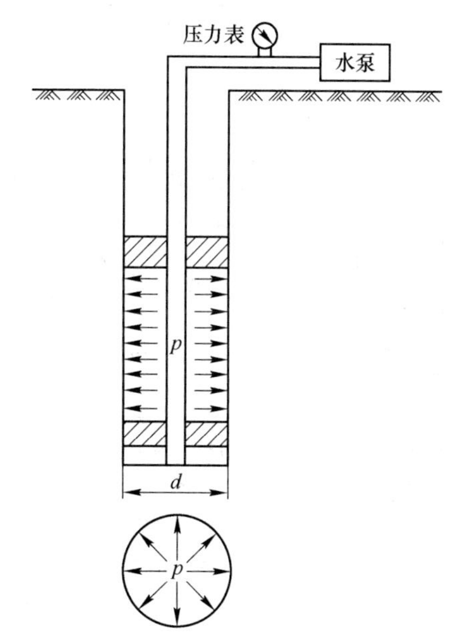

图 4-16　钻孔变形试验装置图

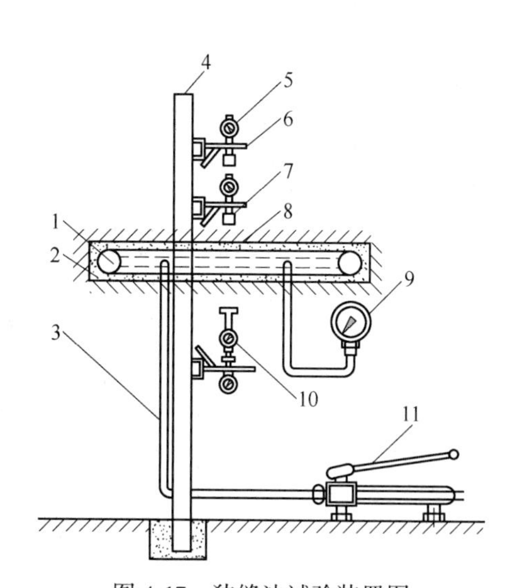

图 4-17　狭缝法试验装置图

1—扁千斤顶；2—槽壁；3—油管；4—测杆；5—百分表（绝对测量）；6—磁性表架；7—测量标点；8—砂浆；9—标准压力表；10—千分表（相对测量）；11—油泵

式(4-41)变形模量计算如图 4-18 所示。

常见岩体的弹性模量和变形模量见表 4-5。由表 4-5 可知，岩体的变形模量都比岩块小，并且受结构面发育程度及风化程度等因素影响十分明显。因此，不同地质条件下的同一岩体，其变形模量相差较大。所以，在实际工作中，应密切结合岩体的地质条件，选择合理的模量值。此外，试验方法不同，岩体的变形模量也有差异，见表 4-6。

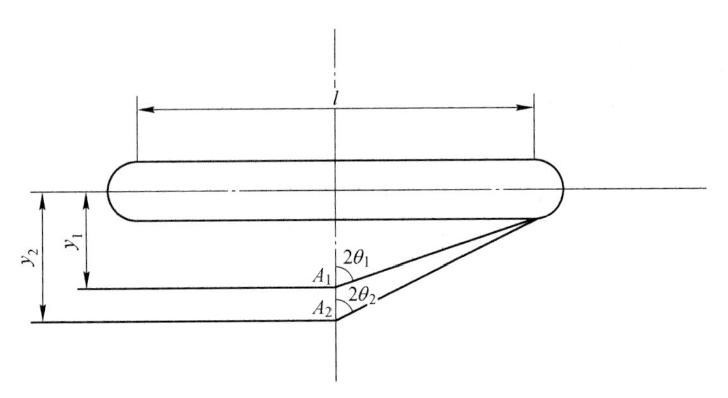

图 4-18　变形计算示意图

表 4-5　部分岩体的弹性模量和变形模量

岩体名称	承压面积/cm^2	应力/MPa	试验方法	弹性模量 E/MPa	变形模量 E_d/MPa	地质简述	备　注
煤	2025	4.03~18.0	单轴压缩	4.07×10^3	—	—	南非
页岩	—	3.5	承压板	2.8×10^3	1.93×10^3	泥质页岩与砂岩互层，较软	隔河岩，垂直岩层
	—	3.5	承压板	5.24×10^3	4.23×10^3	完整，垂直于岩层，裂隙发育	
	—	3.5	承压板	7.5×10^3	4.18×10^3	岩层受水浸，页岩泥化变松软	隔河岩，平行岩层
	—	0.7	承压板	19×10^3	14.6×10^3	薄层的黑色页岩	摩洛哥，平行岩层
	—	0.7	承压板	7.3×10^3	6.6×10^3		
砂质页岩	—	—	承压板	17.26×10^3	8.09×10^3	二迭、三迭纪砂质页岩	—
	—	—	承压板	8.64	5.48		
砂岩	2000	—	承压板	19.2×10^3	16.4×10^3	新鲜完整，致密	万安
	2000	—	承压板	3.0×10^3~6.3×10^3	1.4×10^3~3.4×10^3	弱风化，较破碎	
	2000	—	承压板	0.95×10^3	0.36×10^3	断层影响带	
石灰岩	—	—	承压板	35.4×10^3	23.4×10^3	新鲜完整，局部有微风化	隔河岩
	—	—	承压板	22.1×10^3	15.6×10^3	薄层，泥质条带，部分风化	
	—	—	狭缝法	24.7×10^3	20.4×10^3	较新鲜完整	
	—	—	狭缝法	9.15×10^3	5.63×10^3	薄层，微裂隙发育	

续表 4-5

岩体名称	承压面积/cm^2	应力/MPa	试验方法	弹性模量 E/MPa	变形模量 E_d/MPa	地质简述	备　注
石灰岩	2500	—	承压板	57.0×10^3	46×10^3	新鲜完整	乌江渡
	2500	—	承压板	23×10^3	15×10^3	断层影响带，黏土充填	
	2500	—	承压板	—	104×10^3	微晶条带，坚硬完整	
	—	—	承压板	—	1.44×10^3	节理发育	
白云岩	—	—	—	—	7.0×10^3 ~ 12.0×10^3	—	鲁布格
	—	—	承压板	11.5×10^3 ~ 32×10^3	—	—	德国
片麻岩	—	4.0	狭缝法	30×10^3 ~ 40×10^3	—	密实	意大利
	—	2.5~3.0	承压板	13×10^3 ~ 13.4×10^3	6.9×10^3 ~ 8.5×10^3	风化	德国
花岗岩	—	2.5~3.0	承压板	40×10^3 ~ 50×10^3	—	—	丹江口
	—	2.0	承压板	—	12.5×10^3	裂隙发育	—
	—	—	承压板	3.7×10^3 ~ 4.7×10^3	1.1×10^3 ~ 3.4×10^3	新鲜微裂隙至风化强裂隙	日本
	—	—	大型三轴	—	—		Kurobe 坝
玄武岩	—	5.95	承压板	38.2×10^3	11.2×10^3	坚硬致密，完整	以礼河三级
	—	5.95	承压板	9.75×10^3 ~ 15.68×10^3	3.35×10^3 ~ 3.86×10^3	破碎，节理多且坚硬	
	—	5.11	承压板	3.75×10^3	1.21×10^3	断层影响带，且坚硬	
辉绿岩	—	—	—	83×10^3	36×10^3	变质完整致密，裂隙为岩脉充填	丹江口
	—	—	—	—	9.2×10^3	有裂隙	德国
闪长岩	—	5.6	承压板	—	62×10^3	新鲜完整	太平溪
	—	5.6	承压板	—	16×10^3	弱风化，局部较破碎	
石英岩	—	—	承压板	40×10^3 ~ 45×10^3	—	密实	摩洛哥

表 4-6　用不同方法测定的几种岩体的弹性模量

岩体类型	弹性模量/MPa				备　注
	无侧限受压法（实验室，平均）	承压板法（现场）	狭缝法（现场）	钻孔法（现场）	
裂隙和成层的闪长片麻岩	80×10^3	$3.72\times10^3\sim5.84\times10^3$	—	$4.29\times10^3\sim7.25\times10^3$	Tehacapi 隧道
大到中等节理的花岗片麻岩	53×10^3	$3.5\times10^3\sim35\times10^3$	—	$10.8\times10^3\sim19\times10^3$	Dworshak 坝
大块的大理岩	48.5×10^3	$12.2\times10^3\sim19.1\times10^3$	$12.6\times10^3\sim21\times10^3$	$9.5\times10^3\sim12\times10^3$	Crestmore 矿

4.4.2　岩体变形参数估算

由于岩体变形试验费用昂贵，周期长，一般只在重要的或大型工程中进行。因此，人们企图用一些简单易行的方法来估算岩体的变形参数。目前已提出的岩体变形参数估算方法有两种：一种是在现场地质调查的基础上，建立适当的岩体地质力学模型，利用室内小试件试验资料来估算；另一种是在岩体质量评价和大量试验资料的基础上，建立岩体分类指标与变形参数之间的经验关系，并用于变形参数估算。现简要介绍如下。

4.4.2.1　层状岩体变性参数估算

层状岩体可概化为如图 4-19(a)所示的地质力学模型。假设各岩层厚度为 S，且性质相同，层面的张开度可忽略不计。根据室内试验成果，设岩块的弹性模量为 E，泊松比为 μ，剪切模量为 G，层面的法向刚度为 K_n，剪切刚度为 K_t。取 n-t 坐标系，n 垂直层面，t 水平层面。在以上假定条件下取一由岩块和层面组成的单元体［见图 4-19(b)］来考察岩体的变形，分几种情况讨论如下：

A　法向应力 σ_n 作用下的岩体变形参数

根据荷载作用方向又可分为沿 n 方向和 t 方向加 σ_n 两种情况。

(1) 沿 n 方向加荷时［见图 4-19(b)］，在 σ_n 作用下，岩块产生的法向变形 ΔV_{rn} 和层面产生的法向变形 ΔV_{jn} 分别为：

$$\begin{aligned}\Delta V_{\mathrm{rn}} &= \frac{\sigma_n}{E}S \\ \Delta V_{\mathrm{jn}} &= \frac{\sigma_n}{K_n}\end{aligned} \tag{4-42}$$

则岩体的总体变形 ΔV_{mn} 为：

$$\Delta V_{\mathrm{mn}} = \Delta V_{\mathrm{rn}} + \Delta V_{\mathrm{jn}} = \frac{\sigma_n}{E}S + \frac{\sigma_n}{K_n} = \frac{\sigma_n}{E_{\mathrm{mn}}}S \tag{4-43}$$

简化后的层状岩体垂直层面方向的变形模量 E_{mn} 为：

$$\frac{1}{E_{\mathrm{mn}}} = \frac{1}{E} + \frac{1}{K_nS} \tag{4-44}$$

假设岩块是各向同性的，n 方向上加荷时，有 t 方向的应变可求出岩体的泊松比

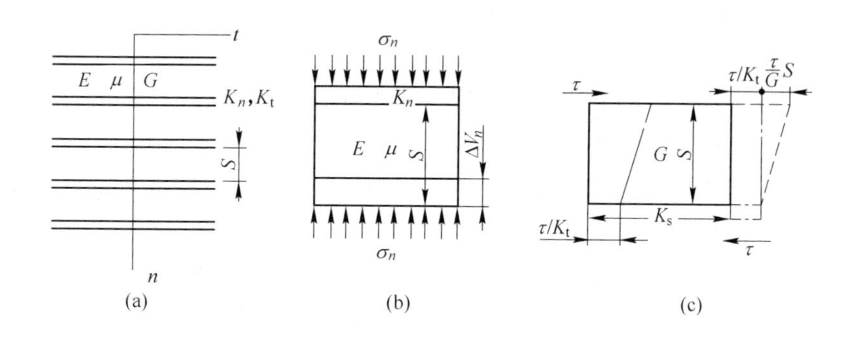

图 4-19 层状岩体地质力学模型及变形参数估算示意图

（a）层状岩体简化图；（b）岩块—层面单元体；（c）剪应力作用下岩体变形图

μ_{mt}为：

$$\mu_{mt} = \frac{E_{mn}}{E}\mu \tag{4-45}$$

（2）沿 t 方向时，岩体的变形主要是由岩块引起的，因此岩体的变形模量 E_{mt} 和泊松比 μ_{mt} 为：

$$\begin{aligned} E_{mt} &= E \\ \mu_{mt} &= \mu \end{aligned} \tag{4-46}$$

B 剪应力作用下的岩体变形参数

如图 4-19(c)所示，对岩体施加剪应力τ时，则岩体剪切变形有沿层面滑动变形 ΔU_{it} 和岩块的剪切变形组成 ΔU_{it}。其计算公式分别为：

$$\begin{aligned} \Delta u_{rt} &= \frac{\tau}{G}S \\ \Delta u_{jt} &= \frac{\tau}{K_t} \end{aligned} \tag{4-47}$$

岩体的剪切变形 ΔU_{mt} 的计算公式为：

$$\Delta u_{mt} = \Delta u_{rt} + \Delta u_{jt} = \frac{\tau}{K_t} + \frac{\tau}{G}S = \frac{\tau}{G_{mt}}S \tag{4-48}$$

简化后的岩体的剪切模量 G_{mt} 为：

$$\frac{1}{G_{mt}} = \frac{1}{G} + \frac{1}{K_t S} \tag{4-49}$$

由式(4-44)~式(4-46)和式(4-49)，可求出表征层状岩体变形性质的 5 个参数。

应当指出，以上估算方法是在岩块和结构面的变形参数及各岩层厚度都为常数的情况下得出的。当各层岩块和结构面变形参数及厚度都不相同时，岩体变形参数的估算比较复杂。例如，对式(4-44)，各层 K_n、E、S 都不相同时，可采用当量变形模量的办法来处理。其方法是先对每一层岩体应用式(4-44)求出每一层岩体的变形模量（用 E_{mn_i} 表示），然后再按下式求层状岩体的当量变形模量 E'_{mn}，即：

$$\frac{1}{E'_{mn}} = \sum_{i=1}^{N} \frac{S_i}{E_{mn_i}} S \tag{4-50}$$

式中 S_i——岩层的单层厚度；

S——岩层总厚度。

其他的参数也可用类似的方法进行处理，具体可参考有关文献，在此不详细讨论。

4.4.2.2 裂隙岩体变形参数的估算

对于裂隙岩体，国内外都特别重视建立岩体分类指标与变形模量之间的经验关系，并用于推算岩体的变形模量。下面介绍常用的几种：

（1）比尼卫斯基（Bieniawski，1978）研究了大量岩体变形模量实测资料，建立了分类指标 RMR 值和变形模量 E_m（GPa）间的统计关系。其关系为：

$$E_m = 2RMR - 100 \tag{4-51}$$

式(4-51)只适用于 $RMR>55$ 的岩体。为弥补这一不足，Serafim 和 Pereira（1983）根据收集到的资料以及 Bieniawski 的数据，提出了适于 $RMR \leqslant 55$ 的岩体的关系式，即：

$$E_m = 10^{\frac{RMR-10}{40}} \tag{4-52}$$

（2）挪威的 Bhasin 和 Barton 等人（1993）研究了岩体分类指标 Q 值、纵波速度 ν_{mp}（m/s）和岩体平均变形模量 E_{mean}(GPa）间的关系，提出了如下的经验关系：

$$\begin{aligned} V_{mp} &= 10000\lg Q = 3500 \\ E_{mean} &= \frac{V_{mp} - 3500}{40} \end{aligned} \tag{4-53}$$

利用式(4-53)，已知 Q 值或 v_{mp}时，即可求出岩体的变形模量。式(4-53)只适用于 $Q>1$的岩体。

除以上方法外，也有人提出用声波测试资料来估算岩体的变形模量。我国也有一些地区根据岩体质量情况由岩块参数直接折减成岩体参数。

4.4.3 岩体变形曲线

4.4.3.1 法向变形曲线

按 p-w 曲线的形状和变形特征可分为如图 4-20 所示的 4 类。

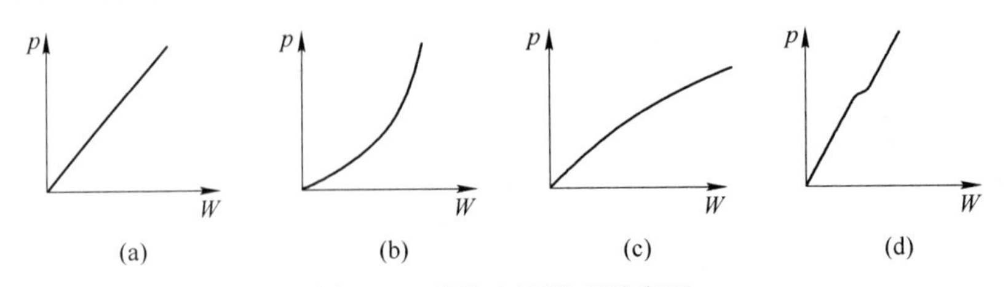

图 4-20 岩体变形类型示意图

（a）直线型；（b）上凹型；（c）上凸型；（d）复合型

A 直线型

此类型通过原点的直线［见图 4-20(a)］，其方程为 $p=f(w)$，$\mathrm{d}p/\mathrm{d}w=K$（即岩体的刚度为常数），且 $\mathrm{d}^2p/\mathrm{d}^2w=0$（反映岩体在加压过程中 w 随 p 成正比增加）。岩性均匀且结构面不发育或结构面分布均匀的岩体多呈这类曲线。根据 p-w 曲线的斜率大小及卸压曲线特征，这类曲线又可分为：

（1）陡直线型，如图 4-21 所示。特点是 p-w 是曲线的斜率较陡，呈陡直线，这说明岩体刚度大，不易变形。卸压后变形几乎恢复到原点，以弹性变形为主，反映出岩体接近于均质弹性体，较坚硬，完整、致密均匀、少裂隙的岩体，多具这类曲线特征。

（2）曲线斜率较缓，呈缓直线型，反映出岩体刚度低、易变形。卸压后岩体变形只能部分恢复，有明显的塑性变形和回滞环，如图 4-22 所示。这类曲线虽是直线，但不是弹性。出现这类曲线的岩体主要有：由多组结构面切割，且分布较均匀的岩体及岩性较软弱面较均匀的岩体。另外，平行层面加压的层状岩体，也多为缓直线型。

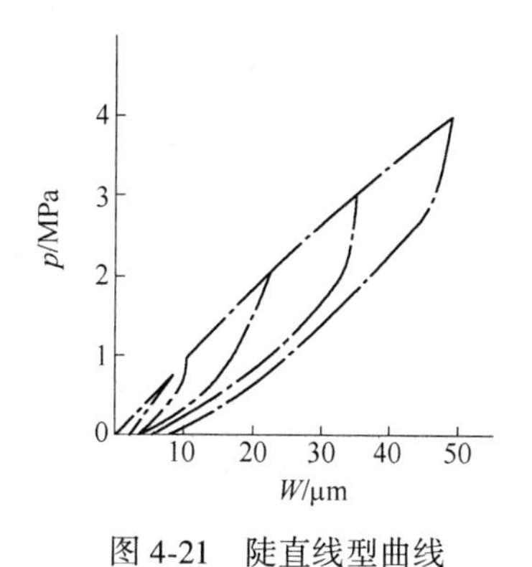

图 4-21　陡直线型曲线

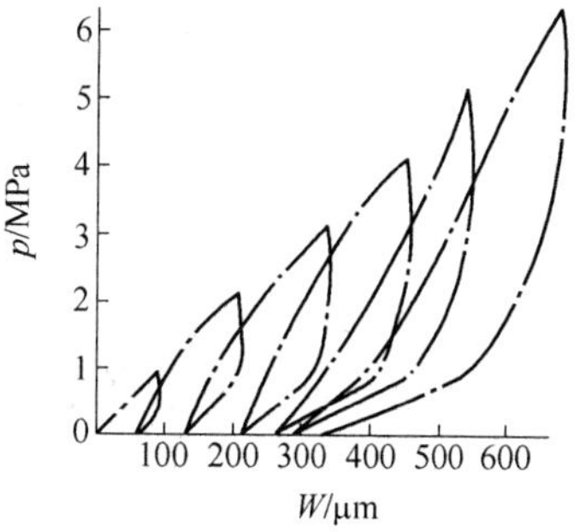

图 4-22　缓直线型曲线

B　上凹形

曲线方程 $p=f(w)$，dp/dw 随 p 增大而递增，$dp/dw>0$ 呈上凹形曲线，如图 4-20（b）所示。层状及节理岩体多呈这类曲线。据其加卸压曲线又可分为：

（1）每次加压曲线的斜率随加、卸压循环次数的增加而增大，即岩体刚度随循环次数增加而增大。各次卸压曲线相对较缓，且相互近于平行。弹性变形 W_e 和总变形 W 之比随 p 的增大而增大，这说明岩体弹性变形成分较大，如图 4-23(a)所示。这种曲线多出现于垂直层面加压的较坚硬层状岩体中。

（2）加压曲线的变化情况与(1)所述相同，但卸压曲线较陡，这说明卸压后变形大部分不能恢复，为塑性变形，如图 4-23(b)所示。存在软弱夹层的层状岩体及裂隙岩体常呈这类曲线，另外，垂直层面加压的层状岩体也可出现这类曲线。

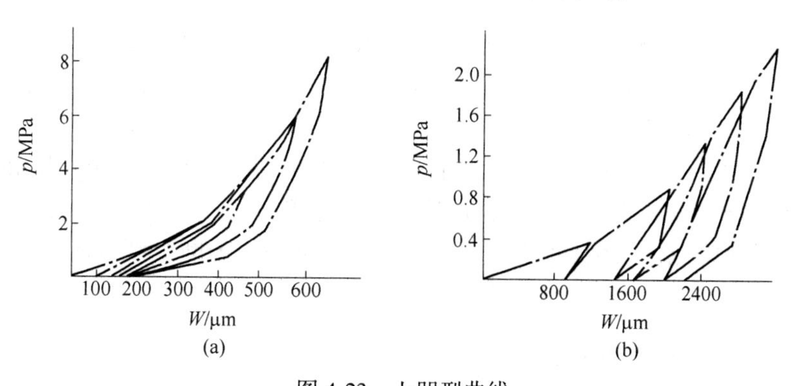

图 4-23　上凹型曲线

（a）上凹型曲线 1；（b）上凹型曲线 2

C　上凸形

这类曲线的方程为 $p=f(w)$，$\mathrm{d}p/\mathrm{d}w$ 随 p 增加而递减，$\mathrm{d}^2p/\mathrm{d}^2w<0$ 呈上凸型曲线，如图 4-20(c)所示。结构面发育且有泥质充填的岩体，较深处埋藏有软弱夹层或岩性软弱的岩体（黏土岩、风化岩）等常呈这类曲线。

D　复合型

p-w 曲线呈阶梯或“S”形，如图 4-20(d)所示。结构面发育不均或岩性不均匀的岩体，常呈此类曲线。

上述 4 类曲线，有人依次称为弹性、弹-塑性、塑-弹性及塑-弹-塑性岩体。但岩体受压时的力学行为是十分复杂的，它包括岩块压密、结构面闭合、岩块沿结构面滑移或转动等。同时，受压边界条件又随压力增大而改变。因此，实际岩体的 p-w 曲线也是比较复杂的，应注意结合实际岩体地质条件加以分析。

4.4.3.2　剪切变形曲线

原位岩体剪切试验研究表明，岩体的剪切变形曲线十分复杂。沿结构面剪切和剪断岩体的剪切曲线明显不同；沿平直光滑结构面和粗糙结构面剪切的剪切曲线也有差异。根据 τ-u 曲线的形状及残余强度（τ_f）与峰值强度（τ_r）的比值，可将岩体剪切变形曲线分为如图 4-24 所示的三类。

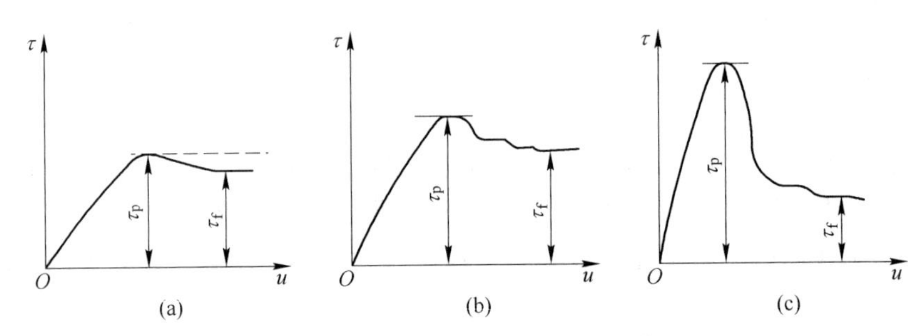

图 4-24　岩体剪切变形曲线类型示意图

（a）岩体剪切变形曲线 1；（b）岩体剪切变形曲线 2；（c）岩体剪切变形曲线 3

如图 4-24(a)所示，峰值前变形曲线的平均斜率小，破坏位移大，一般可达 2~10mm；峰值后随位移增大强度损失很小或不变，$\tau_f/\tau_p\approx1.0\sim0.6$。沿软弱结构面剪切时，常呈这类曲线。

如图 4-24(b)所示，峰值前变形曲线平均斜率较大，峰值强度较高。峰值后随位移增大强度损失较大，有较明显的应力降，$\tau_f/\tau_p\approx0.8\sim0.6$。沿粗糙结构面、软弱岩体及强风化岩体剪切时，多属这类曲线。

如图 4-24(c)所示，峰值前变形曲线斜率大，曲线具有较明显的线性段和非线性段，比例极限和屈服极限较易确定。峰值强度高，破坏位移小，一般为 1mm 左右。峰值后随位移增大强度迅速降低，残余强度较低，$\tau_f/\tau_p\approx0.8\sim0.3$。剪断坚硬岩体时的变形曲线多属此类。

4.4.4　影响岩体变形特性的主要因素

影响岩体变形性质的因素较多，主要包括组成岩体的岩性、结构面发育特征及荷载条件、试件尺寸、试验方法和温度等。这里主要讨论结构面对岩体变形特性的影响。

结构面的影响包括结构面方位、密度、充填特征及其组合关系等方面的影响（统称为结构效应）。

4.4.4.1 结构面方位

结构面方位主要表现在岩体变形随结构面及应力作用方向间夹角的不同而不同，即导致岩体变形的各向异性。这种影响在岩体中结构面组数较少时表现特别明显，随结构面组数增多，反而越来越不明显。泥岩体变形与结构面产状间的关系如图 4-25 所示，由图可见，无论是总变形或弹性变形，其最大值均发生在垂直结构面方向上，平行结构面方向的变形最小。另外，岩体的变形模量也具有明显的各向异性。一般来说，平行结构面方向的变形模量大于垂直方向的变形模量，其比值一般为 1.5~3.5。

4.4.4.2 结构面的密度

结构面的密度主要表现在随结构面密度增大，岩体完整性变差，变形增大，变形模量减小。岩体 E_m 与 RQD 值的关系如图 4-26 所示，图中 E 为岩块的变形模量。由图 4-26 可见，当岩体 RQD 值由 100 降至 65 时，E_m/E 迅速降低；当 $RQD<65$ 时，E_m/E 变化不大，即当结构面密度大到一定程度时，对岩体变形的影响就不明显了。

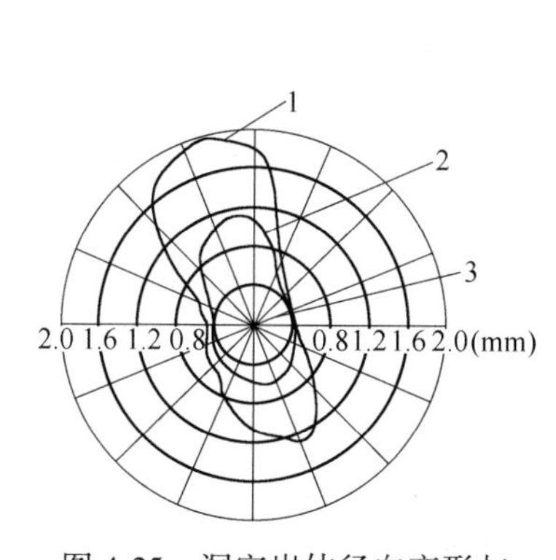

图 4-25 洞室岩体径向变形与结构面产状关系

1—总变形；2—弹性变形；3—结构面走向

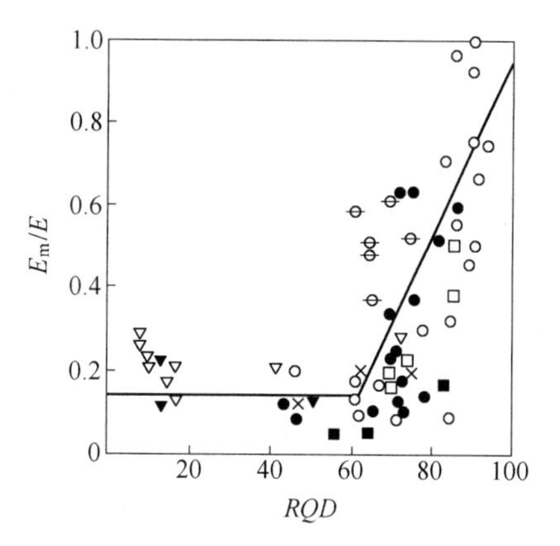

图 4-26 岩体 E_m/E 与 RQD 关系

4.4.4.3 结构面的张开度与充填特征

结构面的张开度及充填特征对岩体的变形也有明显的影响。一般来说，张开度较大且无充填或充填较薄时，岩体变形较大，变形模量较小；反之，则岩体变形较小，变形模量较大。对于载荷的影响、尺度效应、温度、试验的系统误差问题方面的影响与对岩石（岩块）变形试验影响基本上一致。

4.5 岩体的动力学性质

岩体的动力学性质是岩体在动荷载作用下所表现出来的性质，包括岩体中弹性波的传播规律和岩体动力变形与强度性质。岩体的动力学性质在岩体工程动力稳定性评价中具有重要意义，同时，岩体动力学性质的研究还可为岩体各种物理力学参数的动测法提供理论依据。

4.5.1 岩体中弹性波的传播规律

当岩体（岩块）收到振动、冲击或爆破作用时，各种不同动力特性的应力波将在岩体（岩块）中传播。当应力值较高（相对岩体强度而言）时，岩体中可能出现塑性波和冲击波；而当应力值较低时，则只产生弹性波。这些波在岩体内传播的过程中，弹性波的传播速度比塑性波大，且传播的距离远；而塑性波和冲击波传播慢，且只在振源附近才能观察到。弹性波的传播也称为声波的传播。在岩体内部传播的弹性波称为体波，而沿着岩体表面或内部不连续面传播的弹性波称为面波。体波又分为纵波（P波）和横波（S波）。纵波又称为压缩波，波的传播方向与质点振动方向一致；横波又称为剪切波，其传播方向与质点振动方向垂直。面波又有瑞利波（R波）和勒夫波（Q波）等。

根据波动理论，传播于连续、均匀、各向同性弹性介质中的纵波速度 v_p 和横波速度 v_s 可表示为：

$$v_p = \sqrt{\frac{E_d(1 - \mu_d)}{\rho(1 + \mu_d)(1 - 2\mu_d)}} \tag{4-54}$$

$$v_s = \sqrt{\frac{E_d}{2\rho(1 + \mu_d)}} \tag{4-55}$$

式中 E_d——动弹性模量；

μ_d——动泊松比；

ρ——介质密度。

由式(4-54)和式(4-55)可知，弹性波在介质中的传播速度仅与介质密度 ρ 及其动力变形参数 E_d、μ_d 有关，这样就可以通过测定岩体中的弹性波速来确定岩体的动力变形参数。比较式(4-54)和式(4-55)可知，$v_p>v_s$，即纵波先于横波到达。

由于岩性、建造组合和结构面发育特征，以及岩体应力等情况的不同，弹性波在岩体中的传播速度将受到影响。不同岩性岩体中弹性波速度不同，一般来说，岩体越致密坚硬，波速越大，反之越小。岩性相同的岩体，弹性波速度与结构面特征密切相关。一般来说，弹性波穿过结构面时，一方面引起波动能量消耗，特别是穿过泥质等充填的软弱结构面时，由于其塑性变形能量容易被吸收，波衰减较快；另一方面产生能量弥散现象。所以，结构面对弹性波的传播起隔波或导波作用，致使沿结构面传播速度大于垂直结构面传播的速度，造成波速及波动特性的各向异性。

此外，应力状态、地下水及地温等地质环境因素对弹性波的传播也有明显的影响。一般来说，在压应力作用下，波速随应力增加而增加，波幅衰减少；反之，在拉应力作用下，则波速降低，衰减增大。由于在水中的弹性波速是在空气中的5倍，因此随岩体中含水量的增加也将导致弹性波速增加，温度的影响则比较复杂。一般来说，岩体处于正温时，波速随温度增高而降低，处于负温时则相反。

4.5.2 岩体中弹性波速度的测定

4.5.2.1 岩块声波速度测试

通常在试验时测试岩块试件的纵波和横波速度，据此可计算动弹性模量等参数。测试仪器主要是岩石超声波参数测定仪和纵（横）波换能器。测试时，把纵（横）波换能器放在岩块试件的两端，测定纵波速度时宜采用凡士林或黄油作耦合剂，测定横波速度时宜采用铝箔、铜箔或水杨酸苯酯作耦合剂。

选用换能器的发射频率应满足以下公式要求：

$$f \geqslant \frac{2v_p}{D} \tag{4-56}$$

式中 f——换能器发射频率，Hz；

v_p——纵波速度，m/s；

D——试件的直径，m。

测试结束后应测定超声波在标准有机玻璃棒中的传播时间，绘制时距曲线并确定仪器系统的零延时，或将发射、接收换能器对接测读零延时。

岩块试件的纵波速度 v_p 和横波速度 v_s 按下列公式计算：

$$\begin{cases} v_p = \dfrac{L}{t_p - t_0} \\ v_s = \dfrac{L}{t_s - t_0} \end{cases} \tag{4-57}$$

式中 L——发射、接收换能器中心间的距离，m；

t_p——纵波在试件中行走的时间，s；

t_s——横波在试件中行走的时间，s；

t_0——仪器系统的零延时，s。

4.5.2.2 岩体声波速度测定

岩体声波测试的测点可选择在平洞、钻孔、风钻孔或地表露头，激发方式可选择换能器激发、电火花激发和锤击激发。当采用换能器激发时，相邻两侧点的距离宜为 1~3m，当采用电火花激发时距离宜为 10~30m，当采用锤击激发时距离应大于 3m。

在进行岩体表面声波速度测试时，测点表面应大致修凿平整并擦净，纵波换能器应涂厚 1~2mm 的凡士林或黄油，横波换能器应垫多层铝箔或铜箔，并将换能器放置在测点上压紧。在钻孔或风钻孔中进行岩体声波速度测试时，钻孔或风钻孔应冲洗干净，并在孔内注满水（水作为耦合剂），而对软岩宜采用干孔测试。

钻孔中换能器激发岩体声波测试示意图如图 4-27 所示。求弹性波速度时，根据激发孔和接收孔之间的距离（见图 4-27 中的 L_1 或 L_2）及纵波在钻孔间的行走时间 t_p，或横波在钻孔间的行走时间 t_s，即可按式(4-57)计算岩体的纵波速度 v_p 或横波速度 v_s。

表 4-7 为常见岩石完整岩块纵、横波速度及动力变形参数，表 4-8 为常见岩体不同结构面发育情况下的纵波速度值。

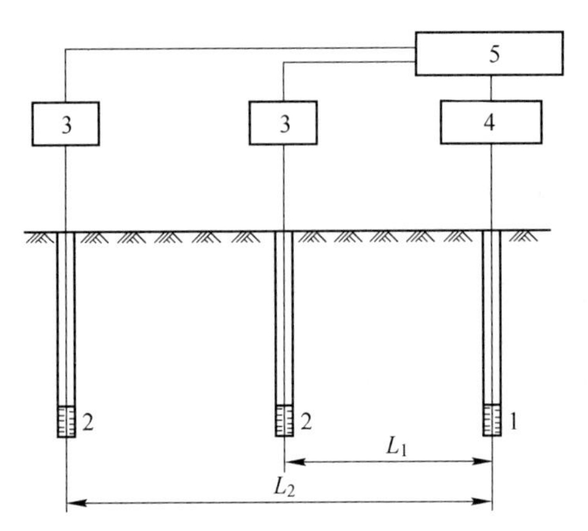

图 4-27　岩体声波测试示意图

1—发射换能器；2—接受换能器；3—放大器；4—触发电路；5—试件测定装置

表 4-7　常见岩石完整岩块弹性波速度及动力变形参数表

岩石名称	密度/g·cm^{-3}	纵波速度/m·s^{-1}	横波速度/m·s^{-1}	动弹性模量/GPa	动泊松比
玄武岩	2.60~3.30	4570~7500	3050~4500	53.1~162.8	0.10~0.22
安山岩	2.70~3.10	4200~5600	2500~3300	41.4~83.3	0.22~0.23
闪长岩	2.52~2.70	5700~6450	2793~3800	52.8~96.2	0.23~0.34
花岗岩	2.52~2.96	4500~6500	2370~3800	37.0~106.0	0.24~0.31
辉长岩	2.55~2.98	5300~6560	3200~4000	63.4~114.8	0.20~0.21
纯橄榄岩	3.28	6500~7980	4080~4800	128.3~183.8	0.17~0.22
石英粗面岩	2.30~2.77	3000~5300	1800~3100	18.2~66.0	0.22~0.24
辉绿岩	2.53~2.97	5200~5800	3100~3500	59.5~88.3	0.21~0.22
流纹岩	1.97~2.61	4800~6900	2900~4100	40.2~107.7	0.21~0.23
石英岩	2.56~2.96	3030~5610	1800~3200	20.4~76.3	0.23~0.26
片岩	2.65~3.00	5800~5420	3500~3800	78.8~106.6	0.21~0.23
片麻岩	2.50~3.30	6000~6700	3500~4000	76.0~129.1	0.22~0.24
板岩	2.55~2.60	3650~4450	2160~2860	29.3~48.8	0.15~0.23
大理岩	2.68~2.72	5800~7300	3500~4700	79.7~137.7	0.15~0.21
千枚岩	2.71~2.86	2800~5200	1800~3200	20.2~70.0	0.15~0.20
砂岩	2.61~2.70	1500~4000	915~2400	5.3~37.9	0.20~0.22
页岩	2.30~2.65	1330~3970	780~2300	3.4~35.0	0.23~0.25
石灰岩	2.30~2.90	2500~6000	1450~3500	12.1~88.3	0.24~0.25
硅质灰岩	2.81~2.90	4400~4800	2000~3000	46.8~61.7	0.18~0.23
泥质灰岩	2.25~2.35	2000~3500	1200~2200	7.9~26.6	0.17~0.22
白云岩	2.80~3.00	2500~6000	1500~3600	15.4~94.8	0.22
砾岩	1.70~2.90	1500~2500	900~1500	3.4~16.0	0.19~0.22
混凝土	2.40~2.70	2000~4560	1250~2760	8.85~49.8	0.18~0.21

表 4-8 常见岩体纵波速度

成因及地质年代	岩石名称	岩体状态		
		裂隙少，未风化的新鲜岩体	裂隙多，破碎，胶结差，微风化	破碎带，节理密集，软弱，胶结差，风化显著
古生代及中生代岩浆岩，变质岩和坚硬沉积岩	玄武岩、花岗岩、辉绿岩、流纹岩、蛇纹岩、结晶片岩、千枚岩、片麻岩、板岩、砂岩、砾岩、石灰岩	5500~4500	4500~4000	4000~2400
古生代及中生代地层	片理显著的变质岩，片理发育的古生代地层及中生代地层	—	4600~4000	4000~3100
中生代岩浆岩，早第三系地层	页岩、砂岩、角砾凝灰岩、流纹岩、安山岩、硅化页岩、硅化砂岩、火山质凝灰岩	5000~4000	4000~3100	3100~1500
第三系地层	泥岩、页岩、砂岩、砾岩、凝灰岩、角砾凝灰岩、凝灰熔岩	4000~1300	3100~2200	2200~1500
新第三系地层及第四系火山喷出物	泥岩、砂岩、粉砂岩、砂砾岩、凝灰岩	—	2400~2000	2000~1500

注：本表根据唐大雄等（1987）试验结果。

由表 4-7 和表 4-8 可知，岩块的纵波速度大于横波速度，且岩体中结构面发育特征和风化程度不同时，其纵波速度也不同。一般来说，波速随结构面密度增大，随风化加剧而降低。岩体的纵波波速与岩性、成因及地质年代、结构面、风化程度等多种因素有关。

4.5.3 岩体的动力变形参数

4.5.3.1 动力变形参数

反映岩体动力变形性质的参数通常有动弹性模量、动泊松比和动剪切模量。这些参数均可通过声波测试资料求得，即由式(4-54)和式(4-55)得：

$$E_d = v_{mp}^2 \rho \frac{(1+\mu_d)(1-2\mu_d)}{1-\mu_d} \tag{4-58}$$

或

$$E_d = 2v_{ms}^2 \rho (1+\mu_d) \tag{4-59}$$

$$\mu_d = \frac{v_{mp}^2 - 2v_{ms}^2}{2(v_{mp}^2 - v_{ms}^2)} \tag{4-60}$$

$$G_d = \frac{E_d}{2(1+\mu_d)} = v_{ms}^2 \rho \tag{4-61}$$

式中 E_d，G_d——岩体的动弹性模量和动剪切模量，GPa；

μ_d——动泊松比；

ρ——岩体密度，g/cm^3；

v_{mp}，v_{ms}——岩体纵波速度与横波速度，km/s。

利用声波法测定岩体动力学参数的优点是：不扰动被测岩体的天然结构和应力状态，测定方法简便，省时省力，能在岩体中各个部位广泛进行。

表4-9列出了各类岩体的动弹性模量和动泊松比试验值，表4-10比较了几种岩体的动、静弹性模量。

表4-9　常见岩体动弹性模量和动泊松比参考值（据唐大雄等，1987）

岩体名称	特征	E_d/MPa	μ_d
花岗岩	新鲜	$33.0\times10^4 \sim 65.0\times10^4$	0.20～0.33
	半风化	$7.0\times10^4 \sim 21.8\times10^4$	0.18～0.33
	全风化	$1.0\times10^4 \sim 11.0\times10^4$	0.35～0.40
石英闪长岩	新鲜	$55.0\times10^4 \sim 88.0\times10^4$	0.28～0.33
	微风化	$38.0\times10^4 \sim 64.0\times10^4$	0.24～0.28
	半风化	$4.5\times10^4 \sim 11.0\times10^4$	0.23～0.33
安山岩	新鲜	$12.0\times10^4 \sim 19.0\times10^4$	0.28～0.33
	半风化	$3.6\times10^4 \sim 9.7\times10^4$	0.26～0.44
玢岩	新鲜	$34.7\times10^4 \sim 39.7\times10^4$	0.28～0.29
	半风化	$3.5\times10^4 \sim 20.0\times10^4$	0.24～0.4
	全风化	2.4×10^4	0.39
玄武岩	新鲜	$34.0\times10^4 \sim 38.0\times10^4$	0.25～0.30
	半风化	$6.1\times10^4 \sim 7.6\times10^4$	0.27～0.33
	全风化	2.6×10^4	0.27
砂岩	新鲜	$20.6\times10^4 \sim 44.0\times10^4$	0.18～0.28
	半风化至全风化	$1.1\times10^4 \sim 4.5\times10^4$	0.27～0.33
	裂隙发育	$12.5\times10^4 \sim 19.5\times10^4$	0.27
页岩	砂质、裂隙发育	$0.81\times10^4 \sim 7.14\times10^4$	0.17～0.36
	岩体破碎	$0.51\times10^4 \sim 2.50\times10^4$	0.24～0.45
	碳质	$3.2\times10^4 \sim 15.0\times10^4$	0.38～0.43
石灰岩	新鲜，微风化	$25.8\times10^4 \sim 54.8\times10^4$	0.20～0.39
	半风化	$9.0\times10^4 \sim 28.0\times10^4$	0.21～0.41
	全风化	$1.48\times10^4 \sim 7.30\times10^4$	0.27～0.35
泥质灰岩	新鲜，微风化	$8.6\times10^4 \sim 52.5\times10^4$	0.18～0.39
	半风化	$13.1\times10^4 \sim 24.8\times10^4$	0.27～0.37
	全风化	7.2×10^4	0.29
片麻岩	新鲜，微风化	$22.0\times10^4 \sim 35.4\times10^4$	0.24～0.35
	片麻理发育	$11.5\times10^4 \sim 15.0\times10^4$	0.33
	全风化	$0.3\times10^4 \sim 0.85\times10^4$	0.46
板岩	硅质	$12.6\times10^4 \sim 23.2\times10^4$	0.27～0.33
		$3.7\times10^4 \sim 9.7\times10^4$	0.25～0.36
		$5.0\times10^4 \sim 5.5\times10^4$	0.25～0.29

续表 4-9

岩体名称	特 征	E_d /MPa	μ_d
角闪片岩	新鲜致密坚硬	$45.0\times10^4 \sim 65.0\times10^4$	0.18~0.26
	裂隙发育	$9.8\times10^4 \sim 11.6\times10^4$	0.29~0.31
石英岩	裂隙发育	$18.9\times10^4 \sim 23.4\times10^4$	0.21~0.26
大理岩	新鲜坚硬	$47.2\times10^4 \sim 66.9\times10^4$	0.28~0.35
	半风化，裂隙发育	$14.4\times10^4 \sim 35.0\times10^4$	0.28~0.35

从大量的试验资料可知，不论是岩体还是岩块，其动弹性模量都普遍大于静弹性模量，两者的比值 E_d/E_{me}，对于坚硬完整岩体约为 1.2~2.0；而对风化、裂隙发育的岩体和软弱岩体，E_d/E_{me}较大，一般为 1.5~10.0，大者可超过 20.0。表 4-10 给出了几种岩体的 E_d/E_{me}。造成这种现象的原因可能有以下几方面：

（1）静力法采用的最大应力大部分在 1.0~10.0MPa，少数则更大，变形量常以 mm 计，而动力法的作用应力则约为 10^{-4} MPa 量级，引起的变形量微小。因此静力法必然会测得较大的不可逆变形，而动力法则测不到这种变形。

（2）静力法持续的时间较长。

（3）静力法扰动了岩体的天然结构和应力状态。

然而，由于静力法试验时，岩体的受力情况接近于工程岩体的实际受力状态，故实践应用中，除某些特殊情况外，多数工程仍以静力变形参数为主要设计依据。

表 4-10 几种岩体动、静弹性模量比较表

岩石名称	静弹性模量 E_{me} /GPa	动弹性模量 E_d /GPa	E_d/E_{me}
花岗岩	25.0~40.0	33.0~65.0	1.32~1.63
玄武岩	3.7~38.0	6.1~38	1.0~1.65
安山岩	4.8~10.0	6.11~45.8	1.27~4.58
辉绿岩	14.8	49.0~74.0	3.31~5.00
闪长岩	1.5~60.0	8.0~76.0	1.27~5.33
石英片岩	24.0~47.0	66.0~89.0	1.89~2.75
片麻岩	13.0~40.0	22.0~35.4	0.89~1.69
大理岩	26.6	47.2~66.9	1.77~2.59
石灰岩	3.93~39.6	31.6~54.8	1.38~8.04
砂 岩	0.95~19.2	20.6~44.0	2.29~21.68
中粒砂岩	1.0~2.8	2.3~14.0	2.3~5.0
细粒砂岩	1.3~3.6	20.9~36.5	10.0~16.07
页 岩	0.66~5.00	6.75~7.14	1.43~10.2
千枚岩	9.80~14.5	28.0~47.0	2.86~3.2

但由于原位变形试验费时、费钱，这时可通过动、静弹性模量间关系的研究，来确定岩体的静弹性模量。有人提出用如下经验公式来求 E_{me}，即：

$$E_{me} = jE_d \tag{4-62}$$

式中，j 为折减系数，可据岩体完整性系数 K_v 查表 4-11 求取，E_{me} 为岩体静弹性模量。

表 4-11　K_v 与 j 的关系

K_v	1.0~0.9	0.9~0.8	0.8~0.7	0.7~0.65	<0.65
j	1.0~0.75	0.75~0.45	0.45~0.25	0.25~0.2	0.2~0.1

此外，还有人企图通过建立 E_{me} 与 V_{mp} 之间的经验关系来确定岩体的 E_{me}。这方面可参考有关文献。

4.5.3.2　动力强度参数

在进行岩石力学试验时，施加在岩石上的荷载并非是完全静止的。从这个意义上讲，静态加载和动态加载没有根本的区别，而仅仅是加载速率的范围不同。一般认为，当加载速率在应变率为 $10^{-4}\sim10^{-6}s^{-1}$ 时，均属于准静态加载，大于这一范围，则是动态加载。

试验研究表明，动态加载下岩石的强度比静态加载时的强度高。这实际上是一个时间效应问题，在加载速率缓慢时，岩石中的塑性变形得以充分发展，反映出强度较低；反之，在动态加载下，塑性变形来不及发展，则反映出较高的强度。特别是在爆破等冲击荷载作用下，岩体强度提高尤为明显。表 4-12 给出了几种岩石在不同荷载速率下的强度值。有资料表明，在冲击荷载下岩石的动抗压强度约为静抗压强度的 1.2~2.0 倍。

表 4-12　几种岩石在不同载荷速率下的抗压强度

试　样	载荷速率/$MPa \cdot s^{-1}$	抗压强度/MPa	强度比
水泥砂浆	9.8×10^{-2}	37.0	1.0
	3.4	44.0	1.2
	3.0×10^{5}	53.0	1.5
砂　岩	9.8×10^{-2}	37.0	1.0
	1.9	40.0	1.1
	3.0×10^{5}	57.0	1.6
大理岩	9.8×10^{-2}	80.0	1.0
	3.2	86.0	1.1
	10.6×10^{5}	140.0	1.8

对于岩体而言，目前由于动强度试验方法不很成熟，试验资料也很少。因而有些研究者试图用声波速度或动变形参数等资料来确定岩体的强度，如王思敬等人提出用如下的经验公式来计算岩体的准抗压强度 R_m（MPa）：

$$R_m = \left(\frac{v_{mp}}{v_{rp}}\right)^3 \sigma_c \tag{4-63}$$

式中　v_{mp}，v_{rp}——岩体和岩块的纵波速度，m/s；

σ_c——岩块的单轴抗压强度，MPa。

4.6　岩体的水力学性质

岩体的水力学性质是岩体力学性质的一个重要方面，它是指岩体与水共同作用所表现出来的力学性质。水在岩体中的作用包括两个方面：一方面是水对岩石的物理化学作用，在工程上常用软化系数来表示，这在上一章中已有讨论；另一方面是水与岩体相互耦合作用下的力学效应，包括孔隙水压力与渗流动水压力等的力学作用效应。在孔隙水压力的作用下，首先是减少了岩体内的有效应力，从而降低了岩体的剪切强度。另外，岩体渗流与应力之间的相互作用强烈，对工程稳定性具有重要的影响，如法国的马尔帕期拱坝溃决就是很好的例子。

岩体是由岩块与结构面网络组成的，相对结构面来说，岩块的透水性很微弱，常可忽略。因此，岩体的水力学特性主要与岩体中的结构面的组数、方向、粗糙起伏度、张开度及胶结填充特性等因素直接相关，同时还受到岩体应力状态及水流特征的影响。在研究裂隙岩体水力学特征时，以上诸多因素不可能全部考虑到。往往先从最简单的单个结构面开始研究，而且只考虑平直光滑无充填时的情况，然后根据结构面的连通性、粗糙起伏度及充填等情况进行适当的修正。对于含多组结构面的岩体水力学特征则比较复杂，目前研究这一问题的趋势是：用等效连续介质模型来研究，认为裂隙岩体是由空隙性差而导水性强的结构面系统和导水性弱的岩块孔隙系统构成的双重连续介质，裂隙孔隙的大小和位置的差别均不予考虑；忽略岩块的孔隙系统，把岩体看成为单纯的按几何规律分布的裂隙介质，用裂隙水力学参数或几何参数（结构面方位、密度和张开度等）来表征裂隙岩体的渗透空间结构。所以裂隙大小、形状和位置都在考虑之列。目前，针对这两种模型都进行了一定程度的研究，提出了相应的渗流方程及水力学参数的计算方法。在研究中还引进了张量法、线索法、有限单元及水电模拟等方法。本节将以单个结构面的水力特征为基础，讨论岩体的渗透性及其水力学作用效应。

4.6.1 单个结构面的水力特征

如图 4-28 所示，设结构面为一平直光滑无限延伸的面，张开度 e 各处相等。取如图的 xoy 坐标系，水流沿结构面延伸方向流动，当忽略岩块渗透性时，则稳定流情况下各水层间的剪应力τ和静水压力 p 之间的关系，由水力平衡条件得到：

$$\frac{\partial \tau}{\partial y} = \frac{\partial p}{\partial x} \tag{4-64}$$

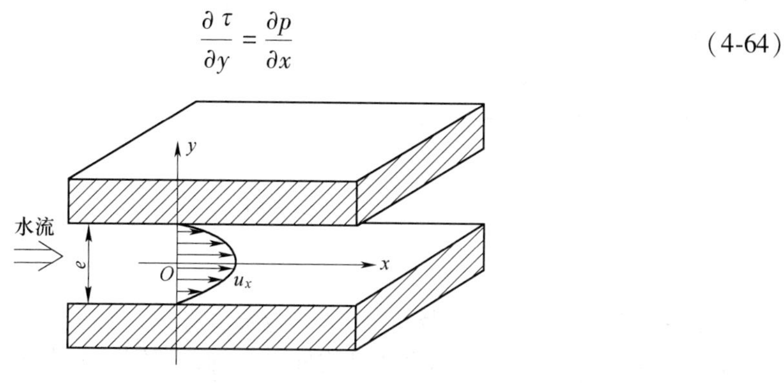

图 4-28　平直光滑结构面的水力学模型

根据牛顿黏滞定律，得：

$$\tau = \eta \frac{\partial \mu_x}{\partial y} \tag{4-65}$$

由式(4-64)和式(4-65)，得：

$$\frac{\partial^2 \mu_x}{\partial y^2} = \frac{1}{\eta}\frac{\partial p}{\partial x} \tag{4-66}$$

式中 μ_x——沿 x 方向的水流速度；

η——水的动力黏滞系数，$\eta=0.1\text{Pa}\cdot\text{s}$。

式(4-66)的边界条件为：

$$\begin{cases} \mu_x = 0, \ y = \pm \dfrac{e}{2} \\ \dfrac{\partial \mu_x}{\partial y} = 0, y = 0 \end{cases} \tag{4-67}$$

若 e 很小，则可忽略 p 在 y 方向的变化，用分离变量法求解方程式(4-66)，可得：

$$\mu_x = -\frac{e^2 \partial p}{8\eta \partial x}\left(1 - \frac{4y^2}{e^2}\right) \tag{4-68}$$

从式(4-68)可知，水流速度在断面上呈二次抛物线分布，并在 $y=0$ 处取得最大值。其断面平均流速 $\bar{\mu}_x$ 为：

$$\bar{u}_x = \frac{\int_{-\frac{e}{2}}^{\frac{e}{2}} u_x \mathrm{d}y}{e} = \frac{\int_{-\frac{e}{2}}^{\frac{e}{2}} \frac{e^2}{8\eta}\frac{\partial p}{\partial x}\left(1 - \frac{4y^2}{e^2}\right)\mathrm{d}y}{e}$$

解得：

$$\bar{u}_x = -\frac{e^2}{12\eta}\frac{\partial p}{\partial x} \tag{4-69}$$

静水压力 p 和水力梯度 J 可以写成：

$$\begin{cases} p = \rho_{\mathrm{w}} g h \\ J = \dfrac{\Delta h}{\Delta x} \end{cases} \tag{4-70}$$

式中 ρ_{w}——水的密度；

Δh——水头差；

h——水头高度。

将式(4-70)代入式(4-69)，得：

$$\bar{\mu}_x = -\frac{e^2 g \rho_w}{12\eta} J = -K_{\mathrm{f}} J \tag{4-71}$$

$$K_{\mathrm{f}} = \frac{g e^2}{12\nu} \tag{4-72}$$

式中 ν——水的运动黏滞系数，cm^2/s，$\nu=\eta/\rho_{\mathrm{w}}$。

以上是按平直光滑无充填贯通结构面导出的，但实际上岩体中的结构面往往是粗糙起伏、非贯通的，并常有填充物阻塞。为此，路易斯（Louis，1974）提出了如下修正式：

$$\bar{\mu}_x = -\frac{K_2 g e^2}{12\nu c} J = -K_{\mathrm{f}} J \tag{4-73}$$

$$K_{\mathrm{f}} = \frac{K_2 g e^2}{12\nu c} \tag{4-74}$$

式中，K_2为结构面的面连续性系数，指结构面连通面积与总面积之比；c 为结构面的相对粗糙修正系数，其计算式为：

$$c = 1 + 8.8\left(\frac{h}{2e}\right)^{1.5} \tag{4-75}$$

式中 h——结构面起伏差。

4.6.2 裂隙岩体的水力特征

4.6.2.1 含一组结构面岩体的渗透性能

当岩体中含有一组结构面时，如图 4-29 所示，设结构面的张开度为 e，间距为 S，渗透系数为 K_f，岩块的渗透系数为 K_m。将结构面内的水流平摊到岩体中去，可得到顺结构面走向方向的等效渗透系数 K 为：

$$K = \frac{e}{S}K_f + K_m \tag{4-76}$$

实际上岩块的渗透性比结构面要弱得多，因此常可将 K_m忽略，这时岩体的渗透系数 K 为：

$$K = \frac{e}{S}K_f = \frac{K_2 g e^3}{12\nu Sc} \tag{4-77}$$

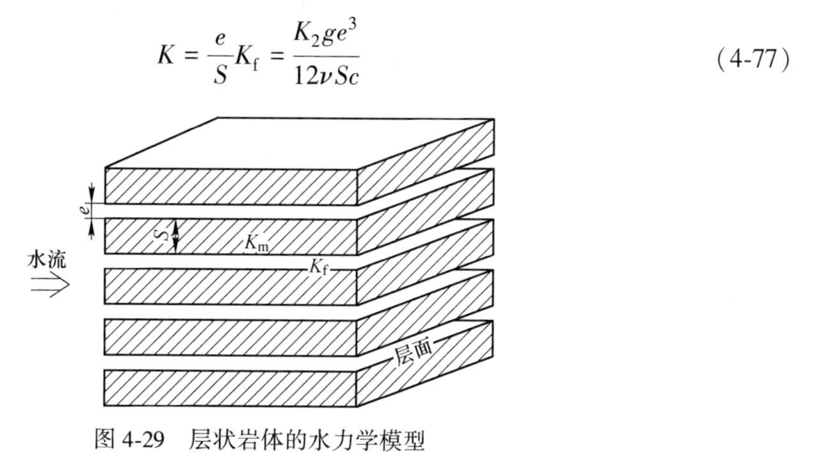

图 4-29 层状岩体的水力学模型

4.6.2.2 含多组结构面岩体的渗透性能

A 结构面的连通网络特征

在岩体裂隙水调查中发现，岩体中的结构面有的含水，有的不含水，还有一些则含水不透水，或透水不含水。因此从透水性和含水性角度出发，可将结构面分为连通的和不连通的结构面。前者是指与地表水或含水体相互连通的结构面，或者不同组结构面交切组合而成的通道，一旦与地表或者浅部含水体相连通，必然构成地下水的渗流通道，且自身也会含水。不连通的结构面是指与地表或含水体不相通、终止于岩体内部的结构面，这类结构面是不含水的，也构不成渗流通道，或者即使含水也不参与渗流循环交替。因此，在进行岩体渗流分析时，有必要区分这两类不同水文地质意义的网络系统，即连通网络系统和不连通网络系统。

结构面网络连通特征的研究，可在结构面网络模拟的基础上，借助计算机搜索出一定范围内的连通结构面网络图。其步骤如下：

(1) 找出直接与边界连通的结构面。

(2) 找出与边界面连通的结构面交切的结构面及交点位置，然后从交点出发寻找次一级交切点及更次一级的交切点。

(3) 如此循环往复，直至另一边界面为止。

在搜索过程中，将那些不与上述结构面交切和终止于岩体内部的结构面自动排除在外；由计算机绘出排除所有不连通结构面后的网络图，即结构面连通网络图。图 4-30 是生成连通网络图的一个实例。通过结构面连通网络图可找出岩体的主渗方向及其主要渗流作用的结构面组。

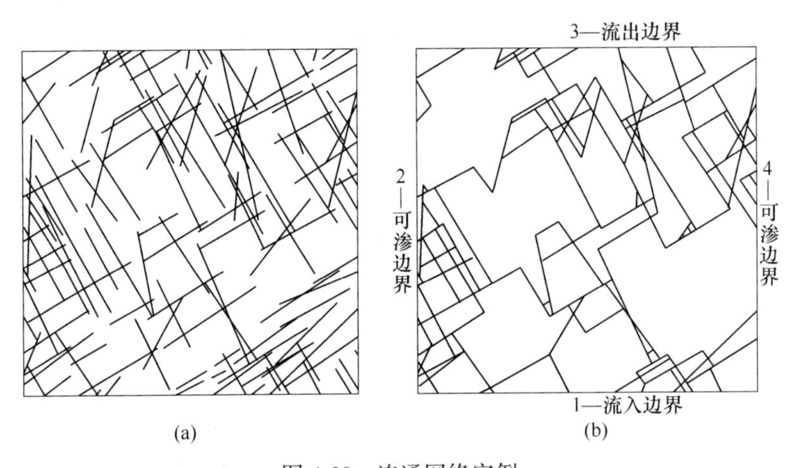

图 4-30 连通网络实例

(a) 实际结构面网络；(b) 连通的结构面网络

B 岩体的渗透性能

岩体中含有多组（如 3 组）相互连通的结构面时，设各组结构面有固定的间距（S）和张开度（e），而不同组结构面的间距和张开度可以不同，且各组结构面内的水流相互不干扰。在以上假设条件下，罗姆（Romm，1966）认为，岩体中水的渗流速度矢量$\boldsymbol{v}$ 是各结构面组平均渗流速度矢量μ_i之和，即：

$$v = \sum_{i=1}^{n} \frac{e_i}{S_i}\boldsymbol{u}_i \tag{4-78}$$

式中，e_i和 S_i分别为第 i 组结构面的张开度和间距。

按单个结构面的水力特征式(4-73)，第 i 组结构面内的断面平均流速矢量为：

$$\bar{\boldsymbol{\mu}}_i = -\frac{K_{2i}e_i^2 g}{12\nu c_i}(\boldsymbol{J}\cdot\boldsymbol{m}_i)\boldsymbol{m}_i \tag{4-79}$$

式中　m_i——水力梯度矢量 $\boldsymbol{J}$ 在第 i 组结构面上的单位矢量。

将式(4-79)代入式(4-78)，得：

$$\boldsymbol{v} = -\sum_{i=1}^{n} \frac{K_{2i}e_i^3 g}{12vS_i c_i}(\boldsymbol{J}\cdot\boldsymbol{m}_i)\boldsymbol{m}_i = -\sum_{i=1}^{n} K_{f_i}(\boldsymbol{J}\cdot\boldsymbol{m}_i)\boldsymbol{m}_i \tag{4-80}$$

设裂隙面法线方向的单位矢量为 $\boldsymbol{n}_i$，则：

$$J = (\boldsymbol{J}\cdot\boldsymbol{m}_i)\boldsymbol{m}_i + (\boldsymbol{J}\cdot\boldsymbol{n}_i)\boldsymbol{n}_i \tag{4-81}$$

令 $\boldsymbol{n}_i$的方向余弦为 a_{1i}、a_{2i}、a_{3i}，并将式(4-81)代入式(4-80)，经整理可得岩体的渗透张量为：

$$
|K| = \begin{vmatrix} \sum_{i=1}^{n} K_{f_i}(1-a_{1i}^2) & -\sum_{i=1}^{n} K_{f_i}a_{1i}a_{2i} & -\sum_{i=1}^{n} K_{f_i}a_{1i}a_{3i} \\ -\sum_{i=1}^{n} K_{f_i}a_{2i}a_{1i} & \sum_{i=1}^{n} K_{f_i}(1-a_{2i}^2) & -\sum_{i=1}^{n} K_{f_i}a_{2i}a_{3i} \\ -\sum_{i=1}^{n} K_{f_i}a_{3i}a_{1i} & -\sum_{i=1}^{n} K_{f_i}a_{3i}a_{2i} & \sum_{i=1}^{n} K_{f_i}(1-a_{3i}^2) \end{vmatrix} \tag{4-82}
$$

由实测资料统计求得各组结构面的产状及结构面间距、张开度等数据后，可由式(4-80)和式(4-82)求得岩体的渗透张量。由于反映结构面特征的各种参数都具有某种随机性，因此必须在大量实测资料统计的基础上才能确定。这时，统计样本的数量和统计方法的准确性都将影响其计算结果的准确性。

4.6.2.3 岩体渗透系数的测试

岩体渗透系数是反应岩体水力学特性的核心参数。渗透系数的确定一方面可用上述给出的理论公式进行计算；另一方面可用现场水文地质试验测定。现场试验主要有压水试验和抽水试验等方法。一般认为，抽水试验是测定岩体渗透系数比较理想的方法，但它只能用于地下水位以下的情况，地下水位以上的岩体可用压水试验来测定其渗透系数。

A 压水试验

压水试验一般在钻孔中进行，又可分为单孔压水试验（刘让试验）、三段压水试验、注水试验等方法。单孔压水试验如图 4-31 所示，在钻孔中安置止水塞，将试验段与钻孔其余部分隔开。隔开试验段的方法有单塞法和双塞法两种，通常采用单塞法，这时止水塞与孔底之间为试验段，然后再用水泵向试验段压水，迫使水流进入岩体内。当试验压力达到指定值 p 时，并保持 5~10min 后，测得耗水量 Q(L/min)。设试验段长度为 L(m)，则岩体的单位吸水量 W[L/(min · m · MPa)] 为：

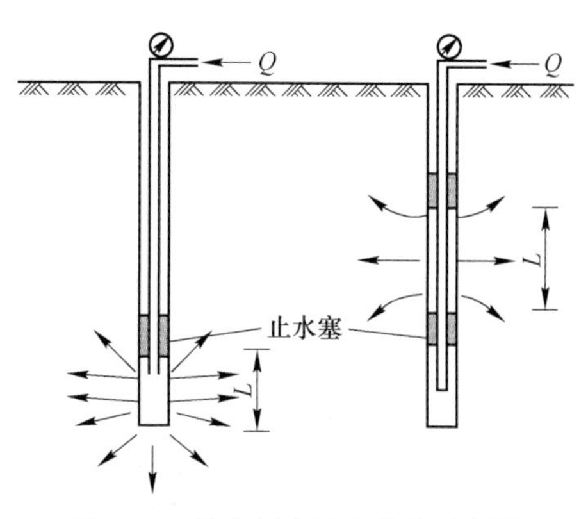

图 4-31 单孔压水试验装置示意图

$$
W = \frac{Q}{Lp} \tag{4-83}
$$

岩体的渗透系数按巴布什金经验公式为：

$$
K = 0.528W\lg\frac{aL}{r_0} \tag{4-84}
$$

在式(4-83)和式(4-84)中，p 为试验压力，用压力水头（m）表示；r_0为钻孔半径；a

为与试验段位置有关的系数，当试验段底至隔水层的距离大于 L 时用 0.66，反之用 1.32。

单孔压水试验的主要缺点在于，未考虑结构面方位布置钻孔方向，也就无法考虑渗透性的各向异性。因此，有人建议采用改进后的单孔法及三段试验法等方法进行。

B 抽水试验

抽水试验是在抽水孔（井）内抽水，观测流量及地下水位下降值。利用观测数据，理论公式计算岩体的渗透系数值。抽水试验又可分为稳定流抽水和非稳定流抽水等方法，具体试验方法及渗透系数的确定请参考《地下水动力学》及相关文献。

4.6.3 应力对岩体渗透性能的影响

岩体中的渗透水流通过结构面流动，而结构面对变形是极为敏感的，因此岩体的渗透性与应力场之间的相互作用与影响的研究是极为重要的。马尔帕塞拱坝的溃决事件给人们留下了深刻的教训，该坝建于片麻岩上，高的岩体强度使人们一开始就未想到水与应力之间的相互作用与影响会带来什么麻烦。事后有人曾对该片麻岩进行了渗透系数与应力关系的实验（见图 4-32），表明当应力变化范围为 5MPa 时，岩体渗透系数相差 100 倍。渗透系数的降低，反过来又极大地改变了岩体中的应力分布，使岩体中结构面上的水压力徒增，坝基岩体在过高的水压力作用下沿一个倾斜的软弱结构面产生滑动，导致溃坝。

野外和室内试验研究表明，孔隙水压力的变化明显地改变了结构面的张开度及流速和流体压力在结构面中的分布。如图 4-33 所示，结构面中的水流通量 $Q/\Delta h$ 随其所受到的正应力增加而降低很快。进一步研究发现，应力—渗流关系具有回滞现象，随着加、卸载次数的增加，岩体的渗透能力降低，但经历三四个循环后，渗流基本稳定，这是由于结构面受力闭合的结果。

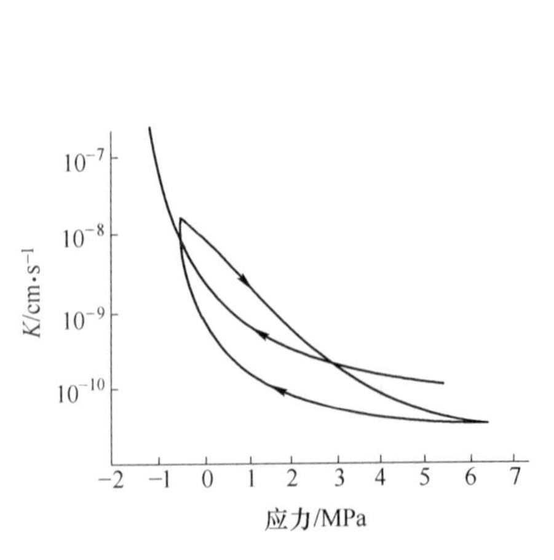

图 4-32 片麻岩渗透系数与应力关系
（据 Bernaix，1978）

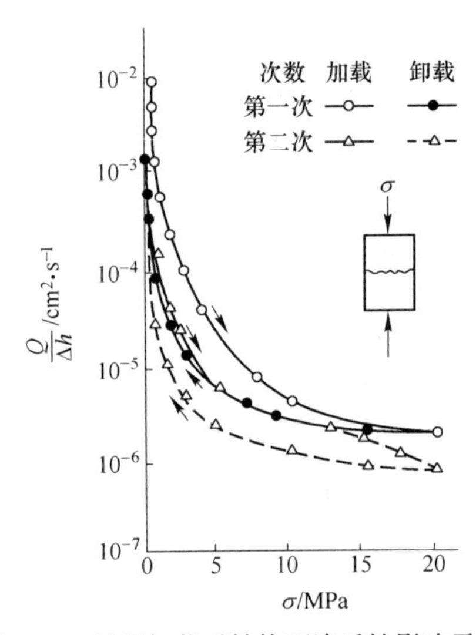

图 4-33 循环加载对结构面渗透性影响示意图

为了研究应力对岩体渗透性的影响，有不少学者提出了不同的经验公式。斯诺（Snow，1996）提出：

$$K = K_0 + \frac{K_n e^2}{S}(p_0 - p) \tag{4-85}$$

式中 K_0——初始应力 P_0 下的渗透系数；

K_n——结构面的法向刚度；

e，S——结构面的张开度和间距；

p——法向应力。

路易斯（Louis，1974）在试验的基础上得出：

$$K = K_0 e^{-\alpha\sigma_0} \tag{4-86}$$

式中 α——系数；

σ_0——有效应力。

孙广忠等人（1983）也提出了与式（4-86）类似的公式：

$$K = K_0 e^{-\frac{2\sigma}{K_n}} \tag{4-87}$$

式中 K_0——附加应力 $\sigma = 0$ 时的渗透系数；

K_n——结构面的法向刚度。

从以上式子可知，岩体的渗透系数是随应力增加而降低的。随着岩体埋藏深度的增加，结构面发育的密度和张开度都相应减少，所以岩体的渗透性也随着深度增加而减少。另外，人类工程活动对岩体渗透性也有很大影响，例如：地下洞室和边坡的开挖改变了岩体中的应力状态，原来岩体中结构面和张开度因应力释放而增大，岩体的渗透性能也增大；水库的修建，改变了结构面中的应力水平，影响到岩体的渗透性能。

4.6.4 地下水渗流对岩体力学性质的影响

地下水是一种重要的地质应力，它与岩体之间的相互作用，一方面改变着岩体的物理、化学及力学性质，另一方面也改变着地下水自身的物理、力学性质和化学组分。运动着的地下水对岩体产生三种作用，即物理的、化学的和力学的作用。

4.6.4.1 地下水对岩体的物理作用

A 润滑作用

处于岩体中的地下水，岩体在不连续面边界（如坚硬岩石中的裂隙面、节理面和断层面等结构面）上产生润滑作用，使不连续面上的摩阻力减小，同时作用在不连续面上的剪应力效应增强，结果沿不连续面诱发岩体的剪切运动，这个过程在斜坡受降水入渗使得地下水位上升到滑动面以上时尤其显著。地下水对岩体产生的润滑作用反映在力学上，即使岩体的摩擦角减小。

B 软化和泥化作用

地下水对岩体的软化和泥化作用主要表现在对岩体结构面中充填物的物理性状的改变上。岩体结构面中充填物随含水量的变化，发生由固态向塑态直至液态的弱化效应，一般在断层带易发生泥化现象。软化和泥化作用使岩体的力学性能降低，内聚力和摩擦角值减小。

C 结合水的强化作用

地下水处于负压状态，此时的地下水不是重力水，而是结合水。按照有效应力原理，非饱和岩体中的有效应力大于岩体的总应力，地下水的作用是强化岩体的力学性能，即增加了岩体的强度。当岩土体中无水时（沙漠区表面沙），包气带的沙土孔隙全被空气充填，空气的压力为正，此时沙土的有效应力小于其总应力，因而是一盘散沙，当加入适量水后沙土的强度迅速提高。当包气带土体中出现重力水时，水的作用就变成了（润滑土粒和软化土体）弱化土体的作用，这就是在工程中为什么要寻找土的最佳含水量的原因。

4.6.4.2　地下水对岩体的化学作用

地下水对岩体的化学作用主要是指地下水与岩体之间的离子交换、溶解作用（黄土湿陷及岩溶）、水化作用（膨胀岩的膨胀）、水解作用、溶蚀作用、氧化还原作用、沉淀作用和超渗透作用等。

A　离子交换

地下水与岩体之间的离子交换是由物理力和化学力吸附到岩土体颗粒上的离子和分子与地下水构成的一种交换过程。能够进行离子交换的物质是黏土矿物（如高岭土、蒙脱土、伊利石、绿泥石、蛭石、沸石、氧化铁和有机物等），这主要是因为这些矿物表面上存在胶体物质。地下水与岩土体之间的离子交换经常是：富含 Ca 离子或 Mg 离子的地下淡水在流经富含钠离子的土体时，使得地下水中的 Ca 离子或 Mg 离子置换了土体内的 Na 离子，一方面由水中 Na 离子的富集使天然地下水软化，另一方面新形成的富含 Ca 离子和 Mg 离子的黏土增加了孔隙率及渗透性能。地下水与岩土体之间的离子交换使得岩土体的结构改变，从而影响岩土体的力学性质。

B　溶解作用和溶蚀作用

溶解和溶蚀作用在地下水水化学的演化中起着重要作用，地下水中的各种离子大多是由溶解和溶蚀作用产生的。天然的大气降水在经过渗入土壤带、包气带或渗滤带时，溶解了大量的气体（如 N_2、Ar、O_2、H_2、He、CO_2、NH_3、CH_4和 H_2S 等），弥补了地下水的弱酸性，增加了地下水的侵蚀性。这些具有侵蚀性的地下水对可溶性岩石，如石灰岩（$CaCO_3$）、白云岩［$CaMg(CO_3)_2$］、石膏（$CaSO_4$）、岩盐（NaCl）和钾盐（KCl）等产生溶蚀作用，溶蚀作用的结果使岩体产生溶蚀裂隙、溶蚀空隙及溶洞等，增大了岩体的孔隙率及渗透性。对于湿陷性黄土来说，随着含水量的增大，水溶解了黄土颗粒的胶结物［碳酸盐（$CaCO_3$）］，破坏了其大孔隙结构，使黄土发生大的变形（这就是众所周知的黄土湿陷问题）。黄土湿陷量的大小取决于黄土孔隙结构的大小、地下水的活动状况（水量及水溶液的饱和程度）和温度条件等。

C　水化作用

水化作用是水渗透到岩土体的矿物结晶格架中或水分子附着到可溶性岩石的离子上，使岩石的结构发生微观、细观及宏观的改变，减小岩土体的内聚力。自然中的岩石风化作用就是由地下水与岩土体之间的水化作用引起的，膨胀土与水作用发生水化作用，使其发生大的体应变。

D　水解作用

水解作用是地下水与岩土体（实质上是岩土物质中的离子）之间发生的一种反应。若岩土物质中的阳离子与地下水发生水解作用时，则地下水中的氢离子（H^+）浓度增加，增大了水的酸度（即 $M^+ + H_2O = MOH + H^+$）。若岩土物质中的阴离子与地下水发生水解作用时，则使地下水中的氢氧根离子（OH^-）浓度增加，增大了水的碱度（即 $X^- + H_2O = HX + OH^-$）。水解作用一方面改变着地下水的 pH 值，另一方面也使岩土体物质发生改变，从而影响岩土体的力学性质。

E　氧化还原作用

氧化还原作用是一种电子从一个原子转移到另一个原子的化学反应。氧化过程是被氧化的物质丢失自由电子的过程，而还原过程则是被还原的物质获得电子的过程。氧化和还原过程必须一起出现，并相互弥补。氧化作用发生在潜水面以上的包气带，氧气（O_2）可从空气和 CO_2 中源源不断地获得。在潜水面以下的饱水带氧气（O_2）耗尽，另外，氧气（O_2）在水中的溶解度（在20℃时为6.6cm^3/L）比在空气中的溶解度（在20℃时为200cm^3/L）小得多。因此，地下水与岩土体之间常发生的氧化作用随着深度逐渐减弱，而还原作用随深度而逐渐增强。

氧化过程有：硫化物的氧化过程产生 Fe_2O_3 和 H_2SO_4，碳酸盐岩的溶蚀产生 CO_2。地下水与岩土体之间发生的氧化还原作用，既改变着岩土体中的矿物组成，又改变着地下水的化学组分及侵蚀性，从而影响岩土体的力学特性。

地下水对岩土体产生的各种化学作用大多是同时进行的，一般来说，化学作用进行的速度很慢。地下水对岩土体产生的化学作用主要是：改变岩土体的矿物组成，改变其结构性，从而影响岩土体的力学性能。

4.6.4.3　地下水对岩土体产生的力学作用

当岩体中存在着渗透水流时，位于地下水面以下的岩体将受到渗流静水压力和动水压力的作用，这两种渗流应力又称为渗流体积力。

由水力学可知，不可压缩流体在动水条件下的测压总水头（h）的计算公式为：

$$h = z + \frac{p}{\rho_w g} + \frac{u^2}{g} \tag{4-88}$$

式中　z——位置水头，m；

p——静水压力，Pa；

ρ_w——水的密度，kg/m^3；

$\frac{p}{\rho_w g}$——压力水头，m；

u——水流速度，m/s；

$\frac{u^2}{g}$——速度水头，m。

由于岩体中的水流速度很小，u^2/g 比起 z 和 $p/\rho_w g$ 常可忽略，因此有：

$$h = z + \frac{p}{\rho_w g} \tag{4-89}$$

或

$$p = \rho_w g(h - z) \tag{4-90}$$

根据流体力学平衡原理，渗流引起的体积力，由式(4-90)得：

$$\begin{cases} X=-\dfrac{\partial p}{\partial x}=-\rho_w g\dfrac{\partial h}{\partial x} \\ Y=-\dfrac{\partial p}{\partial y}=-\rho_w g\dfrac{\partial h}{\partial y} \\ Z=-\dfrac{\partial p}{\partial z}=-\rho_w g\dfrac{\partial h}{\partial z}+\rho_w g \end{cases} \tag{4-91}$$

由式(4-91)可知，渗流体积力由两部分组成：第一部分 $-\rho_w g\dfrac{\partial h}{\partial x}$、$-\rho_w g\dfrac{\partial h}{\partial y}$、$-\rho_w g\dfrac{\partial h}{\partial z}$ 为渗流动水压力，它与水力梯度有关；第二部分 $\rho_w g$ 为浮力，它在渗流空间为一常数。式(4-91)表明，求出了岩体中各点的水头值 h，便可确定出渗流场中各点的体积力，并可由式(4-90)求得相应各点的静水压力 p。

习　题

4-1　结构面按其成因通常分为哪几种类型，各有什么特点？

4-2　结构面的剪切变形、法向变形与结构面的哪些因素有关？

4-3　以含一条结构面的岩石试样的强度分析为基础，简单介绍岩体强度与结构面强度和岩石强度的关系，并在理论上证明结构面方位对岩体强度的影响。

4-4　岩体强度的确定方法主要有哪些？

4-5　多结构面岩体的破坏形式如何分析？

4-6　简述 Hoek-Brown 岩体强度估算方法。

4-7　估计岩体强度的 Hoek-Brown 经验公式考虑了哪些因素，选择各因素的依据是什么？

4-8　有一结构面，其起伏角 $i=10°$，结构面内摩擦角 $\phi_w=25°$，两壁岩石的内摩擦角 $\phi=40°$，$C=10\text{MPa}$。做此结构面的强度线（τ-σ 曲线）。（提示：齿尖的剪断强度近似为岩石的剪断强度）

4-9　岩体中有一结构面，其中 $\phi_w=30°$，$C_w=0$。岩石的内摩擦角 $\phi=48°$，内聚力 $C=20\text{MPa}$，岩体受围压 $\sigma_2=\sigma_3=10\text{MPa}$，最大主应力 $\sigma_1=45\text{MPa}$。当结构面法线与 σ_1 方向的夹角为45°时，岩体是否会沿结构面破坏？

4-10　岩体与岩石的变形有何异同？

4-11　岩体的变形参数确定方法有哪些？

4-12　在岩体的变形试验中，承压板法、钻孔变形法和夹缝法各有哪些优缺点？

4-13　岩体变形曲线可分为几类，各类岩体变形曲线有何特点？

4-14　什么是岩体的变形模量，与弹性模量有什么不同，确定岩体变形模量的方法通常有哪些？

4-15　试分析岩体在多次循环荷载作用下，典型法向应力-应变曲线的特点。

4-16　在一次岩体地震波试验中，测得压缩波与剪切波的波速分别为4500m/s、2500m/s。假定岩体的重度为25.6kN/m³，试计算 E_d、μ_d。

4-17　简述通过弹性波在岩块和岩体中的传播速度来估计岩体强度的原理和方法。

4-18　简述水在岩体中的作用和影响岩体水力学特性的重要因素。

4-19　应力如何影响岩体渗透性能？

4-20　简述岩体渗流应力分析中的基本假设和基本理论。

5 工程岩体分级

5.1 概　　述

通过前面几章的学习，对岩石和岩体的基本物理力学性质有了一定的了解。工程岩体（Engineering Rock Mass）就是岩石工程影响范围内的岩体，其包括地下工程岩体、工业与民用建筑地基、大坝基岩、边坡岩体等。知道岩体作为地质介质，在形成过程中和长期地质作用下，产生了不同的结构形式和各种节理面，使得岩体种类繁多、结构复杂。对具体的岩体工程来说，会遇到很多问题，比如：在掌握工程地质的资料下，对岩体还要进行多少次实验；如何评价岩体对工程的影响；从哪几方面综合评价岩体的质量等。

对岩体工程而言，影响岩体质量及其稳定性的因素很多。即使同一岩体，由于不同条件下的岩体物理力学性质复杂多变，不同岩性与物理力学性质的岩体施工与支护参数各异，因此对其有不同的要求及评价。同类岩体施工和支护参数具有相互参考和借鉴性，正确及时评价工程岩体稳定性，是安全高效完成岩体工程的必要条件，再加上传统评价方式方法耗时费力、成本过高（数值计算、物理模型试验、地质勘查和岩石力学试验）。因此，工程岩体分类的目的在于：一方面是对工程岩体质量的优劣给予区分和定性评价；另一方面是为岩石工程的勘察、设计、施工造价提供依据。

工程岩体分级（Engineering Rock Mass Classification）是在工程地质分组的基础上，通过岩体一些简单、易于实测的指标，将工程地质条件与岩体参数联系起来，并借鉴现有的经验，对岩体进行分类。目前常见的分级方法有：岩石 *RQD* 分级，该分级根据修正的岩心采取率，评价岩体中结构面的发育程度，评价岩体的完整性；巴顿（Barton）的 *Q* 分类，该分级适用于隧道工程的岩体分级；岩体地质力学分级（*CSIR*），又称（*RMR*）分级；岩体 *BQ* 分级。

5.2 按岩石质量指标进行分级

RQD（Rock Quality Designation）是以修正的岩心采取率来确定的。岩心采取率是采取岩心总长度与钻孔长度之比；*RQD* 是选用坚固完整的、其长度等于或大于 10cm 的岩心总长度之比，其计算公式为：

$$RQD = \frac{\sum_{i=1}^{n} L_i}{L} \times 100\% \tag{5-1}$$

式中　L_i——单节岩心的长度（≥10cm）；

　　L——钻孔在同一岩层中的总长度。

工程实践表明，*RQD* 是比岩心采取率更好的指标。根据它与岩石质量之间的关系，

可按 *RQD* 值的大小来描述岩石的质量，见表 5-1。

表 5-1 按 *RQD* 大小进行的工程岩体分级

类 别	*RQD*/%	工 程 分 级
Ⅰ	90~100	极好
Ⅱ	75~90	好
Ⅲ	50~75	中等
Ⅳ	25~50	差
Ⅴ	0~25	极差

RQD 没有考虑岩体中结构面性质的影响，也没有考虑岩块性质的影响及这些因素的综合效应。因此，仅运用这一指标，往往不能全面反映岩体的质量。

5.3 按岩体地质力学进行分级

岩体的地质力学分级是由南非科学和工业研究委员会（Council for Scientific and Industrial Research）宾尼亚夫斯基（Bieniawski）于 20 世纪 70 年代初提出的，即用 *CSIR* 分类指标值 *RMR*（Rock Mass Rating）作为衡量工程质量的综合特征值。岩体的 *RMR* 值取决于 5 个通用参数和 1 个修正参数，即岩块强度（R_1）、*RQD* 值（R_2）、节理间距（R_3）、节理条件（R_4）和地下水（R_5）。其计算公式为：

$$RMR = R_1 + R_2 + R_3 + R_4 + R_5 \tag{5-2}$$

在进行分级时，由各种指标的数值按表 5-2 的标准评分，求和得总分 *RMR* 值，然后按表 5-2 的规定对总分做适当的修正。最后用修正的总分对照表求得所研究岩体的类别及相应的无支护地下工程的自稳定时间和岩体强度指标（C，ϕ）值。

表 5-2 岩体地质力学分类参数及其 *RMR* 评分值

分类参数			数值范围						
1	完整岩石强度	点荷载强度	>10	4~10	2~4	1~2	对强度较低的岩石宜用单轴抗压强度		
		单轴抗压强度	>250	100~250	50~100	25~50	5~25	1~5	<1
	评分值		15	12	7	4	2	1	0
2	岩石质量指标 *RQD*/%		90~100	75~90	50~75	25~50	<25		
	评分值		20	17	13	8	3		
3	节理间距/cm		>200	60~200	20~60	6~20	<6		
	评分值		20	15	10	8	5		
4	节理条件		节理面很粗糙，节理面不连续，节理面宽度为零，节理面岩石坚硬	节理面稍粗糙，宽度小于 1mm，节理面岩石坚硬	节理面稍粗糙，宽度小于 1mm，节理面岩石较弱	节理面光滑或含厚度小于 5mm 的软弱夹层，张开度 1~5mm，节理连续	含厚度大于 5mm 的软弱夹层，张开度大于 5mm，节理连续		
	评分值		30	25	20	10	0		

续表 5-2

分类参数			数值范围				
5	地下水条件	每 10m 长的隧道涌水 /L·min^{-1}	0	<10	10~25	25~125	>125
		节理水压力/最大主应力	0	0.1	0.1~0.2	0.2~0.5	>0.5
		一般条件	完全干燥	潮湿	只有湿气（有裂隙水）	中等水压	水的问题严重
	评分值		15	10	7	4	0

按表 5-3 依照节理方位对岩石稳定是否有利进行适应修正，其修正条款可参照表 5-5 进行划分。最后，用修正后的岩体质量总分 *RMR* 值，对照表 5-4 查得岩体类别及相应的不支护地下开挖的自稳时间以及岩体强度指标（ϕ）。由表 5-2 可知，*RMR* 值在 0~100 变化，根据 *RMR* 值可将岩体分为 5 级。

表 5-3 岩体地质力学（按节理方向修正评分值）

节理走向或倾向		非常有利	有利	一般	不利	非常不利
评分制	隧道	0	-2	-5	-10	-12
	地基	0	-2	-7	-15	-25
	边坡	0	-5	-25	-50	-60

表 5-4 岩体地质力学（按总评分确定的岩体级别及岩体质量评价）

评分值	100~81	80~61	60~41	40~21	<20
分级	Ⅰ	Ⅱ	Ⅲ	Ⅳ	Ⅴ
质量描述	非常好的岩体	好岩体	一般岩体	差岩体	非常差的岩体
平均稳定时间	15m 跨度，20a	10m 跨度，1a	5m 跨度，7d	2.5m 跨度，7d	1m 跨度，30min
岩体内聚力/kPa	>400	300~400	200~300	100~200	<100
岩体内摩擦角/(°)	>45	35~45	25~35	15~25	<15

表 5-5 节理走向和倾角对隧道开挖的影响

走向与隧道轴线垂直				走向与隧道轴线平行		与走向无关
沿倾向掘进		反倾向掘进		倾角 20°~45°	倾角 45°~90°	倾角 0°~20°
倾角 45°~90°	倾角 20°~45°	倾角 45°~90°	倾角 20°~45°			
非常有利	有利	一般	不利	一般	非常不利	不利

CSIR 分级原为解决坚硬节理岩体浅埋隧道工程而发展起来的，从现场应用来看，使用较简便，大多数场合岩体评分值（*RMR*）都有用，但是 *RMR* 分级不适于强烈挤压破碎岩体、膨胀岩体和极软弱岩体。

5.4 巴顿岩体质量分级（Q 系统法）

巴顿（Barton，1974）等人在分析 212 个隧道实例的基础上提出了岩体质量指标 Q 值，对岩体进行分级。其计算公式为：

$$Q = \frac{RQD}{J_n}\frac{J_r}{J_a}\frac{J_w}{SRF} \tag{5-3}$$

式中 RQD——岩石质量指标；

J_n——节理组数；

J_r——节理粗糙度系数；

J_a——节理蚀变系数；

J_w——节理水折减系数；

SRF——应力折减系数。

式(5-3)中 6 个参数的组合，反映了岩体质量的 3 个方面。RQD/J_n 表示岩体的完整性；J_r/J_a 表示节理面的形态、填充物特征及其次生变化程度；J_w/SRF 表示水与其他应力存在时对岩体质量的影响。J_n、J_r、J_a、J_w、SRF 的取值分别见表 5-6~表 5-10，岩体质量 Q 值分类见表 5-11。

表 5-6 J_n 取值

完整岩体（没有或极少节理）	1 组节理	1 组节理和一些不规则节理	2 组节理	2 组节理和一些不规则节理	3 组节理	3 组节理和一些不规则节理	4 组或多于 4 组节理，不规则的严重节理化立方体	碎裂岩石
0.5~1.0	2	3	4	6	9	12	15	20

表 5-7 J_r 取值

受剪出现 10cm 位移前，节理面接触受剪情况下节理面不接触								
不连续的节理	粗糙且不规则或波状的节理	光滑波状的节理	有光滑面波状的节理	粗糙或者不规则平直的节理	光滑平直的节理	有光滑面平直的节理	节理之间有黏土状物质阻止节理面相接触	节理之间有沙或碎石阻止节理面相接触
4	3	2	1.5	1.5	1.0	0.5	1.0	1.0

表 5-8 J_a 取值

节理组接触面良好					节理受剪面存在 10cm 位移前且节理面相接触				
节理紧密接触未软化，无渗透性充填物	节理面无蚀变，仅有色变	节理面轻微蚀变	泥质或砂质包层，黏土碎屑	软化的或低摩擦的矿物包层	砂质颗粒、无黏土及岩石碎屑	强超固结、非软化黏土矿化充填物	中等或低超固结黏土矿化充填物	膨胀黏土充填物	受剪情况下节理面不接触破碎带
0.75	1.0	2.0	3.0	4.0	4.0	6.0	8.0	8.0~12.0	6.0

表 5-9 J_w取值

地下水条件	水头/m	J_w
干燥或有 5L/min 局部节理地下水流入	<10	1.00
中等程度流入量，节理充填物局部冲蚀	10~25	0.66
在未充填的节理中有较大流入量	25~100	0.50
较大流入量，伴有节理充填物的明显冲蚀	25~100	0.33
极大量地下水流入，随时间推移出现风化	>100	0.20~0.10
极大地、不间断地涌入而无明显风化	>100	0.10~0.05

表 5-10 *SRF* 取值

序号	大 类	子 类	*SRF*
A	弱区交叉开挖，巷道开挖时引起松散岩体冒落	含有黏土或因化学作用碎解岩石的多组破碎带（在任意深度围岩非常松散）	10
		含有黏土或因化学作用碎解岩石的一组破碎带（埋深小于 50m）	5
		含有黏土或因化学作用碎解岩石的一组破碎带（埋深大于 50m）	2.5
		稳固岩石（无黏土）中多组剪切带（在任意深度围岩非常松散）	7.5
		稳固岩石（无黏土）中一组剪切带（埋深小于 50m）	5.0
		稳固岩石（无黏土）中一组剪切带（埋深大于 50m）	2.5
		松散的张节理，严重节理化或结晶体等（任意深度）	5.0
B	完整岩体、围岩应力问题	低应力，靠近地表	2.5
		中等应力	1.0
		高应力，极密集的构造（通常对稳定有利，但可能对侧墙稳定不利）	0.5~2
		轻微岩爆（整体岩石）	5~10
		剧烈岩爆（整体岩石）	10~15
C	挤压岩石，在高围岩应力作用下致密岩石中有塑性流动	轻微挤压岩石压力	5~10
		强烈挤压岩石压力	10~20
D	膨胀岩石，由水压诱发的化学膨胀活动	轻微膨胀岩石压力	5~10
		剧烈膨胀岩石压力	10~20

表 5-11 岩体质量 Q 值分级

Q 值	<0.01	0.01~0.1	0.1~1.0	1.0~4.0	4.0~10	10~40	40~100	100~400	>400
岩石质量描述	特别坏	极坏	坏	不良	中等	好	良好	极好	特别好
岩体类型	异常坏	极差	很差	差	一般	好	很好	极好	异常好

Q 分级方法考虑的地质因素全面，而且把定性分析和定量评价结合起来了，因此是目前比较好的分级方法。该方法对于软、硬岩体均适用。

另外，Bieniawski 在大量实测统计的基础上，发现 Q 值与 RMR 值具有如下统计关系：

$$RMR = 9\ln Q + 44 \tag{5-4}$$

霍克和布朗（1980）还提出用 Q 值和 RMR 值来估算岩体的强度参数和变形参数。

5.5 岩体 BQ 分级

岩体基本质量（Rock Mass Basic Quality）是岩体所固有的影响工程岩体稳定性的最基本属性，由岩石坚硬程度和岩体完整程度两个因素确定。国标《工程岩体分级标准》（GB 50218—2014）提出采用二级分级法：首先，按岩体的基本质量指标 BQ 进行初步分级；然后，针对各类工程岩体的特点，考虑其他因素的影响，如天然应力、地下水和结构面方位等对 BQ 进行修正，再按修正后的［BQ］进行详细分级。岩石基本质量指标 BQ 可表示为：

$$BQ = 100 + 3R_{cw} + 250K_v \tag{5-5}$$

式中 R_{cw}——岩块饱和单轴抗压强度，MPa；

K_v——岩体完整性系数。

在使用式（5-5）时，必须遵守下列条件：

（1）当 $R_{cw}>90K_v+30R_{cw}$时，以 $R_{cw}=90K_v+30R_{cw}$代入该式；

（2）当 $K_v>0.04R_{cw}+0.4$ 时，以 $K_v=0.04R_{cw}+0.4$ 代入该式。

按 BQ 值和岩体质量定性特征将岩体划分为 5 级，见表 5-12。

表 5-12 岩体质量分级

基本质量级别	岩体质量的定性特征	岩体基本质量指标（BQ）
Ⅰ	坚硬岩，岩体完整	>550
Ⅱ	坚硬岩，岩体较完整 较坚硬岩，岩体完整	550~451
Ⅲ	坚硬岩，岩体完整坚硬岩，岩体较破碎 较坚硬岩或软、硬岩互层，岩体较完整 较软岩，岩体完整	450~351
Ⅳ	坚硬岩，岩体破碎 较坚硬岩，岩体较破碎或破碎 较软岩，岩体较完整或较破碎 软岩，岩体完整或较完整	350~251
Ⅴ	较软岩，岩体破碎 软岩，岩体较破碎或破碎 全部极软岩及全部极破碎岩	<250

工程岩体的稳定性，除与岩体基本质量的好坏有关外，还受地下水、主要软弱结构面、初始地应力场的影响。结合工程特点，考虑各种影响因素来修正岩体基本质量指标 BQ 值，修正后的［BQ］可作为不同工程岩体分级的定量依据。

岩体基本质量指标修正值［BQ］的计算公式为：

$$[BQ] = BQ - 100(K_1 + K_2 + K_3) \tag{5-6}$$

式中，K_1、K_2、K_3分别为地下水影响、主要软弱结构面影响、天然应力影响的修正系数。各系数由表 5-13～表 5-15 确定。无表中所列情况时，修正系数取零。

表 5-13　地下水修正系数 K_1

BQ		>450	450～351	350～251	<250
地下出水状态	潮湿或点滴出水	0	0.1	0.2～0.3	0.4～0.6
	淋雨状或涌流状出水，水压小于等于 0.1MPa 或单位出水量≤10L/(min·m)	0.1	0.2～0.3	0.4～0.6	0.7～0.9
	淋雨状或涌流状出水，水压大于 0.1MPa 或单位出水量>10L/(min·m)	0.2	0.4～0.6	0.7～0.9	1.0

表 5-14　主要软弱结构面产状影响修正系 K_2

结构面产状及其与洞轴线的组合关系	结构面走向与洞轴线夹角小于 30°；结构面倾角 30°～75°	结构面走向与洞轴线夹角小于 30°；结构面倾角大于 75°	其他组合
K_2	0.4～0.6	0～0.2	0.2～0.4

表 5-15　初始应力状态影响修正系数 K_3

BQ		>550	550～451	450～351	350～251	<250
初始应力状态	极高应力区	1.0	1.0	1.0～1.5	1.0～1.5	1.0
	高应力区	0.5	0.5	0.5	0.5～1.0	0.5～1.0

根据修正值［*BQ*］的工程岩体分级仍按岩体质量分级表格进行。

另外，对于边坡岩体和地基岩体的分级，由于目前研究较少，如何修正 *BQ* 值，标准中未做硬性规定。一般来说，对边坡岩体应按坡高、地下水、结构面方位等因素进行修正，因此可参照以上地下洞室围岩分级方法进行。而对于地基岩体，由于载荷较为简单，且影响深度不大，因此可直接用岩体基本质量指标 *BQ* 进行分级。

习　题

5-1　简述工程岩体分类的目的。

5-2　简述岩石质量指标 *RQD* 的定义及评价方法。

5-3　简述巴顿（Barton）的 *Q* 分类采用了哪些参数，以及它们代表的含义。

5-4　简述 *CSIR* 分类法中岩石的分类指标值采用了哪些参数。

5-5　工程岩体分类的方法有哪些，其优缺点是什么？

5-6　某回次钻探试验总长 1m，各岩心长度分别为 12cm、8cm、25cm、40cm、9cm。计算该岩石质量指标 *RQD*。

5-7　勘探某地下工程岩体后得到如下资料：单轴饱和抗压强度 R_c = 43MPa，岩石较坚硬，但岩体较破碎，岩体的完整系数 $K_v=0.66$；工作面潮湿，有的地方出现点滴出水状态；有一组结构面，其走向与巷道轴线夹角大约为23°、倾角为40°；没有发现极高应力现象。按照我国工程岩体分级标准（GB/T 50218—2014），该岩体基本质量级别和考虑工程基本情况后的级别分别为（　　）。

A. Ⅲ级和Ⅲ级　　B. Ⅳ级和Ⅳ级　　C. Ⅲ级和Ⅵ级　　D. Ⅵ级和Ⅲ级

6 岩体地应力及其测量方法

岩体的地应力是指岩体在天然状态下所存在的内在应力。岩体介质有许多有别于其他介质的重要特性，由岩体的自重和历史上地壳构造运动引起并残留至今的构造应力等因素导致岩体具有初始应力（简称地应力）是最具特色的性质之一。

就岩体工程而言，若不考虑岩体地应力这一因素，就难以进行合理的分析，得出符合实际的结论。地下空间的开挖必然使围岩应力场和变形场重新分布，并引起围岩损伤，严重时导致失稳、坍塌和破坏。这都是由于在具有初始地应力场的岩体中进行开挖所致，因为这种开挖"荷载"通常是地下工程问题中的重要荷载。由此可见，如何测定和评估岩体的地应力，如何合理模拟工程区域的初始地应力，以及如何合理计算工程中的开挖"荷载"，是岩石力学与工程中不可回避的问题。

在高地应力地区，开挖后常会出现岩爆、洞壁剥离、钻孔缩径等地质灾害。因此，研究岩体的初始应力状态，就是为了确定开挖过程中岩体的应力变化，合理设计岩体工程的支护结构和措施。

6.1 地应力的成因和组成

6.1.1 地应力的成因

人们认识地应力还只是近百年的事。1878 年，瑞士地质学家 A. 海姆（A. Heim）首次提出了地应力的概念，并假定地应力是一种静水应力状态，即地壳中任意一点的应力在各个方向上均等，且等于单位面积上覆岩的重量。其计算公式为：

$$\sigma_h = \sigma_v = \gamma H \tag{6-1}$$

式中 σ_h——水平应力，Pa；

σ_v——垂直应力，Pa；

γ——上覆岩层平均重力密度，N/m^3；

H——深度，m。

1926 年，苏联学者 A. H. 金尼克修正了海姆的静水压力假设，认为地壳中各点的垂直应力等于上覆岩层的重量 $\sigma_v=\gamma H$，而侧向应力（水平应力）是泊松效应的结果，即：

$$\sigma_h = \frac{\mu}{1-\mu}\gamma H \tag{6-2}$$

式中 μ——上覆岩层的泊松比。

同期的其他一些人主要关心的也是如何用一些数学公式来定量地计算地应力的大小，并且也都认为地应力只与重力有关（即以垂直应力为主）。他们的不同点在于侧压系数的不同。然而，许多地质现象（如断裂、褶皱等）均表明地壳中水平应力的存在。早在 20

世纪20年代，我国地质学家李四光就指出：“在构造应力的作用仅影响地壳上层一定厚度的情况下，水平应力分量的重要性远远超过垂直应力分量。”

1958年，瑞典工程师N. 哈斯特（N. Hast）首先在斯堪的纳维亚半岛进行了地应力测量的工作，并发现存在于地壳上部的最大主应力几乎处处是水平或接近水平的，而且最大水平主应力一般为垂直应力的1~2倍以上；在某些地表处，测得的最大水平应力高达7MPa。他的发现从根本上动摇了地应力是静水压力的理论和以垂直应力为主的观点。

产生地应力的原因是十分复杂的。30多年来的实测和理论分析表明，地应力的形成主要与地球的各种动力运动过程有关，其中包括板块边界受压、地幔热对流、地球内应力、地心引力、地球旋转、岩浆侵入和地壳非均匀扩容等。另外，温度不均、水压梯度、地表剥蚀或其他物理化学变化等也可引起相应的应力场。其中，构造应力场和自重应力场为现今地应力场的主要组成部分。

6.1.1.1 大陆板块边界受压引起的应力场

中国大陆板块受到外部两块板块的推挤（即印度洋板块和太平洋板块的推挤），推挤速度为每年数厘米，同时受到了西伯利亚板块和菲律宾板块的约束。在这样的边界条件下，板块发生变形，产生水平受压应力场。印度洋板块和太平洋板块的移动促成了中国山脉的形成，控制了我国地震的分布。

6.1.1.2 地幔热对流引起的应力场

由硅镁质组成的地幔温度很高，其具有可塑性，并可以上下对流和蠕动。地幔深处的上升流到达地幔顶部时，就分为二股方向相反的平流，经一定流程直到与另一对流圈的反向平流相遇，一起转为下降流，回到地球深处，形成一个封闭的循环体系。地幔热对流引起地壳下面的水平切向应力。

6.1.1.3 由地心引力引起的应力场

由地心引力引起的应力场称为自重应力场。自重应力场是各种应力场中唯一能够计算的应力场，地壳中任一点的自重应力等于单位面积上覆岩层的重量。

自重应力为垂直方向应力，它是地壳中所有各点垂直应力的主要组成部分。但是垂直应力一般并不完全等于自重应力，这是因为板块移动等其他因素也会引起垂直方向应力变化。

6.1.1.4 岩浆侵入引起的应力场

岩浆侵入挤压、冷凝收缩和成岩，均在周围地层中产生相应的应力场，其过程也是相当复杂的。熔融状态的岩浆处于静水压力状态，对其周围施加的是各个方向相等的均匀压力，但是炽热的岩浆侵入后则逐渐冷凝收缩，并从接触界面处逐渐向内部发展。不同的热膨胀系数和热力学过程会使侵入岩浆自身及其周围岩体应力产生复杂的变化过程。

与上述三种应力场不同，由岩浆侵入引起的应力场是一种局部应力场。

6.1.1.5 地温梯度引起的应力场

地层的温度随着深度的增加而升高。温度梯度引起地层中不同深度产生相应膨胀，从而引起地层中的正应力，其值可达相同深度自重应力的数分之一。

另外，岩体局部寒热不均，产生收缩和膨胀，也会导致岩体内部产生局部应力场。

6.1.1.6 地表剥蚀产生的应力场

地壳上升部分的岩体因风化、侵蚀和雨水冲刷搬运而产生剥蚀作用。剥蚀后，岩体内颗粒结构的变化以及应力松弛赶不上这种变化，导致岩体内仍然存在，比由地层厚度所引起的自重应力还要大得多。因此，在某些地区，大的水平应力除与构造应力有关外，还与地表剥蚀有关。

6.1.2 自重应力和构造应力

对上述地应力的组成成分进行分析，依据促成岩体中初始地应力的主要因素，可以将岩体中初始地应力场划分为两大组成部分，即自重应力场和构造应力场。二者叠加起来便构成岩体中初始地应力场的主体。

6.1.2.1 岩体的自重应力

地壳上部各种岩体由于受地心引力的作用而引起的应力称为自重应力，也就是说，自重应力是由岩体的自重引起的。岩体自重作用可产生垂直应力，由岩体的泊松效应和流变效应也会产生水平应力。研究岩体的自重应力时，一般把岩体视为均匀、连续且各向同性的弹性体，因而可以引用连续介质力学原理来探讨岩体的自重应力问题。将岩体视为半无限体，即上部以地表为界，下部及水平方向均无界限，那么岩体中某点的自重应力可按以下方法求得。

设在距地表深度为 H 处取一单元体，如图 6-1 所示，岩体自重在地下深为 H 处产生的垂直应力 σ_v 为单元体上覆岩体的重量。其计算公式为：

$$\sigma_v = \gamma H \tag{6-3}$$

若把岩体视为各向同性的弹性体，因为岩体单元在各个方向都受到与其相邻岩体的约束，所以不可能产生横向变形，即 $\varepsilon_x = \varepsilon_y = 0$。而相邻岩体的阻挡就相当于对单元体施加了侧向应力 σ_x 和 σ_y，考虑广义虎克定律，则有：

$$\begin{cases} \varepsilon_x = \dfrac{1}{E}[\sigma_x - \mu(\sigma_y + \sigma_z)] = 0 \\ \varepsilon_y = \dfrac{1}{E}[\sigma_y - \mu(\sigma_z + \sigma_x)] = 0 \end{cases} \tag{6-4}$$

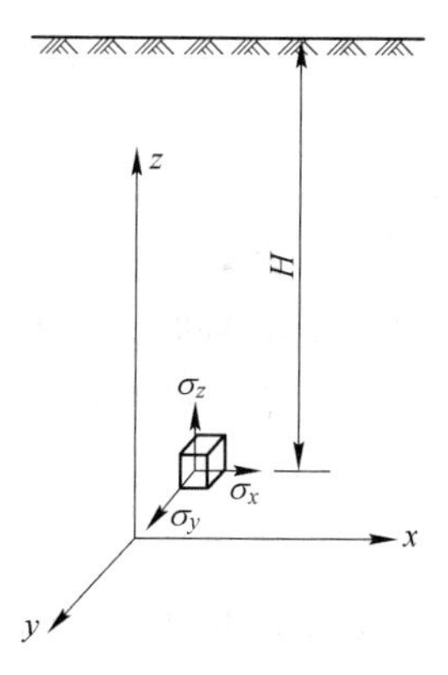

图 6-1　岩体自重垂直应力

由此可得：

$$\sigma_x = \sigma_y = \frac{\mu}{1-\mu}\sigma_z = \frac{\mu}{1-\mu}\gamma H \tag{6-5}$$

式中　E——岩体的弹性模量；

μ——岩体的泊松比。

令 $\lambda = \mu/(1-\mu)$，则有：

$$\begin{cases} \sigma_z = \gamma H \\ \sigma_x = \sigma_y = \lambda\sigma_z \\ \tau_{xy} = 0 \end{cases} \tag{6-6}$$

式中，λ 为侧压力系数，其是指某点的水平应力与该点垂直应力的比值。

若岩体由多层不同重力密度的岩层所组成（见图 6-2）。各岩层的厚度为 $h_i(i = 1, 2, \cdots, n)$，重度为 $\gamma_i(i = 1, 2, \cdots, n)$，泊松比为 $\mu_i(i = 1, 2, \cdots, n)$，则第 n 层底面

岩体的自重初始应力为：

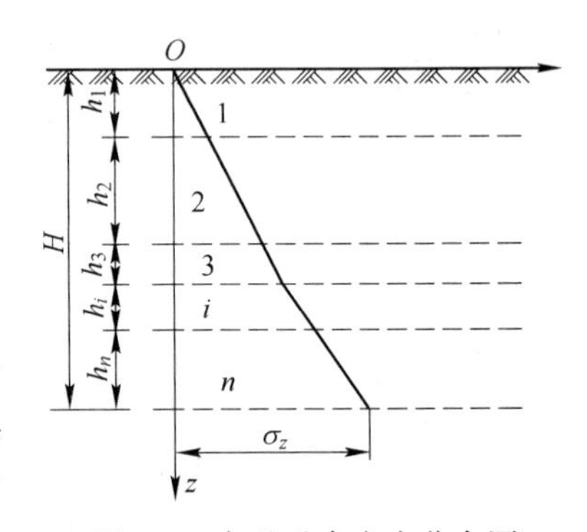

图 6-2　自重垂直应力分布图

$$\begin{cases} \sigma_z = \sum_{i=1}^{n} \gamma_i h_i \\ \sigma_x = \sigma_y = \lambda_n \sigma_z = \dfrac{\mu_n}{1-\mu_n} \sum_{i=1}^{n} \gamma_i h_i \end{cases} \tag{6-7}$$

一般岩体的泊松比 μ 为 0.2～0.35，故侧压系数 λ 通常都小于 1，因此在岩体自重应力场中，垂直应力 σ_z 和水平应力 σ_x、σ_y 都是主应力，σ_x 约为 σ_z 的 25%～54%。只有岩石处于塑性状态时，λ 值才增大。当 $\mu=0.5$、$\lambda=1$ 时，它表示侧向水平应力与垂直应力相等（$\sigma_x=\sigma_y=\sigma_z$），即所谓的静水应力状态（海姆假说）。海姆认为岩石长期受重力作用产生塑性变形，甚至在深度不大时也会发展成各向应力相等的隐塑性状态。在地壳深处，其温度随深度的增加而加大，温变梯度为 30℃/km。在高温高压下，坚硬的脆性岩石也将逐渐转变为塑性状态。据估算，此深度应在距地表 10km 以下。

6.1.2.2　构造应力

地壳形成之后，在漫长的地质年代中，历次构造运动下，有的地方隆起，有的地方下沉，这说明在地壳中长期存在着一种促使构造运动发生和发展的内在力量（这就是构造应力）。构造应力在空间有规律的分布状态称为构造应力场。

目前，世界上测定原岩应力最深的测点已达 5000m，但多数测点的深度在 1000m 左右。从测出的数据来看很不均匀，有的点最大主应力在水平方向，且较垂直应力大很多；有的点垂直应力就是最大主应力；有的点最大主应力方向与水平面形成一定的倾角。这说明最大主应力方向是随地区而变化的。

近代地质力学的观点认为，在全球范围内构造应力的总规律是以水平应力为主。我国地质学家李四光认为，因地球自转角度的变化而产生地壳水平方向的运动是造成构造应力以水平应力为主的重要原因。

6.2　地应力场的分布规律

自 50 年代初期起，许多国家先后开展了岩体天然应力绝对值的实测研究，至今已经积累了大量的实测资料。本节从工程观点出发，根据收集到的岩体应力的实测资料，对地壳表层岩体天然应力的基本特征进行讨论。

6.2.1　岩体中的垂直天然应力

应力实测结果表明，绝大部分地区的垂直天然应力 σ_v 大致等于按平均密度 $\rho=2.7\text{g/cm}^3$ 计算出来上覆岩体的自重，如图 6-3 所示。但是，在某些现代上升地区（例如位于法国和意大利之间的勃朗峰、乌克兰的顿涅茨盆地），均测到了 σ_v 显著大于上覆岩体自重的结果（$\sigma_v/\rho gZ \approx 1.2\sim7.0$，$Z$ 为测点距地面的深度）。而在俄罗斯阿尔泰区兹良诺夫矿区测得的铅直方向上的应力，则比自重小得多，甚至有时为张应力。这种情况的出现，大都与目前正在进行的构造运动有关。

垂直天然应力 σ_v 常是岩体中天然主应力之一。与单纯的自重应力场不同的是，在岩体天然应力场中，σ_v 大都是最小主应力，少数为最大或中间主应力。例如，在斯堪的纳维亚半岛的前寒武纪岩体、北美地台的加拿大地盾、乌克兰的希宾地块以及其他地区的结晶基底岩体中，σ_v 基本上是最小主应力；而在斯堪的纳维亚岩体中测得的 σ_v 值，却大都是最大主应力。此外，由于侧向侵蚀卸荷作用，在河谷谷坡附近及单薄的山体部分，常可测得 σ_v 为最大主应力的应力状态。

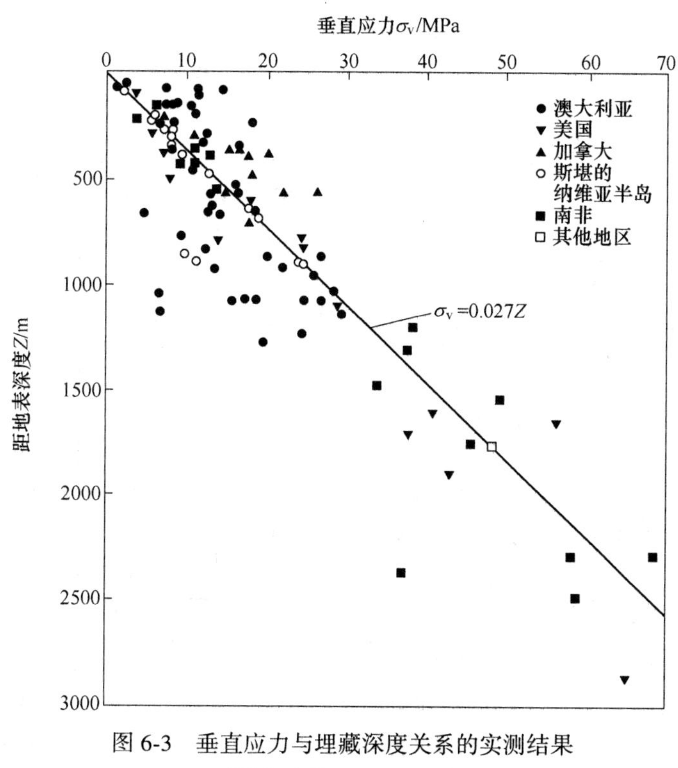

图 6-3 垂直应力与埋藏深度关系的实测结果
（据 Hoek 和 Brown，1981）

6.2.2 岩体中的水平天然应力

岩体中水平天然应力的分布和变化规律，是一个比较复杂的问题。根据已有实测结果分析，岩体中水平天然应力主要受地区现代构造应力场的控制，同时还受到岩体自重、侵蚀所导致的天然卸荷作用、现代构造断裂运动、应力调整和释放以及岩体力学性质等因素的影响。根据世界各地的天然应力量测成果，岩体中天然水平应力可以概括为如下特点：

（1）岩体中天然应力以压应力为主，出现拉力者甚少，且多具局部性质。值得注意的是，在通常被视为现代地壳张力带的大西洋中脊轴线附近的冰岛，哈斯特已于距地表 4~65m 深处，测得水平天然应力为压应力。

（2）大部分岩体中的水平应力大于垂直应力，特别是在前寒武纪结晶岩体中，以及山麓附近和河谷谷底的岩体中，这一特点更为突出。如 σ_{hmax} 和 σ_{hmin} 分别代表岩体内最大和最小水平主应力，而在古老结晶岩体中，普遍存在的 $\sigma_{hmax}>\sigma_{hmin}>\sigma_v=\rho gZ$ 规律，比如芬兰斯堪的纳维亚的前寒武纪岩体、乌克兰的希宾地块和加拿大地盾等处岩体均有上述规律。在另外一些情况下，则有 $\sigma_{hmax}>\sigma_{v}$，而 σ_{hmin} 却不一定都大于 σ_{v}，也就是说，还存在着 $\sigma_{hmin}<\sigma_{v}$ 的情况。

（3）岩体中两个水平应力 σ_{hmax} 和 σ_{hmin} 通常都不相等。一般来说。$\sigma_{hmin}/\sigma_{hmax}$ 比值随地区不同而变化（0.2~0.8）。例如，在芬兰斯堪的纳维亚大陆的前寒武纪岩体中，比值为 0.3~0.75；在我国华北地区不同时代岩体中应力量测结果（见表 6-1）表明，最小水平应力与最大水平应力比值的变化为 0.15~0.78。这说明岩体中水平应力具有强烈的方向性和各向异性。

表 6-1　华北地区地应力绝对值测量结果

测量地点	测量时间	岩性及时代	最大水平主应力/MPa	最小水平主应力/MPa	最大主应力方向	$\frac{\sigma_{hmin}}{\sigma_{hmax}}$
隆尧茅山	1966 年 10 月	寒武系鲕状灰岩	7.7	4.2	NW54°	0.55
顺义吴雄寺	1971 年 6 月	奥陶系灰岩	3.1	1.8	NW75°	0.58
顺义庞山	1973 年 11 月	奥陶系灰岩	0.4	0.2	NW58°	0.50
顺义吴雄寺	1973 年 11 月	奥陶系灰岩	2.6	0.4	NW73°	0.15
北京温泉	1974 年 8 月	奥陶系灰岩	3.6	2.2	NW65°	0.67
北京昌平	1974 年 10 月	震旦系灰岩	1.2	0.8	NW75°	0.67
北京大长灰	1974 年 11 月	奥陶系灰岩	2.1	0.9	NW35°	0.43
辽宁海城	1975 年 7 月	前震旦系菱镁矿	0.3	5.9	NE87°	0.63
辽宁营口	1975 年 10 月	前震旦系菱镁矿	16.6	10.4	NW84°	0.61
隆尧尧山	1976 年 6 月	寒武系灰岩	3.2	2.1	NE87°	0.66
滦县一孔	1976 年 8 月	奥陶系灰岩	5.8	3.0	NE84°	0.52
滦县二孔	1976 年 9 月	奥陶系灰岩	6.6	3.2	NW89°	0.48
顺义吴雄寺	1976 年 9 月	奥陶系灰岩	3.6	1.7	NW83°	0.47
唐山凤凰山	1976 年 10 月	奥陶系灰岩	2.5	1.7	NW47°	0.68
三河孤山	1976 年 10 月	奥陶系灰岩	2.1	0.5	NW69°	0.24
怀柔坟头村	1976 年 11 月	奥陶系灰岩	4.1	1.1	NW83°	0.27
河北赤城	1977 年 7 月	前寒武系超基性岩	3.3	2.1	NE82°	0.64
顺义吴雄寺	1977 年 7 月	奥陶系灰岩	2.7	2.1	NW75°	0.78

（4）在单薄的山体、谷坡附近以及未受构造变动的岩体中，天然水平应力均小于垂直应力。在很单薄的山体中，甚至可出现水平应力为零的极端情况。

6.2.3 岩体中天然水平应力与垂直应力的比值

岩体中天然水平应力与垂直应力之比称为天然应力比值系数，用 λ 表示。世界各地的天然地应力量测成果表明，绝大多数情况下平均天然水平应力与天然垂直应力的比值为 1.5~10.6。

天然应力比值系数随深度增加而减小。图 6-4 是 Hoek-Brown 根据世界各地天然应力测量结果得出的天然平均水平应力（σ_{hav}）与天然垂直应力（σ_v）比值随深度（Z）的变化曲线。曲线表明，σ_{hav}/σ_v比值有如下规律：

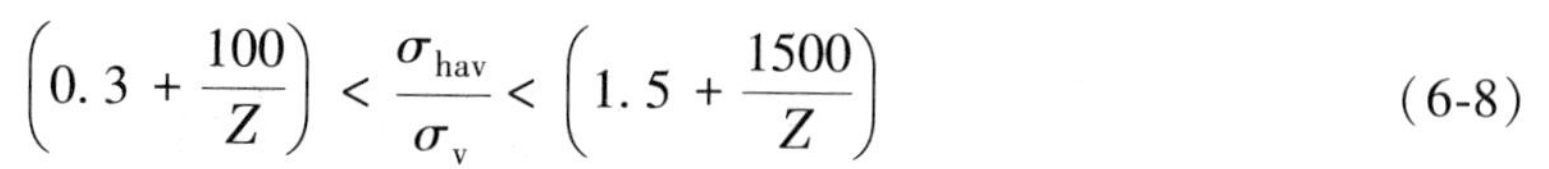

$$\left(0.3+\frac{100}{Z}\right)<\frac{\sigma_{hav}}{\sigma_v}<\left(1.5+\frac{1500}{Z}\right) \tag{6-8}$$

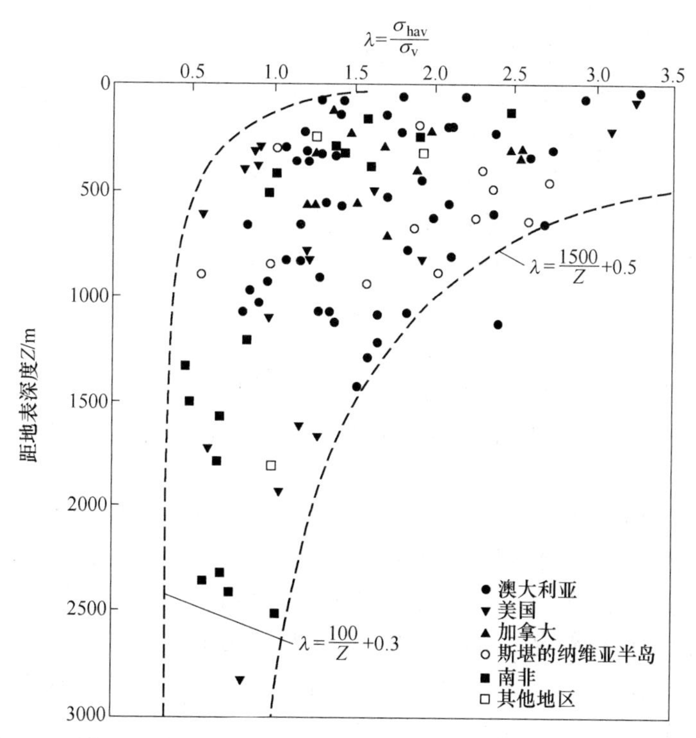

图 6-4 平均天然水平应力与垂直应力之比 λ 和埋藏深度关系的实测结果
（据 Hoek 和 Brown，1981）

6.2.4 天然应力状态

岩体中天然应力一般处于三维应力状态。根据三个主应力轴与水平面的相对位置关系，天然应力场可分为水平应力场与非水平应力场两类。水平应力场的特点是两个主应力轴呈水平或与水平面夹角小于 30°，另一个主应力轴垂直于水平面或与水平面夹角大于（或等于）70°；非水平应力场特点是一个主应力轴与水平面夹角在 45°左右，另外两个主应力轴与水平面夹角在 0°~45°变化。应力量测结果表明，水平应力场在地壳表层分布比较广泛，而非水平应力场仅分布在板块接触带或两地块之间的边界地带。

在水平应力场条件下，两个水平或近似水平方向的应力是两个主应力（或近似主应力）。在这种情况下，岩体垂直平面内没有或仅有很小的垂直剪应力，而存在的数值取决于两水平主应力之差的水平剪应力。当水平剪应力足够大时，岩体就会沿垂直平面发生剪切破坏。哈斯特认为各种行星外壳中正交断裂系统，都是这种水平应力场作用的结果。

在非水平应力场条件下，岩体中垂直平面内存在垂直剪应力，在水平面内存在水平剪应力。根据哈斯特的应力量测资料，芬兰斯堪的纳维亚半岛与大西洋和挪威海相接触地带，以及太平洋与美洲大陆之间的接触地带都存在非水平应力场。哈斯特还认为，非水平应力场和很高的垂直天然剪应力出现在地壳不稳定地区，以及正在发生垂直运动地区。故可推测，目前存在水平应力场的地区，很可能是现今正在发生垂直运动的不稳定地区。

6.3 地应力测量方法

测量岩体应力的目的是了解岩体中存在的应力大小和方向，从而为分析岩体工程中的受力状态以及支护、岩体加固提供依据，同时测量岩体应力也可以用来预报岩体失稳破坏和岩爆的发生。岩体应力测量可以分为岩体初始地应力测量和地下工程应力分布测量，前者是为了测定岩体初始应力场，后者则是为了测定岩体开挖后引起的应力重分布状况。从岩体应力现场测量技术讲，这两者并无原则区别。

地应力测量就是确定存在于拟开挖岩体及其周围区域未受扰动的三维应力状态。岩体中一点的三维应力状态可由选定坐标系中的六个分量（σ_x，σ_y，σ_z，τ_{xy}，τ_{yz}，τ_{zx}）来表示，如图 6-5 所示。由图 6-5 可知，这种坐标系是可以根据需要和方便任意选择的，但一般选取地球坐标系作为测量坐标系。由六个应力分量可求得该点的三个主应力的大小和方向（这是唯一的），在实际测量中，每一测点所涉及的岩石可能从几立方厘米到几千立方米（这取决于采用何种测量方法），但无论多大，对于整个岩体而言，仍可视为一点。虽然也有测定大范围岩体内的平均应力的方法（如超声波等地球物理方法），但这些方法很不准确，因而远没有“点”测量方法普及。由于地应力状态的复杂性和多变性，要比较准确地测定某一地区的地应力，就必须进行充足数量的“点”测量，在此基础上，才能借助数值分析和数理统计、灰色建模、人工智能等方法，进一步描绘出该地区的全部地应力场状态。

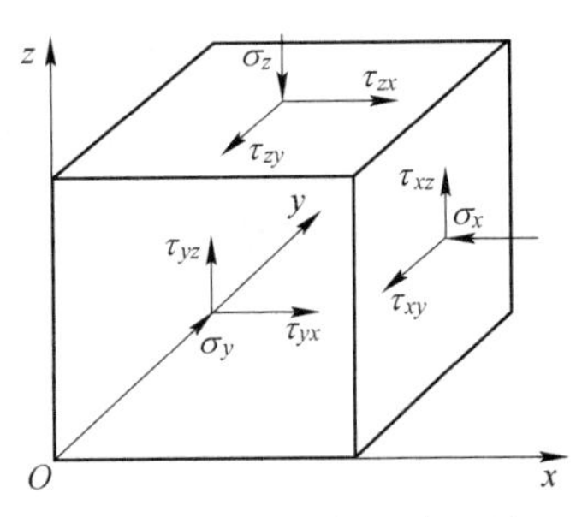

图 6-5 岩体中任一点三维应力状态示意图

为了进行初始地应力测量，通常需要预先开挖一些洞室以便人和设备进入测点。然而，只要洞室一开挖，洞室周围岩体中的应力状态就会受到扰动。一类方法是在洞室表面进行应力测量，然后在计算原始应力状态时，再把洞室开挖引起的扰动作用考虑进去，由于在通常情况下，紧靠洞室表面岩体都会受到不同程度的破坏，因此它们与未受扰动的岩体的物理力学性质有很大不同；同时，洞室开挖对原始应力场的扰动也是十分复杂的，不可能进行精确的分析和计算，所以这类方法得出的初始应力状态往往是不准确的，甚至是完全错误的。另一类方法是从洞室表面向岩体中打小孔，直至初始应力区，地应力测量是在小孔中进行的，由于小孔对初始应力的扰动是可以忽略不计的，这就保证了测量是在初始应力区中进行。目前普遍采用的应力解除法和水压致裂法均属此类方法。

近半个世纪以来，随着地应力测量工作的不断开展，各种测量方法和测量仪器也不断发展，目前各种主要测量方法有数十种之多，而测量仪器则有数百种之多。根据测量原理的不同，可将岩体初始应力测量方法分为应力恢复法、应力解除法、应变恢复法、应变解除法、声发射法、X 射线法、重力法等；也可将岩体初始应力测量方法分为直接测量法和间接测量法。

直接测量法是由测量仪器直接测量和记录各种应力量，并由这些应力量和初始应力的相互关系，通过计算获得初始应力。在计算过程中不涉及不同物理量的换算，不需要知道岩体的物理力学性质和应力-应变关系。水压致裂法、声发射法均属直接测量法。其中，水压致裂法在目前的应用中最为广泛。

间接测量法是借助某些传感元件或介质，测量和记录岩体中某些与初始应力有关的间接物理量的变化（如变形或应变、密度、渗透性、吸水性、电阻和电容、弹性波波速的变化等），然后通过已知公式计算岩体的初始应力。间接测量法必须首先确定岩体的某些物理力学性质及所测物理量和初始应力的相互关系。应力解除法、应变恢复法、应变解除法、X 射线法、重力法等均属间接测量法。其中，应力解除法是目前国内外普遍采用和较为成熟的岩体初始应力测量方法。

6.3.1 水压致裂法

水压致裂法在 20 世纪 50 年代被广泛应用于油田生产，该方法是通过在钻井中制造人工裂隙来提高石油的产量。哈伯特（M. K. Hubbert）和威利斯（D. G. Wlli）在实践中发现了水压致裂裂隙和岩体初始应力之间的关系，这一发现又被费尔赫斯特（C. Fairhurst）和海姆森（B. C. Haimson）用于岩体初始应力的测量。

水压致裂法是通过液压泵向钻孔内拟定测量深度处加液压将孔壁压裂，测定压裂过程中各特征点压力及开裂方位，以此计算测点附近岩体中初始应力大小和方向。图 6-6 为水压致裂法测量系统示意图。

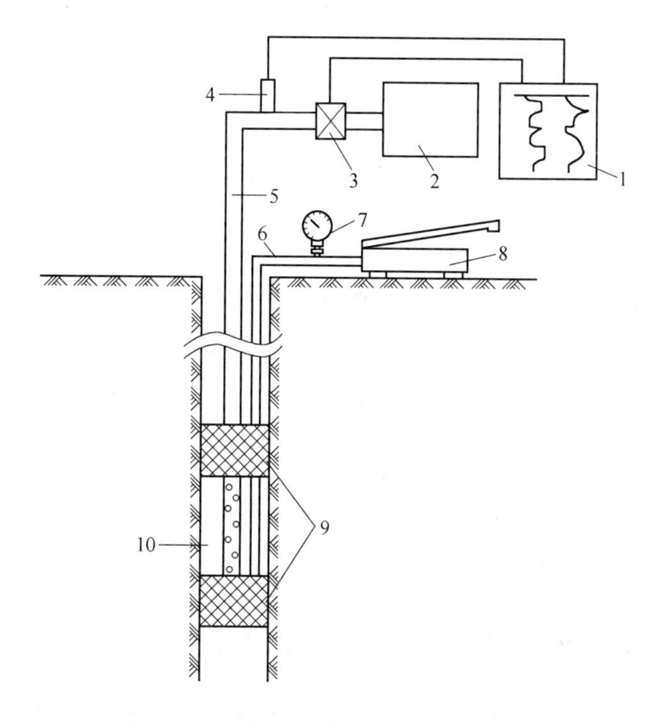

图 6-6 水压致裂法测量系统示意图

1—记录仪；2—高压泵；3—流量计；4—压力计；5—高压钢管；6—高压胶管；7—压力表；8—泵；9—封隔器；10—压裂段

6.3.1.1 测试步骤

水压致裂法的测试步骤为：

（1）打钻孔到准备测量应力的部位，将钻孔中待加压段用封隔器密封起来。钻孔直径与所选用的封隔器的直径相一致，封隔器的直径有 38mm、51mm、76mm、91mm、110mm、130mm 等几种。封隔器是两个膨胀橡胶塞，可用液体，也可用气体进行充压。橡胶塞之间的封堵段长度为 0.5~1.0m。

（2）向两个封隔器的封隔段注射高压水，不断加大水压，至孔壁出现开裂，获得初始开裂压力 P_i。

（3）停止增压，关闭高压泵，压力迅速下降，裂隙停止扩展，并趋于闭合。当压力降到使裂隙处于临界闭合状态的平衡压力时，此时的压力称为关闭压力，记为 P_s。最后卸压，使裂隙完全闭合。

注意：步骤(2)和步骤(3)记录压力—时间关系和流量—时间关系，如图 6-7 所示。

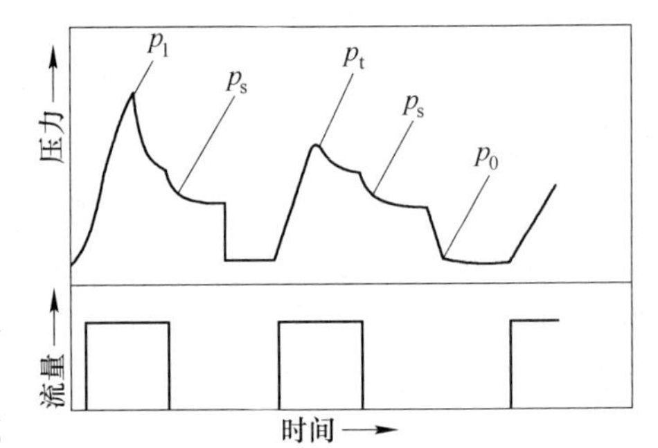

图 6-7 水压致裂法试验压力—时间、流量—时间曲线图

（4）当裂隙扩张达到 3 倍钻孔直径时，此时已接近原岩应力状态。此时停止加压，保持压力恒定，将该恒定压力记为 P。这种卸压—重新加压的过程重复 2~3 次，能够提高测试数据的准确性。

（5）将封隔器完全卸压，连同加压管等全部设备从钻孔中取出。

（6）测量水压致裂裂隙和钻孔试验段天然节理、裂隙的位置、方向和大小。测量可以采用井下摄像、井下电视、钻孔扫描、井下光学望远镜或印模器等。一般情况下，水压致裂裂隙为一组径向相对的纵向裂隙，很容易辨认出来。

6.3.1.2 应力计算

从弹性力学理论可知，当一个位于无限体中的钻孔受到无穷远处二维应力场（σ_1，σ_2）的作用时（见图 6-8），离开钻孔端部一定距离的部位处于平面应变状态。在这些部位，钻孔周边的应力为：

$$\sigma_\theta = \sigma_1 + \sigma_2 - 2(\sigma_1 - \sigma_2)\cos 2\theta \tag{6-9}$$

$$\sigma_r = 0 \tag{6-10}$$

式中 σ_θ，σ_r——钻孔周边的切向应力和径向应力；

θ——周边一点与 σ_1 轴的夹角。

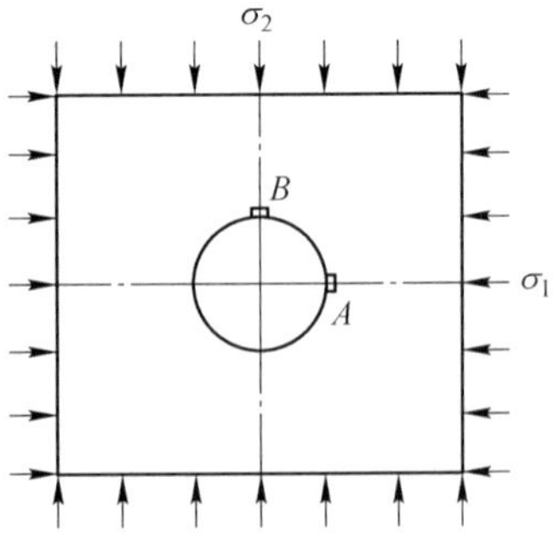

图 6-8 钻孔周边应力

由式(6-9)可知，当 $\theta=0°$ 时，σ_θ 取得极小值，即：

$$\sigma_\theta = 3\sigma_2 - \sigma_1 \tag{6-11}$$

由图 6-8 所示，当水压超过 $3\sigma_2-\sigma_1$ 与岩石抗拉强度 σ_t 之和后，在 $\theta=0°$ 处，σ_1 所在方位将发生孔壁开裂。钻孔壁发生初始开裂时的水压力 P_i，即：

$$P_i = 3\sigma_2 - \sigma_1 + \sigma_t \tag{6-12}$$

继续向封隔段注入高压水使裂隙进一步扩展，当裂隙深度达到 3 倍钻孔直径时，此处已接近岩体初始应力状态，停止加压，保持压力恒定，该恒定压力即为 P_s。由图 6-8 可见，P_s应与初始应力 σ_2相平衡，即：

$$P_s = \sigma_2 \tag{6-13}$$

由式(6-12)和式(6-13)求 σ_1和 σ_2就无须知道岩石的抗拉强度。因此，由水压致裂法测得岩体初始应力可不涉及岩体的物理力学性质，而可由测量和记录的压力值求得。

6.3.1.3　应用

水压致裂法是一种测量岩体深部应力的新方法，目前测深已达 5000m 以上。这种方法不需要套取岩心，也不需要精密的电子仪器，测试方法简单，孔壁受力范围广，可避免地质条件不均匀的影响。但该方法测试精度不高，仅可用于区域内应力场的估算。

水压致裂测量结果只能确定垂直于钻孔平面内的最大主应力以及最小主应力的大小和方向，所以从原理上讲，它是一种二维应力测量方法。若要确定测点的三维应力状态，需要用交汇的三个及三个以上的钻孔分别进行测试。一般情况下，假定钻孔方向为一个主应力方向（例如将钻孔打在垂直方向，并认为垂直应力是一个主应力），其大小等于单位面积上覆岩层的重量，则由单孔水压致裂结果也就可以确定三维应力场。

水压致裂法认为初始开裂发生在钻孔壁切向应力最小的部位（即平行于最大主应力的方向），这是基于岩石为连续、均质和各向同性的假设。如果孔壁本来就有天然节理裂隙存在，那么初始裂痕很可能发生在这些部位，而并非切向应力最小的部位。因而，水压致裂法较为适用于完整和较完整的脆性岩体中。

6.3.2　应力解除法

地下岩体在初始应力作用下已产生了变形。设地下岩体内有一边长为 x、y、z 的单元体，若将它与原岩体分离（相当于解除单元体上的外力），则单元体的尺寸分别增大到 $x+\Delta x$、$y+\Delta y$ 和 $z+\Delta z$；或者说恢复到受初始应力前的尺寸，则恢复应变分别为 $\varepsilon_x = \Delta x/x$、$\varepsilon_y = \Delta y/y$ 和 $\varepsilon_z = \Delta z/z$。如果通过测试得到 ε_x、ε_y 和 ε_z，又已知岩体的弹性模量和泊松比，根据虎克定律可算出解除前的初始应力。应力解除法也须假设岩体是均质、连续、完全弹性体。

应力解除法的具体方法有很多种。若按测试深度的不同，可分为表面应力解除法、浅孔应力解除法和深孔应力解除法三种；若按测试变形或应变的方法不同，则主要可分为孔底应变法、孔壁应变法和孔径变形法三种。

以下介绍孔底应变法、孔壁应变法和孔径变形法这三种应力解除法。

6.3.2.1　孔底应变法

孔底应变法是先在围岩中钻孔，在孔底平面上粘贴应变传感器，然后用套钻使孔底岩心与母岩分开，并进行卸载，观测卸载前后的应变，间接求出岩体中的应力。

孔底应变传感器主体是一个橡胶质的圆柱体，其端部粘贴着三支电阻应变片，相互间隔 45°，组成一个直角应变花。橡胶圆柱外面有一个硬塑料制的外壳，应变片的导线通过插头连接到应变测量仪器上，其结构如图 6-9 所示。

测试步骤如下（见图 6-10)：

（1）用 ϕ76mm 金刚石空心钻头钻孔至预定深度，取出岩心。

（2）钻杆上改装磨平钻头将孔底磨平、打光，冲洗钻孔，用热风吹干，再用丙酮擦洗孔底。

(3) 将环氧树脂黏结剂涂到孔底和应变传感器探头上，用安装器将传感器粘贴在孔底。经过 20h，等黏结剂固化后，测取初始应变读数，拆除安装工具。

(4) 再用 ϕ76mm 空心金刚石套孔钻头钻进，钻进深度不小于解除岩心直径的 0.8 倍，并取出岩心。

(5) 测量解除以后的应变值，对解除后带有应变传感器的岩心试件进行围压试验。利用孔底应变法求岩体应力须经两个步骤：首先由孔底应变计算出孔底平面应力；然后利用孔底应力与岩体应力之间的关系计算出岩体应力分量。由于孔底应力集中的影响，计算出的应力值要高于岩体中的实际应力值，所以要根据实验研究和有限元分析对孔底应力加以校正。

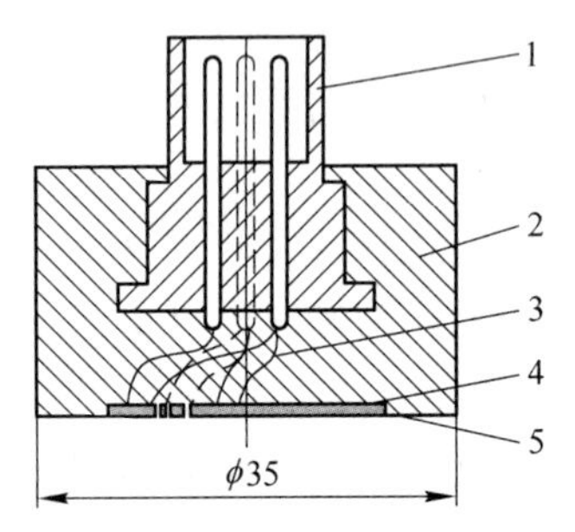

图 6-9　孔底应变传感器

1—连接插头；2—橡胶膜；3—导线；4—电阻应变片；5—环氧树脂垫片

单一钻孔孔底应变法只有在钻孔轴线与岩体的一个主应力方向平行的情况下，才能测得另外两个主应力的大小和方向。若要测量三维状态下岩体中任意一点的应力状态，至少要对空间方位不同但交于一点的三个钻孔，分别进行孔底应变测量，三个钻孔可以相互斜交，也可以相互正交。

孔底应变法是一种比较可靠的应力测量方法，适用于完整和较完整岩体初始应力的测量。其采取岩心较短，适应性强，但在用三个钻孔测一点的应力状态时，孔底很难处在一个共面上，从而影响测量结果。

6.3.2.2　孔壁应变法

孔壁应变法是在钻孔壁上安装三向应变计或空心包体应变计，通过测量应力解除前后的应变来推算岩体应力，利用单钻孔获得一点的空间应力分量。

三向应变计由 ϕ36mm 橡胶栓、电阻应变花、电镀插针、楔子等组成，如图 6-10 所示。楔子在橡胶栓内移动可使三个悬臂张开，将应变花贴到孔壁上。

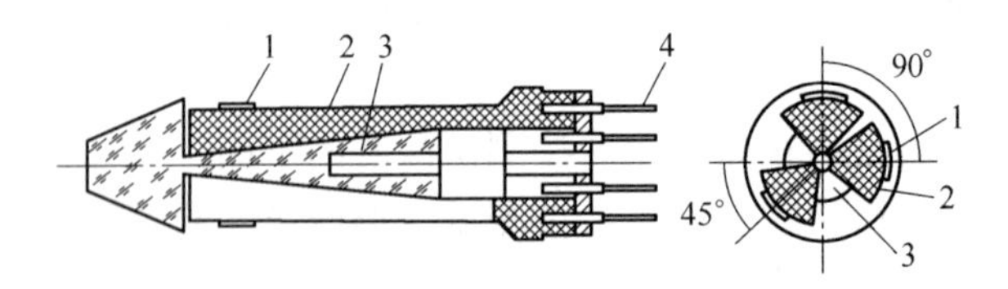

图 6-10　三向应变计

1—电阻应变片；2—橡胶栓；3—楔子；4—电镀插针

三向应变计中应变花直接粘贴在孔壁上。若孔壁有裂隙和缺陷，很难保证应变花的胶结质量，且防水问题也很难解决；而空心包体应变计可以解决应变花胶结质量和防水问题。空心包体应变计的主体是一个用环氧树脂制成的壁厚 3mm 的空心圆筒，在其中间部位，沿同一圆周等角度（120°）嵌埋着三组电阻应变花，每组应变花由三支应变片组成，相互间隔 45°，如图 6-11 所示。使用时将其内腔注满胶结剂，安装到位后胶结剂通过径向小孔流入应变计和孔壁之间的环状槽内，并将应变计与孔壁牢固胶结在一起。另外，胶结剂还能流入周围岩体中的裂隙和间隙，使岩体变得完整，从而得到完整的岩心试件。空心包体应变计已在应力解除法初始应力测量中得到广泛应用。

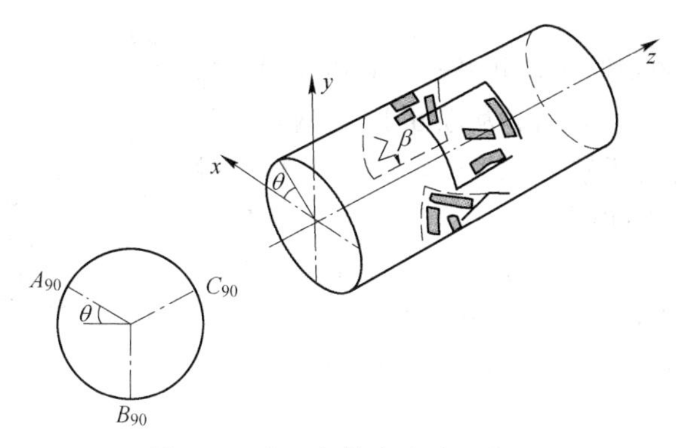

图 6-11 空心包体应变计示意图

测试步骤如下（见图 6-12）：

（1）用 ϕ90mm 金刚石空心钻头钻一个大孔，至预定深度，再用磨平钻头将孔底磨平。

（2）用 ϕ36mm 金刚石钻头在大孔中心钻一个 450mm 长的小孔。清洗孔壁并吹干，在小孔中部涂上适量的黏结剂。

（3）将三向应变计装到安装器上，送入小孔中，用推楔杆推动楔子使应变计的三个悬臂张开，将应变花贴到孔壁上。待黏结剂固化后，测取初读数，取出安装器，用封孔栓堵塞小孔。

（4）用 ϕ90mm 空心套钻进行应力解除，解除深度应使应变花位置至孔底深度不小于解除岩心直径的 2 倍。取出岩心，拔出封孔栓。

（5）测量应力解除后的应变值，对解除后带有应变传感器的岩心试件进行围压试验。

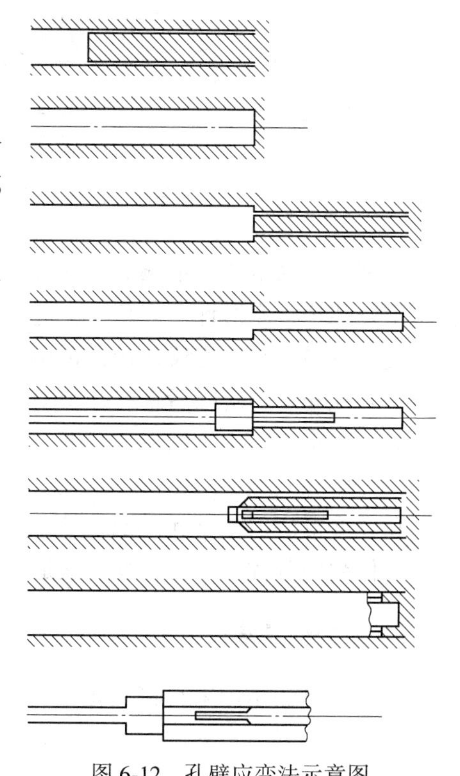

图 6-12 孔壁应变法示意图

孔壁应力解除过程中的测量工作，是进行应力测量的关键。应力解除过程可用应变过程曲线来表示，如图 6-13 所示。它反映了随着解除深度增加，测得应力释放及孔壁应力集中影响的复杂变化过程，是判断量测成功与否和检验测量数据可靠性的重要依据。图 6-13 曲线 1 为沿孔壁环向且近于岩体最大主应力方向的解除应变，曲线 2 为沿孔壁环向但近于岩体最小主应力方向的解除应变，曲线 3 为沿钻孔轴向的解除应变。

采用孔壁应变法时，只须打一个钻孔就可以测出一点的应力状态，测试工作量小，精度高。研究得知，图 6-13 解除过程曲线示意图为避免应力集中的影响，解除深度不应小于 450mm。这种方法适用于完整和较完整岩体初始应力的测量。

6.3.2.3 孔径变形法

孔径变形法是在岩体小钻孔中埋入变形计，测量应力解除前后的孔径变化量，确定岩体应力的方法。

孔径变形法所用的变形计有电阻式、电感式和钢弦式等多种，以前者居多。图 6-14 为 ϕ36-Ⅱ 型钢环式孔径变形计。钢环装在钢环架上，每个环与一个触头接触，各触头互成 45°，间距为 1cm。全部零件组装成一体，使用前须进行标定。当钻孔孔径发生变形时，孔壁压迫触头，触头挤压钢环，使粘贴其上的应变片读值发生变化，由此换算出孔壁变形大小，并转而获得岩体初始应力。

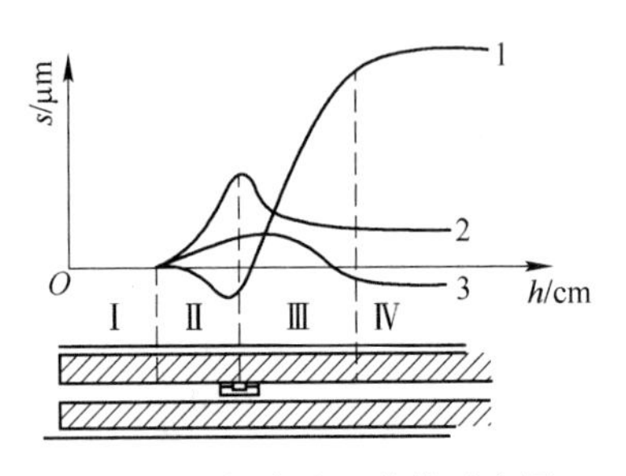

图 6-13 解除过程曲线示意图

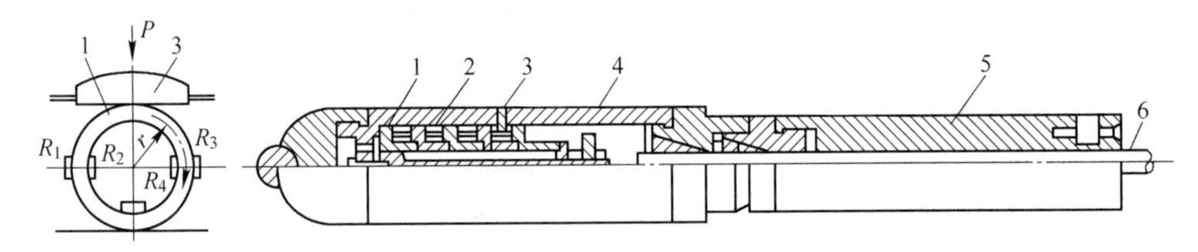

图 6-14 钢环式孔径变形计

1—弹性钢环；2—钢环架；3—触头；4—外壳；5—定位器；6—电缆

测试步骤基本上与孔壁应变法相同。先钻 ϕ127mm 的大孔，后钻 ϕ36mm 的同心小孔。用安装杆将变形计送入孔中，适当调整触头的压缩量（钢环上有初始应变），然后接上应变片电缆并与应变仪连接，再用 ϕ127mm 钻头套钻；边解除应力，边读取应变，直到全部解除完毕。对解除后带有孔径变形计的岩心试件进行围压试验。

为了确定岩体的空间应力状态，至少要用汇交于一点的三个钻孔，分别进行孔径变形法的应力解除。

孔径变形法的测试元件具有零点稳定性好，直线性、重复性和防水性也好，适应性强，操作简便等优点。孔径变形法适用于完整和较完整岩体初始应力的测量。

6.3.3 应力恢复法

应力恢复法是用来直接测定岩体应力大小的一种测试方法，目前此法仅用于岩体表层，当已知某岩体中的主应力方向时，采用本方法较为方便。

如图 6-15 所示，当洞室某侧墙上的表层围岩应力的主应力 σ_1、σ_2的方向各为垂直与水平方向时，就可用应力恢复法测得 σ_1的大小。

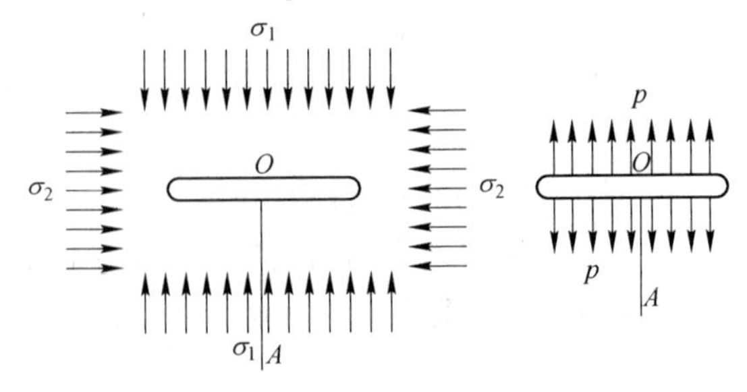

图 6-15 应力恢复法原理图

应力恢复法的基本原理是：在侧墙上沿测点 O 水平方向（垂直所测的应力方向）开个解除槽，则槽上下附近围岩的应力得到部分解除，应力状态重新分布。槽的中垂线 OA 上的应力状态，根据 H. N 穆斯海里什维里理论，可把槽看作一条缝，得到：

$$\sigma_{1x} = 2\sigma_1 \frac{\rho^4 - 4\rho^2 - 1}{(\rho^2 + 1)^3} + \sigma_2 \tag{6-14}$$

$$\sigma_{1y} = \sigma_1 \frac{\rho^6 - 3\rho^4 + 3\rho^2 - 1}{(\rho^2 + 1)^3} \tag{6-15}$$

式中 σ_{1x}，σ_{1y}——OA 线上某点 B 的应力分量；

ρ——B 点离槽中心 O 的距离的倒数。

当在槽中埋设压力枕，并由压力枕对槽加压，若施加压力 p，则在 OA 线上某点 B 的应力分量为：

$$\sigma_{2x} = -2\rho \frac{\rho^4 - 4\rho^2 - 1}{(\rho^2 + 1)^3} \tag{6-16}$$

$$\sigma_{2y} = 2\rho \frac{3\rho^4 + 1}{(\rho^2 + 1)^3} \tag{6-17}$$

当压力枕所施加的力 $p=\sigma_1$ 时，这时 B 点的总应力分量为：

$$\sigma_x = \sigma_{1x} + \sigma_{2x} = \sigma_2 \tag{6-18}$$

$$\sigma_y = \sigma_{1y} + \sigma_{2y} = \sigma_1 \tag{6-19}$$

由此可见，当压力枕所施加的力为 $p=\sigma_1$ 时，岩体的应力状态已完全恢复，所求的应力 σ_1 即可由 P 值而得知，这就是应力恢复法的基本原理。

测试步骤如下：

（1）在选定的试验点上，沿解除槽的中垂线上安装好测量元件。测量元件可以是千分表、钢弦应变计或电阻应变片等，如图 6-16 所示。若开槽长度为 B，则应变计中心一般距槽 $B/3$，槽的方向与预定所需测定的应力方向垂直。槽的尺寸根据所使用的压力枕大小而定。槽的深度要求大于 $B/2$。

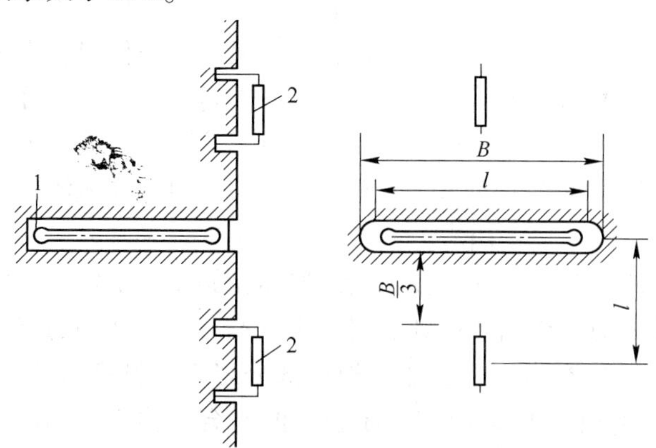

图 6-16 应力恢复法布置示意图

1—压力枕；2—应变计

（2）记录量测元件（应变计的初始读数）。

（3）开凿解除槽，岩体产生变形并记录应变计上的读数。

（4）在开挖好的解除槽中埋设压力枕，并用水泥砂浆充填空隙。

（5）待充填水泥浆达到一定强度以后（即将压力枕连接油泵），通过压力枕对岩体施压。随着压力枕所施加的力 P 的增加，岩体变形逐步恢复。逐点记录压力 P 与恢复变形（应变）的关系。

（6）假设岩体为理想弹性体时，当应变计恢复到初始读数时，此时压力枕对岩体所施加的压力 p 即为所求岩体的主应力。

如图 6-17 所示，ODE 为压力枕加荷曲线，图中 D 点对应的 ε_{0e} 为可恢复的弹性应变；继续加压到 E 点，可得全应变 ε_1；由压力枕逐步卸荷，得卸荷曲线 EF，并得知 $\varepsilon_1 = GF + FO = \varepsilon_{1e} + \varepsilon_{1p}$，这样就可以求得产生全应变 ε_1 所相应的弹性应变 ε_{1e} 与残余塑性应变之值 ε_{1p}。为了求得产生 ε_{0e} 相应的全应变量，可以做一条水平线 KN 与压力枕的 OE 和 EF 线相交，并使 $MN = \varepsilon_{0e}$，则此时 KM 就为残余塑性 ε_{0p}，相应的全应变量 $\varepsilon_0 = \varepsilon_{0e} + \varepsilon_{0p} = KM + MN$。由 ε_0 值就可在 OE 线上求得 C 点，并求得与 C 点相对应的 P 值（即所求的 σ_1 值）。

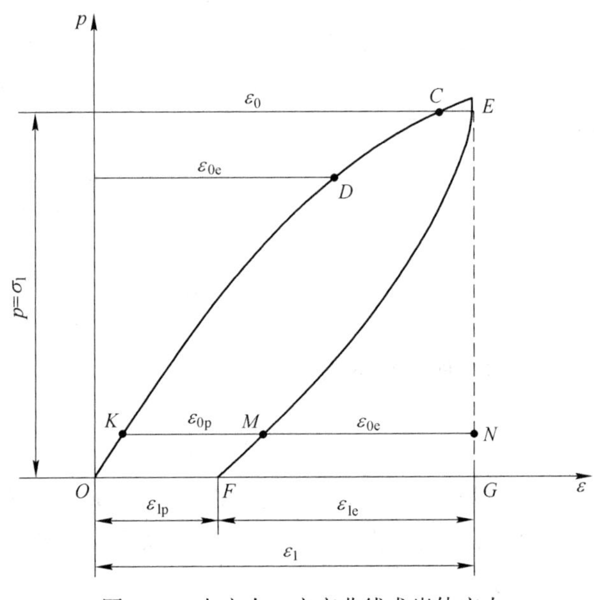

图 6-17　由应力—应变曲线求岩体应力

6.3.4　声发射法

材料在受到外荷载作用时，其内部贮存的应变能快速释放产生弹性波，从而发出声响，该现象称为声发射。1950 年，德国人凯泽（J. Kaiser）发现多晶金属的应力从其历史最高水平释放后，再重新加载，当应力未达到先前最大应力值时，很少有声发射产生；而当应力达到和超过历史最高水平后，则大量产生声发射，这一现象称为凯泽效应。从很少产生声发射到大量产生声发射的转折点称为凯泽点，该点对应的应力即为材料先前受到的最大应力。后来国外许多学者证实了在岩石压缩试验中也存在凯泽效应，许多岩石如花岗岩、大理岩、石英岩、砂岩、安山岩、辉长岩、闪长岩、片麻岩、辉绿岩、灰岩、砾岩等也具有显著的凯泽效应，为应用这一技术测定岩体初始应力奠定了基础。

地壳内岩石在长期应力作用下达到稳定应变状态。岩石达到稳定状态时的微裂结构与所受应力同时被“记忆”在岩石中，如果把这部分岩石用钻孔法取出岩心（即该岩心被应力解除），此时岩心中张开的裂隙将会闭合，但不会“愈合”。由于声发射与岩石中裂隙生成有关，当该岩心被再次加载并且岩心内应力超过它原先在地壳内所受的应力时，岩心内开始产生新的裂隙，并伴有大量声发射出现，于是可以根据岩心所受载荷，确定出岩心在地壳内所受的应力大小。

凯泽效应为测量岩石应力提供了一个途径，即如果从原岩中取回定向的岩石试件，通过对加工的不同方向的岩石试件进行加载声发射试验，测定凯泽点，则可找出每个试件以前所受的最大应力，并进而求出取样点的原始（历史）三维应力状态。

测试步骤如下：

（1）试件制备。从现场钻孔提取岩石试样，试样在原环境状态下的方向必须确定将试样加工成圆柱体试件，径高比为1∶2~1∶3。为了确定测点三维应力状态，必须在该点中沿六个不同方向制备试件，假如该点局部坐标系为 $oxyz$ ，则三个方向选为坐标轴方向，另三个方向选为 oxy 、oyz 、ozx 平面内的轴角平分线方向。为了获得测试数据的统计规律，每个方向的试件为15~25块。

为了消除由于试件端部与压力试验机上、下压头之间摩擦所产生的噪声和试件端部应力集中，试件两端浇铸由环氧树脂或其他复合材料制成的端帽，如图6-18所示。

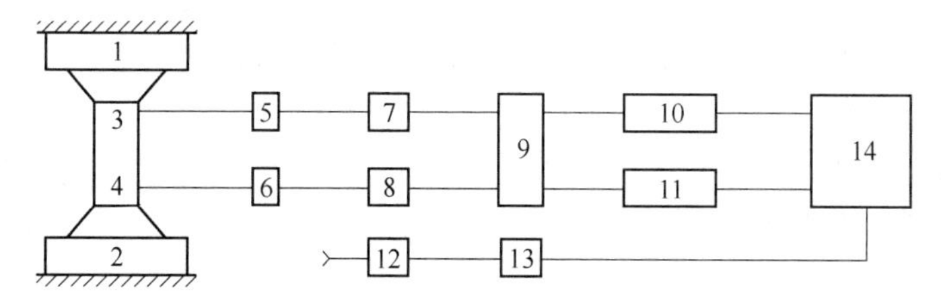

图6-18 声发射监测系统框图

1，2—上、下压头；3，4—换能器A、B；5，6—前置放大器A、B；7，8—输入鉴别单元A、B；9—定区检测单元；10—计数控制单元A；11—计数控制单元B；12—压机油路压力传感器；13—压力电信号转换仪器；14—三笔函数记录仪

（2）声发射测试。将试件放在单压缩试验机上加压，并同时监测加压过程中从试件中产生的声发射现象。图6-18是一组典型的监测系统框图。在该系统中，两个压电换能器（声发射接受探头）固定在试件上、下部，用以将岩石试件在受压过程中产生的弹性波转换成电信号。该信号经放大、鉴别之后送入定区检测单元，定区检测是检测两个探头之间特定区域里的声发射信号，区域外的信号被认为是噪声而不被接受。定区检测单元输出的信号送入计数控制单元，计数控制单元将规定的采样时间间隔内的声发射模拟量和数字量（事件数和振铃数）分别送到记录仪或显示器绘图、显示或打印。

凯泽效应一般发生在加载的初期，故加载系统应选用小吨位的应力控制系统，并保持加载速率恒定，尽可能避免用人工控制加载速率。比如用手动加载则应采用声发射事件数或振铃总数曲线判定凯泽点，而不应根据声发射事件速率曲线判定凯泽点，这是因为声发射速率和加载速率有关。在加载初期，人工操作很难保证加载速率恒定，在声发射事件速率曲线上可能出现多个峰值，难以判定真正的凯泽点。

（3）计算地应力。由声发射监测所获得的应力—声发射事件数（速率）曲线（见图6-19），即可确定每次试验的凯泽点，并进而确定该试件轴线方向先前受到的最大应力值。15~25个试件获得一个方向的统计结果，六个方向的应力值即可确定取样点的历史最大三维应力大小和方向。

根据凯泽效应的定义，用声发射法测得的是取样点的先存最大应力，而非现今地应力。但也有一些人对此持相反意见，并提出了“视凯泽效应”的概念。他们认为声发射

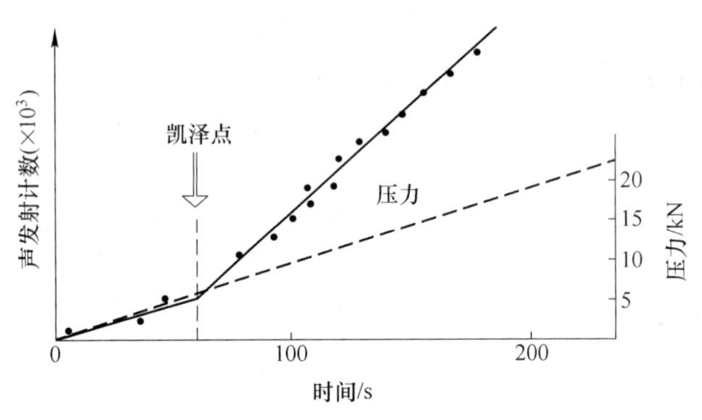

图 6-19 应力—声发射事件试验曲线图

可获得两个凯泽点，一个对应于引起岩石饱和残余应变的应力，它与现今应力场一致，比历史最高应力值低，因此称为视凯泽点。在视凯泽点之后，还可获得另一个真正的凯泽点，它对应于历史最高应力。

由于声发射与弹性波传播有关，高强度的脆性岩石有较明显的声发射凯泽效应出现，而多孔隙低强度及塑性岩体的凯泽效应不明显，所以不能用声发射法测定比较软弱疏松岩体中的应力。

需要指出的是，传统的地应力测量和计算理论是建立在岩石为线弹性、连续、均质和各向同性的理论假设基础之上的，而一般岩体都具有程度不同的非线性、不连续性、不均质和各向异性。在由应力解除过程中获得的钻孔变形或应变值求地应力时，如果忽视岩石的这些性质，必将导致计算出来的地应力与实际应力值有不同程度的差异。为提高地应力测量结果的可靠性和准确性，在进行结果计算、分析时必须考虑岩石的这些性质。下面介绍几种考虑和修正岩体非线性、不连续性、不均质性和各向异性的影响的主要方法：

1）确定岩石非线性的影响及其正确的岩石弹性模量和泊松比。

2）建立岩体不连续性、不均质性和各向异性模型并用相应程序计算地应力。

3）根据岩石力学试验确定现场岩体不连续性、不均质性和各向异性修正测量应变值。

4）用数值分析方法修正岩石不连续性、不均质性、各向异性和非线性弹性的影响。

6.4 地应力的估算

地应力是存在于地层中的未受工程扰动的天然应力，也可称为岩体初始应力、绝对应力或原岩应力。岩体中天然应力是岩体工程设计和工程地质问题评价的一个十分重要的指标，它是引起采矿、水利水电、土木建筑、铁道、公路、军事和其他各种地下或露天岩石开挖工程变形和破坏的根本作用力，岩体中的天然应力一般须用实测方法来确定。但是，岩体应力测量工作费用昂贵，一般中小型工程或在可行性研究阶段，天然应力的测量不可能进行。因此，在无实测资料的情况下，如何根据岩体地质构造条件和演化历史来估算岩体中天然应力，成为岩体力学和工程地质工作者的一个重要任务。

6.4.1 垂直天然应力估算

在地形比较平坦，未经过强烈构造变动的岩体中，天然主应力方向可视为近垂直和水平。这一结论的证据是：

（1）在岩体中发育有倾角为60°左右的正断层，而正断层形成时的应力状态是垂直方向为最大主应力，水平方向作用有最小主应力，如图6-20所示。

（2）岩体中倾角为30°左右的逆断层存在，表明逆断层在形成时的应力状态是垂直方向为最小主应力，水平方向作用有最大主应力，如图6-21所示。

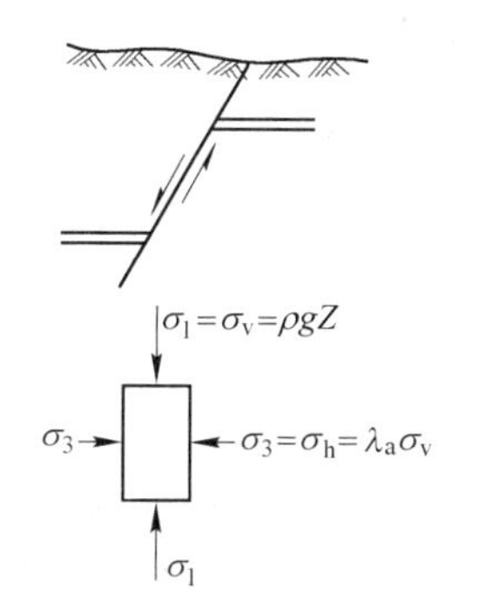

图6-20　正断层形成时应力状态

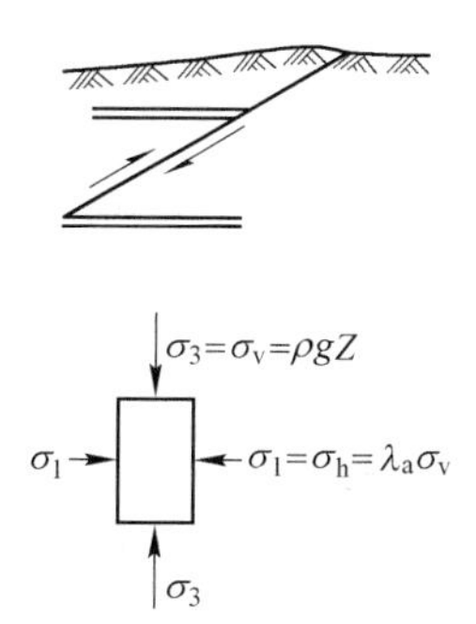

图6-21　逆断层形成时应力状态

在这种条件下，垂直天然应力 σ_v 等于上覆岩体的自重，即：

$$\sigma_v = \rho g Z \tag{6-20}$$

式中　ρ——岩体的密度，g/cm^3；

g——重力加速度，9.8m/s^2；

Z——深度，m。

这种垂直应力的估算方法不适用于下列情况：

（1）沟谷附近的岩体。因为沟谷附近的斜坡上，最大主应力 σ_1 平行于斜坡坡面，而最小主应力 σ_3 垂直于坡面，且在斜坡表面上，其 σ_3 值为零。

（2）经强烈构造变动的岩体。比如在褶皱强烈的岩体中，组成背斜岩体中的应力传递转嫁给向斜岩体，所以背斜岩体中垂直应力 σ_v 常比岩体自重要小，甚至于出现 σ_v 等于零的情况。而在向斜岩体中（尤其在向斜核部），其垂直应力常比按自重计算的值大60%左右，这已为实测资料所证实。

6.4.2 水平天然地应力估算

由天然应力比值系数 λ 的定义可知，如果已知 λ 值，而垂直天然应力可由 $\sigma_v=\rho gZ$ 估算得出，则水平天然应力 $\sigma_h=\lambda\sigma_v$。所以水平天然应力的估算，实际上就是确定 λ 值的问题。天然应力比值系数 λ 与岩体的地质构造条件有关，在未经过强烈构造变动的新近沉积岩体中，天然应力比值系数 λ 为 $\mu/(1-\mu)$，式中，μ 为岩体的泊松比。在经历多次构造运动的岩体中，岩体经历了多次卸载、加载作用，因此 $\lambda=\mu/(1-\mu)$ 不适用。下面讨论几种简单的情况。

6.4.2.1　隆起、剥蚀卸载作用对 λ 值的影响

如图 6-22 所示，假设在经受隆起剥蚀岩体中，遭剥蚀前距地面深度为 Z_0 的一点 A，天然应力比值系数 λ_0 为：

$$\lambda_0 = \frac{\sigma h_0}{\sigma v_0} = \frac{\sigma h_0}{\rho g Z_0} \tag{6-21}$$

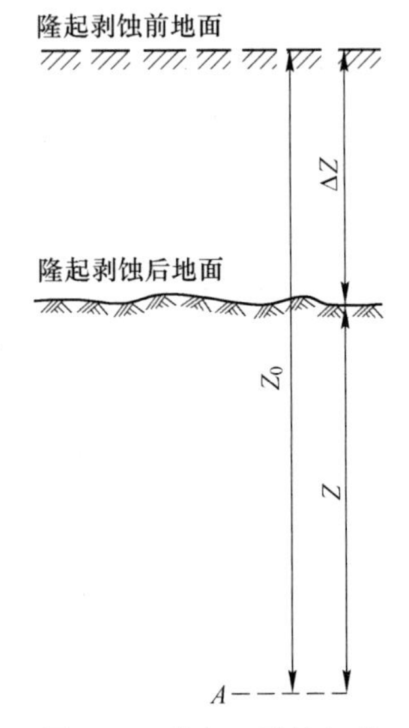

图 6-22　隆起、剥蚀卸载作用对 λ 值的影响

经地质历史分析，由于该岩体隆起，遭受剥蚀去掉的厚度为 ΔZ，则剥蚀造成的卸载值为 $\rho g \Delta Z$，即隆起剥蚀使岩体中 A 点的垂直天然应力减少了 $\rho g \Delta Z$，因此 A 点的水平天然应力也减少了 $[\mu/(1-\mu)]\rho g \Delta Z$。岩体剥去 ΔZ 以后，A 点的水平天然应力为：

$$\sigma_h = \sigma h_0 - \frac{\mu}{1-\mu}\rho g \Delta Z = \rho g\left(\lambda_0 Z_0 - \Delta Z \frac{\mu}{1-\mu}\right) \tag{6-22}$$

剥蚀后的垂直天然应力为：

$$\sigma_v = \sigma_{v_0} - \rho g \Delta Z = \rho g (Z_0 - \Delta Z) \tag{6-23}$$

剥蚀后 A 点的天然应力比值系数 λ 为：

$$\lambda = \frac{\sigma h}{\sigma v} = \frac{\lambda_0 Z_0 - \Delta Z \dfrac{\mu}{1-\mu}}{Z_0 - \Delta Z} \tag{6-24}$$

假设 $Z = Z_0 - \Delta Z$ 为剥蚀后 A 点所处的实际深度，则：

$$\lambda = \lambda_0 + \left(\lambda_0 - \frac{\mu}{1-\mu}\right)\frac{\Delta Z}{Z} \tag{6-25}$$

由式(4-25)可知：

(1) 岩体隆起剥蚀作用的结果，使岩体中天然应力比值系数增大。

(2) 如果在地质历史时期中，岩体遭受长期剥蚀且其剥蚀厚度达到某一临界值以后，将会出现 $\lambda>1$ 的情况。大量的实测资料也表明，在地表附近的岩体中，常出现 $\lambda>1$ 的情况，说明了这一结论的可靠性。

6.4.2.2　断层作用对 λ 值的影响

在地壳表层岩体中，常发育有正断层和逆断层。正断层形成时的应力状态是：σ_1 为垂直，σ_3 为水平。因此可得：

$$\sigma_1 = \sigma_v = \rho g Z \qquad \sigma_3 = \sigma_h = \lambda_a \rho g Z \tag{6-26}$$

由库伦判据知，正断层形成时的破坏主应力与岩体强度参数间的关系为：

$$\sigma_1 = \sigma_c + \sigma_3 \tan^2\left(45° + \frac{\phi}{2}\right) \tag{6-27}$$

因此，正断层形成的天然应力比值系数 λ_a 为：

$$\lambda_a = \cot^2\left(45° + \frac{\phi}{2}\right) + \left[\frac{\sigma_c}{\rho g}\cot^2\left(45° + \frac{\phi}{2}\right)\right]\frac{1}{Z} \tag{6-28}$$

由上述分析可知，λ_a 和 λ_p 是岩体中天然应力比值系数的两种极端情况。一般认为天然应力比值系数 λ 是介于两者之间，即：

$$\lambda_a \leqslant \lambda \leqslant \lambda_p \tag{6-29}$$

如果把这一理论估算得出的结论，与 Hoek-Brown 根据全球实测结果得出的平均天然

应力比值系数随深度变化的经验关系相比，两者的形式极为一致，即天然应力比值系数与深度 Z 成反比。

6.5　高地应力区的主要岩体力学问题

6.5.1　高地应力区的特征

6.5.1.1　高地应力现象

A　岩心饼化现象

在中等强度以下的岩体中进行勘探时，常可见到岩心饼化现象。饼化岩心中间厚（0.5~3cm），四周薄，断口新鲜，饼的厚度随岩心直径和地应力的增大而增大。饼化程度越高，说明岩体变形越厉害，越易产生岩爆。美国奥伯特（L. Obert）和史蒂芬森（D. E. Stephenson）在1965年用实验验证的方法同样获得了饼状岩心，认定饼状岩心是高地应力产物。从岩石破裂成因来分析，岩心饼化是剪胀破裂产物。除此以外，他们还能发现钻孔缩径现象。

B　岩爆

在岩性坚硬完整或较完整的高地应力地区开挖隧洞或探洞的过程中时有岩爆发生。岩爆是岩石被挤压到弹性限度，岩体内积聚的能量突然释放所造成的一种岩石破坏现象。

C　探洞和地下隧洞的洞壁产生剥离

在中等强度以下的岩体中开挖探洞或隧洞，高地应力状况不会像岩爆那样剧烈，洞壁岩体产生剥离现象，有时裂缝一直延伸到岩体浅层内部，锤击时有破哑声。在软质岩体中洞体则产生较大的变形，位移显著，持续时间长，洞径明显缩小。

D　岩质基坑底部隆起、剥离以及回弹错动现象

在坚硬岩体表面开挖基坑或槽，在开挖过程中会产生坑底突然隆起、断裂，并伴有响声，或在基坑底部产生隆起剥离。在岩体中，如有软弱夹层，则会在基坑斜坡上出现回弹错动现象，如图6-23所示。

E　其他现象

野外原位测试测得的岩体物理力学指标比实验室岩块试验结果高。由于高地应力的存在，致使岩体的声波速度、弹性模量等参数增高，结果比实验室无应力状态岩块测得的参数高。野外原位变形测试曲线的形状也会变化，表现为在 σ 轴上有截距，如图6-24所示。

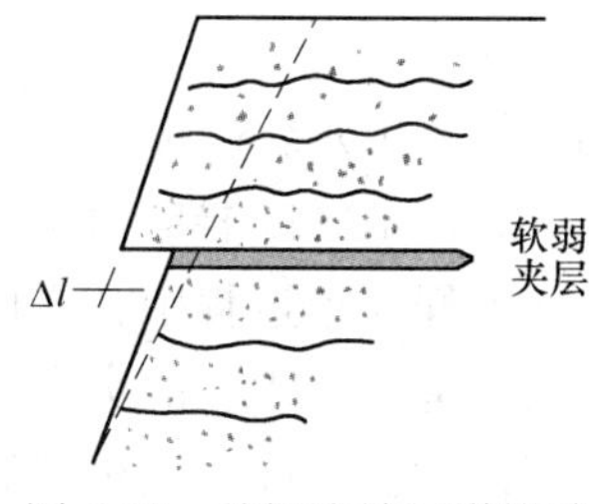

图6-23　基坑边坡回弹错动

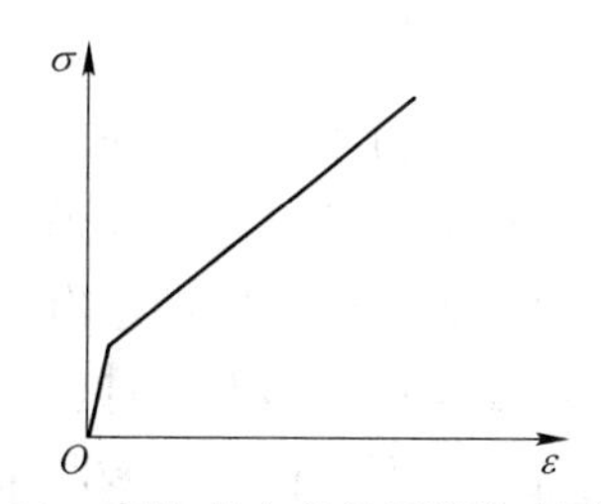

图6-24　高地应力条件下岩体变形曲线

6.5.1.2 高地应力判别标准

目前国内外还尚未形成完善和统一的判别准则。早期对高地应力的判别是根据地应力测值的大小（如最大地应力大于 20MPa 为高地应力，大于 30MPa 或 40MPa 为极高地应力）；后来在工程实践中发现高地应力现象的发生不仅跟地应力大小有关，也跟岩体的力学性质有关。若岩体坚硬，弹性模量高，则岩体弹性储能强，容易积聚地应力，开挖后当岩体中应力在其弹性应力范围内，围岩是稳定的，而超过其弹性极限，围岩很容易产生脆性破坏；若岩体软弱，弹性模量低，其弹性储能低，积聚的地应力不高，但开挖后围岩可能会产生大变形等问题。因此，一定的地应力值，对于不同的岩性，影响其稳定性的程度是不一样的。为此，工程实践中提出采用岩石饱和单轴抗压 σ_c 与垂直洞轴线方向的最大地应力 σ_{max} 的比值（称为围岩强度比），作为评价高地应力现象发生的条件，进而评价地应力对工程岩体稳定性影响的指标。表 6-2 列出了国内外一些以围岩强度比为指标的地应力分级标准，表 6-3 为《工程岩体分级标准》（GB/T 50218—2014）中有关高地应力和极高地应力岩体在开挖中出现的主要现象。

表 6-2 以围岩强度比为指标的地应力分级标准

应力情况	极高地应力	高地应力	一般地应力
法国隧道协会和日本仲野分级方法	<2	2~4	>4
日本新奥法指南（1996 年）	<4	4~6	>6
《工程岩体分级标准》（GB/T 50218—2014）	<4	4~7	>7

表 6-3 高和极高地应力岩体在开挖中出现的主要问题

应力情况	主要现象	$\frac{\sigma_c}{\sigma_{max}}$
极高地应力	硬质岩：岩心常有饼化现象；开挖过程中时有岩爆发生，有岩块弹出，洞壁岩体发生剥离，新生裂缝多，围岩易失稳；基坑有剥离现象，成形性差 软质岩：开挖工程中洞壁岩体有剥离，位移极为显著，甚至发生大位移，持续时间长，不易成洞；基坑发生显著隆起或剥离，不易成形	<4
高地应力	硬质岩：岩心时有饼化现象；开挖过程中偶有岩爆发生，洞壁岩体有剥离和掉块现象，新生裂缝较多；基坑时有剥离现象，成形性一般尚好 软质岩：开挖工程中洞壁岩体位移显著，持续时间较长，围岩易失稳；基坑有隆起现象，成形性较差	4~7

6.5.2 岩爆及其防治措施

围岩处于高应力场条件下所产生的岩片（块）飞射抛撒的现象称为岩爆。岩体内开挖地下厂房、隧道、矿山地下巷道、采场等地下工程，引起挖空区围岩应力重新分布和集中，当应力集中到一定程度后也有可能产生岩爆。在地下工程开挖过程中，岩爆是围岩各种失稳现象中反应最强烈的一种，是地下施工的一大地质灾害。由于它的突发性，施工人员和施工设备在地下工程中的威胁最严重。如果处理不当，就会给施工安全、岩体及建筑物的稳定带来很多问题，甚至会造成重大工程事故。

据不完全统计，从1949年到1997年，我国33个重要煤矿发生了2000多起煤爆和岩爆，发生地点一般在200~1000m深处，且发生部位往往地质构造复杂、煤层突然变化或水平煤层突然弯曲变成陡倾。在一些严重的岩爆发生区，曾有数以吨计的岩块、岩片和岩板抛出。我国水电工程的一些地下洞室中也曾发生过岩爆，地点大多在高地应力地带的结晶岩和灰岩中，或位于河谷近地表处。另外，在高地应力区开挖隧道，如果岩层比较完整、坚硬时，也常会发生岩爆现象。

6.5.2.1 岩爆类型

岩爆的特征可从多个角度去描述，目前主要是根据现场调查所得到的岩爆特征。考虑岩爆危害方式、危害程度以及对其防治对策等因素，岩爆可分为以下3种类型：

（1）破裂松脱型。围岩成块状、板状、鳞片状，爆裂声响微弱，弹射距离很小，岩壁上形成破裂坑，破裂坑的深度主要受围岩应力和强度控制。

（2）爆裂弹射型。岩片弹射及岩粉喷射，爆裂声响如同枪声，弹射岩片体积一般不超过0.33cm^3，直径5~10cm。洞室开凿后，一般出现片状岩石弹射、崩落或成笋皮状的薄片剥落，岩片的弹射距离一般为2~5m。岩块多为中间厚，周边薄的菱形岩片。

（3）爆炸抛射型。岩爆发生时巨石抛射，其声响如同炮弹爆炸，抛射岩块的体积数立方米到数十立方米，抛射距离几米到十几米。

岩爆的规模基本上可以分为三类，即小规模岩爆、中等规模岩爆和大规模岩爆。小规模岩爆是指在岩壁浅层部分（厚度小于25cm）岩石发生破坏，破坏区域仍然是弹性的，掉落岩块的质量通常在1t以下；中等规模岩爆指岩壁形成厚度0.25~0.75m环状松弛区域的破坏，但空洞本身仍然是稳定的；大规模岩爆指超过0.75m以上的岩体显著突出，很大的岩块弹射出来，这种情况不能采用一般的支护。

6.2.2.2 岩爆产生的条件

地下工程开挖、洞室空间的形成是诱发岩爆的几何条件。产生岩爆的原因很多，其中主要原因是在岩体中开挖洞室改变了岩体赋存的空间环境，最直观的结果是为岩体产生岩爆提供了释放能量的空间条件。

围岩应力重分布和集中将导致围岩积累大量弹性变形能，这是诱发岩爆的动力条件。地下开挖岩体或其他机械扰动改变了岩体的初始应力场，引起挖空区周围的岩体应力重新分布和应力集中，围岩应力有时会达到岩块的单轴抗压强度，甚至会超过它几倍。

岩体承受极限应力产生初始破裂后，剩余弹性变形能的集中释放量将决定岩爆的弹射程度。从岩性和结构特征分析岩体的变形和破坏方式，最终要看岩体在宏观大破裂之前还储存有多少剩余弹性变形能。岩体由初期逐渐积累弹性变形能，伴随岩体变形和微破裂开始产生、发展，使岩体储存弹性变形能的方式转入边积累边消耗，再过渡到岩体破裂程度加大，导致积累弹性变形能条件完全消失，弹性变形能全部消耗掉。至此，围岩出现局部或大范围解体，无弹射现象仅属于静态下的脆性破坏。该类岩石矿物颗粒致密度低，坚硬程度比较弱，微裂隙发育程度较高。当岩石矿物结构致密度、坚硬度较高，且在微裂隙不发育的情况下，岩体在变形破坏过程中所储存的弹性变形能不仅能满足岩体变形和破裂所消耗的能量，同时满足变形破坏过程中发生热能、声能的要求，而且还有足够的剩余能量转换为动能，使逐渐被剥离的岩块（片）瞬间脱离母岩弹射出去。这是岩体产生岩爆弹射极为重要的一个条件。

岩爆通过何种方式出现，取决于围岩的岩性、岩体结构特征、弹性变形能的积累和释放时间的长短。当岩体自身的条件相同时，围岩应力集中速度越快，积累弹性变形能越多，瞬间释放的弹性变形能也越多，岩体产生岩爆程度就越强烈。

6.2.2.3 岩爆防治措施

通过大量的工程实践及经验的积累，目前已有许多行之有效的治理岩爆的措施。以下介绍3种有效的岩爆防治措施：

（1）围岩加固措施。该方法是指对已开挖洞室周边的加固以及对掌子面前方的超前加固，比如喷射混凝土、小导管（或管棚）超前支护等。这些措施一是可以改善掌子面本身以及1~2倍洞室直径范围内围岩的应力状态；二是具有防护作用，可防止弹射、塌落等。

（2）改善围岩应力条件。该方法可从设计与施工的角度采用下述几种办法：

1）在选择隧道及其他地下结构物的位置时应使其长轴方向与最大主应力方向平行，这样可以减少洞室周边围岩的切向应力。

2）在设计时选择合理的开挖断面形状，从而改善围岩的应力状态。

3）在施工过程中，爆破开挖采用短进尺、多循环，也可以改善围岩应力状态，这一点已被大量的实践所证实。

4）应力解除法，即在围岩内部造成一个破碎带，形成一个低弹性区，从而使掌子面及洞室周边应力降低，使高应力转移到围岩深部。为达到这一目的，可以打超前钻孔或在超前钻孔中进行松动爆破，这种防治岩爆的方法也称为超应力解除法。

5）喷水或注水，喷水可使岩体软化，刚度减小，变形增大，岩体中积蓄的能量可缓缓释放出来，从而减少因高地应力引起的破坏现象。比如在掌子面和洞壁喷洒水，一定程度上可以降低表层围岩的强度；采用超前钻孔向岩体高压均匀注水，除超前钻孔可以提前释放弹性应变能外，高压注水的楔劈作用可以软化、降低岩体的强度。高压注水还可产生新的张裂隙并使原有裂隙继续扩展，从而可降低岩体储存弹性应变能的能力。

（3）施工安全措施。施工安全措施主要是躲避及清除浮石两种。岩爆一般在爆破1h左右比较激烈，随后则逐渐趋于缓和。爆破多数发生在1~2倍洞室直径的范围以内，所以躲避也是一种行之有效的方法。每次爆破循环之后，施工人员躲避在安全处，待激烈的岩爆平息之后再进行施工。在拱顶部位，岩爆所产生的松动石块必须清除，以保证施工的安全。对于破裂松脱型岩爆，弹射危害不大，因此可采用清除浮石的方法来保证施工安全。

习 题

6-1 简述海姆假说和金尼克假说。

6-2 简述地应力是如何形成的。

6-3 简述自重应力与构造应力的区别和特点。

6-4 简述地壳表层地应力场的分布规律。

6-5 简述水压致裂法的基本测量原理。

6-6 简述声发射法的主要测试原理。

6-7　应力解除法按测试深度的不同可分为哪几种，按测试变形或应变的方法不同可分为哪几种?

6-8　简述应力恢复法的基本原理。

6-9　高地应力有哪些现象?

6-10　什么是岩爆，岩爆有哪几种类型，岩爆产生的条件是什么，如何有效的防治岩爆?

7 地下洞室围岩稳定性分析

7.1 概　　述

地下洞室（Underground Cavity）是指人工开挖或天然存在于岩土体中作为各种用途的构筑物。从围岩稳定性研究角度来看，这些地下构筑物是一些不同断面形态和尺寸的地下空间。较早出现的地下洞室是人类为了居住而开挖的窑洞和采掘地下资源而挖掘的矿山巷道，例如我国铜绿山古铜矿遗址留下的地下采矿巷道，最大埋深60余米，其开采年代起始于西周（距今约3000年）。但从总体来看，早期的地下洞室埋深和规模都很小，随着生产的不断发展，地下洞室的规模和埋深都在不断增大。目前，地下洞室的最大埋深已达2500m，跨度超过30m；同时还出了多条洞室并列的群洞和巨型地下采空系统，例如小浪底水库的泄洪、发电和排砂洞就集中分布在左坝肩，形成由16条隧洞（最大洞径14.5m）并列组成的洞群。地下洞室的用途也越来越广。

地下洞室按其用途可分为交通隧道、水工隧洞、矿山巷道、地下厂房和仓库、地下铁道及地下军事工程等类型。按其内壁是否有内水压力作用可分为有压洞室和无压洞室两类；按其断面形状可分为圆形、矩形、城门洞形和马蹄形洞室等类型；按洞室轴线与水平面的关系可分为水平洞室、竖井和倾斜洞室三类；按围岩介质类型可分为土洞和岩洞两类。另外，还有人工洞室、天然洞室、单式洞室和群洞等类型。各种类型的洞室所产生的岩体力学问题及对岩体条件的要求各不相同，因而所采用的研究方法和内容也不尽相同。

由于开挖形成了地下空间，破坏了岩体原有的相对平衡状态，因而将产生一系列复杂的岩体力学作用，这些作用可归纳为：

（1）地下开挖破坏了岩体天然应力的相对平衡状态，洞室周边岩体将向开挖空间松胀变形，使围岩中的应力产生重分布作用，形成新的应力状态（称为重分布应力状态）。

（2）在重分布应力作用下，洞室围岩将向洞内变形位移。如果围岩重分布应力超过了岩体的承受能力，围岩将产生破坏。

（3）围岩变形破坏将给地下洞室的稳定性带来危害，因而须对围岩进行支护衬砌，变形破坏的围岩将对支衬结构施加一定的荷载（称为围岩压力，或山岩压力、地压等）。

（4）在有压洞室中，作用有很高的内水压力，并通过衬砌或洞壁传递给围岩，这时围岩将产生一个反力（称为围岩抗力）。

地下洞室围岩稳定性分析，实质上是研究地下开挖后上述4种力学作用的形成机理和计算方法。围岩稳定性是一个相对的概念，它主要研究围岩重分布应力与围岩强度间的相对比例关系。一般来说，当围岩内一点的应力达到并超过了相应围岩的强度时，就认为该处围岩已破坏，否则就不破坏（也就是说该处围岩是稳定的）。因此，地下洞室围岩稳定性分析，首先应根据工程所在的岩体天然应力状态确定洞室开挖后围岩中重分布应力的大小和特点，进而研究围岩应力与围岩变形及强度之间的对比关系，进行稳定性评价；确定围岩压力和围岩抗力的大小与分布情况。本章主要讨论地下洞室围岩重分布应力、围岩变形与破坏、围岩压力和围岩抗力等问题的岩体力学分析计算。

7.2 围岩重分布应力计算

地下洞室围岩应力计算问题可归纳为：

(1) 开挖前岩体天然应力状态（Natural Stress，或称一次应力、初始应力和地应力等）的确定。

(2) 开挖后围岩重分布应力（或称二次应力）的计算。

(3) 支护衬砌后围岩应力状态的改善。

本节仅讨论重分布应力计算问题。

地下开挖前，岩体中每个质点均受到天然应力作用而处于相对平衡状态。洞室开挖后，洞壁岩体因失去了原有岩体的支撑，破坏了原来的受力平衡状态，而向洞内空间胀松变形，其结果又改变了相邻质点的相对平衡关系，引起应力、应变和能量的调整，从而达到新的平衡，形成新的应力状态。人们把地下开挖后围岩中应力应变调整而引起围岩中原有应力大小、方向和性质改变的作用，称为围岩应力重分布作用；经重分布作用后的围岩应力状态称为重分布应力状态，并把重分布应力影响范围内的岩体称为围岩。根据研究表明，围岩内重分布应力状态与岩体的力学属性、天然应力及洞室断面形状等因素密切相关。

7.2.1 无压洞室围岩重分布应力计算

对于那些坚硬致密的块状岩体，当天然应力大约等于或小于其单轴抗压强度的一半时，地下洞室开挖后围岩将呈弹性变形状态。因此这类围岩可近似视为各向同性、连续、均质的线弹性体，其围岩重分布应力可用弹性力学方法计算。这里以水平圆形洞室为重点进行讨论。

7.2.1.1 圆形洞室

深埋于弹性岩体中的水平圆形洞室，围岩重分布应力可以用柯西（Kirsh，1898）问题求解；如果洞室半径相对于洞长很小时，可按平面应变问题考虑。该问题可概化为两侧受均布压力的薄板中心小圆孔周边应力分布的计算问题。

柯西问题的概化模型如图 7-1 所示。设无限大弹性薄板，在边界上受有沿 x 方向的外力 p 作用，薄板中有一半径为 R_0的小圆孔。取如图 7-1 所示的极坐标，薄板中任一点 $M(r,\ \theta)$ 的应力及方向如图 7-1 所示。按平面问题考虑（不计体力），则 M 点的各应力分量，即径向应力 σ_r、环向应力 σ_θ和剪应力$\tau_{r\theta}$与应力函数 ϕ 间的关系，可根据弹性理论表示为：

$$\begin{cases}\sigma_r = \dfrac{1}{r}\dfrac{\partial\phi}{\partial r} + \dfrac{1}{r^2}\dfrac{\partial^2\phi}{\partial\theta^2} \\ \sigma_\theta = \dfrac{\partial^2\phi}{\partial r^2} \\ \tau_{r\theta} = \dfrac{1}{r^2}\dfrac{\partial\phi}{\partial\theta} - \dfrac{1}{r}\dfrac{\partial^2\phi}{\partial r\partial\theta}\end{cases} \tag{7-1}$$

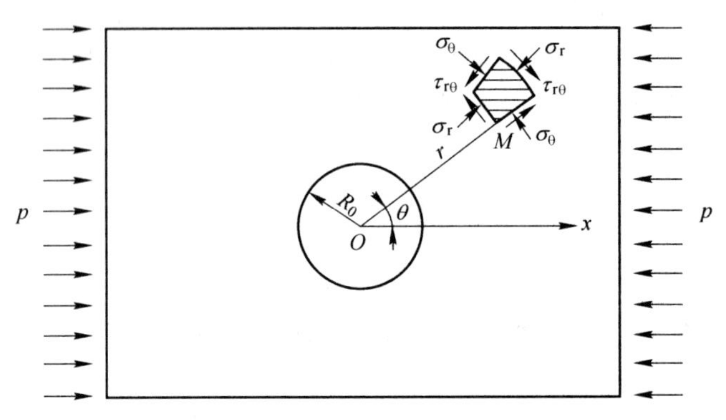

图 7-1 柯西问题分析示意图

式(7-1)的边界条件为：

$$\begin{cases}(\sigma_r)_{r=b}=\dfrac{p}{2}+\dfrac{p}{2}\cos2\theta,\ b\gg R_0\\(\tau_{r\theta})_{r=b}=-\dfrac{p}{2}\sin2\theta,\qquad b\gg R_0\\(\sigma_r)_{r=b}=(\tau_{r\theta})_{r=b}=0,\quad b=R_0\end{cases}\tag{7-2}$$

为了求解微分方程（7-1），设满足该方程的应力函数 Φ 为：

$$\Phi=A\ln r+Br^2+(Cr^2+Dr^{-2}+F)\cos2\theta\tag{7-3}$$

将式(7-3)代入式(7-1)，并考虑到式(7-2)的边界条件，可求得各常数为：

$$A=-\frac{pR_0^2}{2},\ B=\frac{p}{4},\ C=-\frac{p}{4},\ D=-\frac{pR_0^4}{4},\ F=\frac{pR_0^2}{2}\tag{7-4}$$

将以上常数代入式(7-3)，得到应力分量为：

$$\begin{cases}\sigma_r=\dfrac{p}{2}\left[\left(1-\dfrac{R_0^2}{r^2}\right)+\left(1+\dfrac{3R_0^4}{r^4}-\dfrac{4R_0^2}{r^2}\right)\cos2\theta\right]\\\sigma_\theta=\dfrac{p}{2}\left[\left(1+\dfrac{R_0^2}{r^2}\right)-\left(1+\dfrac{3R_0^4}{r^4}\right)\cos2\theta\right]\\\tau_{r\theta}=-\dfrac{p}{2}\left(1-\dfrac{3R_0^4}{r^4}+\dfrac{2R_0^2}{r^2}\right)\sin2\theta\end{cases}\tag{7-5}$$

式中 σ_r，σ_θ，$\tau_{r\theta}$——M 点的径向应力、环向应力和剪应力，以压应力为正，拉应力为负；

θ——M 点的极角，自水平轴（x 轴）起始，逆时针方向为正；

r——径向半径。

式(7-5)是柯西问题求解的无限薄板中心孔周边应力计算公式，把它引用到地下洞室围岩重分布应力计算中来。实际上深埋于岩体中的水平圆形洞室的受力情况是上述情况的复合。假定洞室开挖在天然应力比值系数为 λ 的岩体中，则问题可简化为图 7-2 所示的岩体力学模型。若水平和垂直天然应力都是主应力，则洞室开挖前板内的天然应力为：

$$
\begin{cases}
\sigma_z = \sigma_v \\
\sigma_x = \sigma_h = \lambda\sigma_v \\
\tau_{xz} = \tau_{zx} = 0
\end{cases}
\tag{7-6}
$$

式中　σ_z，σ_h——岩体中垂直和水平天然应力；
　　　τ_{zx}，τ_{xz}——天然剪应力。

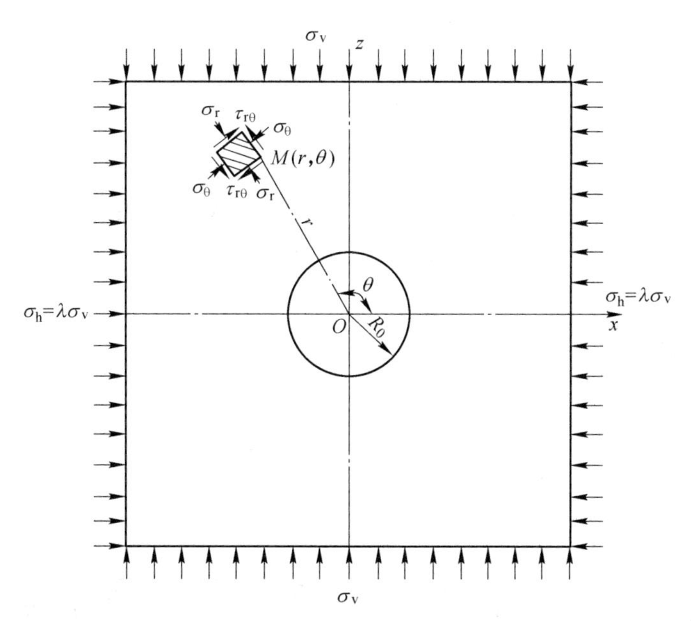

图 7-2　圆形洞室围岩压力分析模型

取垂直坐标轴为 z，水平轴为 x，那么洞室开挖后，垂直天然应力 σ_v 引起的围岩重分布应力也可由式(7-5)确定。在式(7-5)中，p 用 σ_v 代替，而 θ 应是径向半径 OM 与 z 轴的夹角 θ'。若统一用 OM 与 x 轴的夹角 θ 来表示时，则：

$$
\theta = \frac{\pi}{2} + \theta',\ 2\theta' = 2\theta - \pi = -(\pi - 2\theta)
$$

$$
\cos 2\theta' = -\cos 2\theta,\ \sin 2\theta' = -\sin 2\theta
$$

这样由 σ_v 引起的围岩重分布应力为：

$$
\begin{cases}
\sigma_r = \dfrac{\sigma_v}{2}\left[\left(1 - \dfrac{R_0^2}{r^2}\right) - \left(1 + \dfrac{3R_0^4}{r^4} - \dfrac{4R_0^2}{r^2}\right)\cos 2\theta\right] \\
\sigma_\theta = \dfrac{\sigma_v}{2}\left[\left(1 + \dfrac{R_0^2}{r^2}\right) + \left(1 + \dfrac{3R_0^4}{r^4}\right)\cos 2\theta\right] \\
\tau_{r\theta} = \dfrac{\sigma_v}{2}\left(1 - \dfrac{3R_0^4}{r^4} + \dfrac{2R_0^2}{r^2}\right)\sin 2\theta
\end{cases}
\tag{7-7}
$$

由水平天然应力 σ_h 产生的重分布应力，可由式(7-5)直接求得，只须把式中 p 换成 $\lambda\sigma_v$ 即可，因此有：

$$\begin{cases}\sigma_r = \dfrac{\lambda\sigma_v}{2}\left[\left(1-\dfrac{R_0^2}{r^2}\right)+\left(1+\dfrac{3R_0^4}{r^4}-\dfrac{4R_0^2}{r^2}\right)\cos 2\theta\right] \\ \sigma_\theta = \dfrac{\lambda\sigma_v}{2}\left[\left(1+\dfrac{R_0^2}{r^2}\right)-\left(1+\dfrac{3R_0^4}{r^4}\right)\cos 2\theta\right] \\ \tau_{r\theta} = -\dfrac{\lambda\sigma_v}{2}\left(1-\dfrac{3R_0^4}{r^4}+\dfrac{2R_0^2}{r^2}\right)\sin 2\theta\end{cases} \tag{7-8}$$

将式(7-7)和式(7-8)相加，即可得到 σ_v 和 $\lambda\sigma_v$ 同时作用时圆形洞室围岩重分布应力的计算公式，即：

$$\begin{cases}\sigma_r = \sigma_v\left[\dfrac{1+\lambda}{2}\left(1-\dfrac{R_0^2}{r^2}\right)-\dfrac{1-\lambda}{2}\left(1+\dfrac{3R_0^4}{r^4}-\dfrac{4R_0^2}{r^2}\right)\cos 2\theta\right] \\ \sigma_\theta = \sigma_v\left[\dfrac{1+\lambda}{2}\left(1+\dfrac{R_0^2}{r^2}\right)+\dfrac{1-\lambda}{2}\left(1+\dfrac{3R_0^4}{r^4}\right)\cos 2\theta\right] \\ \tau_{r\theta} = \sigma_v\dfrac{1-\lambda}{2}\left(1-\dfrac{3R_0^4}{r^4}+\dfrac{2R_0^2}{r^2}\right)\sin 2\theta\end{cases} \tag{7-9}$$

或

$$\begin{cases}\sigma_r = \dfrac{\sigma_h+\sigma_v}{2}\left(1-\dfrac{R_0^2}{r^2}\right)+\dfrac{\sigma_h-\sigma_v}{2}\left(1+\dfrac{3R_0^4}{r^4}-\dfrac{4R_0^2}{r^2}\right)\cos 2\theta \\ \sigma_\theta = \dfrac{\sigma_h+\sigma_v}{2}\left(1+\dfrac{R_0^2}{r^2}\right)-\dfrac{\sigma_h-\sigma_v}{2}\left(1+\dfrac{3R_0^4}{r^4}\right)\cos 2\theta \\ \tau_{r\theta} = -\dfrac{\sigma_h-\sigma_v}{2}\left(1-\dfrac{3R_0^4}{r^4}+\dfrac{2R_0^2}{r^2}\right)\sin 2\theta\end{cases} \tag{7-10}$$

由式(7-9)和式(7-10)可知，当天然应力 σ_h、σ_v 和 R_0 一定时，围岩重分布应力是研究点位置（r，θ）的函数。令 $r=R_0$ 时，则洞壁上的重分布应力由式(7-10)得出，即：

$$\begin{cases}\sigma_r = 0 \\ \sigma_\theta = \sigma_h+\sigma_v-2(\sigma_h-\sigma_v)\cos 2\theta \\ \tau_{r\theta} = 0\end{cases} \tag{7-11}$$

由式(7-11)可知，洞壁上的 $\tau_{r\theta}=0$、$\sigma_r=0$，仅由 σ_θ 作用，为单向应力状态，且其 σ_θ 大小仅与天然应力状态及计算点的位置 θ 有关，与洞室尺寸 R_0 无关。

从式(7-11)，取 $\lambda=\sigma_h/\sigma_v$ 为 1/3，1，2，3 等不同数值时，可求得洞壁上 0°，180°及 90°，270°两个方向的应力 σ_θ（见表 7-1 和图 7-3）。结果表明，当 $\lambda<1/3$ 时，洞顶底部将出现拉应力；当 $1/3<\lambda<3$ 时，洞壁围岩内的 σ_θ 全为压应力，且应力分布均匀；当 $\lambda>3$ 时，洞壁两侧将出现拉应力，洞顶底部则出现较高的压应力集中。因此，每种洞形的洞室都有一个不出现拉应力的临界 λ 值，这对不同天然应力场中合理洞形的选择很有意义。

表 7-1 洞壁上特征部位的重分布应力 σ_θ 值

		θ				θ	
σ_θ		0°，180°	90°，270°	σ_θ		0°，180°	90°，270°
λ	0	$3\sigma_v$	$-\sigma_v$	λ	3	0	$8\sigma_v$
	1/3	$8\sigma_v/3$	0		4	$-\sigma_v$	$11\sigma_v$
	1	$2\sigma_v$	$2\sigma_v$		5	$-\sigma_v$	$14\sigma_v$
	2	σ_v	$5\sigma_v$				

为了研究重分布应力的影响范围，设 $\lambda=1$，即 $\sigma_h=\sigma_v=\sigma_0$，则式(7-10)可变为：

$$\begin{cases}\sigma_r=\sigma_0\left(1-\dfrac{R_0^2}{r^2}\right)\\ \sigma_\theta=\sigma_0\left(1+\dfrac{R_0^2}{r^2}\right)\\ \tau_{r\theta}=0\end{cases} \tag{7-12}$$

由式(7-12)可说明，当天然应力为静水压力状态时，围岩内重分布应力与 θ 无关，仅与 R_0 和 σ_0 有关。由于 $\tau_{r\theta}=0$，则 σ_r、σ_θ 均为主应力，且 σ_θ 恒为最大主应力，σ_r 恒为最小主应力，其分布特征如图 7-4 所示。当 $r=R_0$（洞壁）时，$\sigma_r=0$，$\sigma_\theta=2\sigma_0$，由此可知洞壁上的应力差最大，且处于单向受力状态，说明洞壁最易发生破坏。随着离洞壁 r 距离增大，σ_r 逐渐增大，σ_θ 逐渐减小，并都渐渐趋近于天然应力 σ_0 值。在理论上，σ_r、σ_θ 要在 $r\to\infty$ 处才达到 σ_0 值，但实际上 σ_r、σ_θ 趋近于 σ_0 的速度很快。计算显示，当 $r=6R_0$ 时，σ_r 和 σ_θ 与 σ_0 相差仅 2.8%，因此，一般认为地下洞室开挖引起的围岩分布应力范围为 $6R_0$。在该范围以外，不受开挖影响，这范围内的岩体就是常说的围岩，也是有限元计算模型的边界范围。

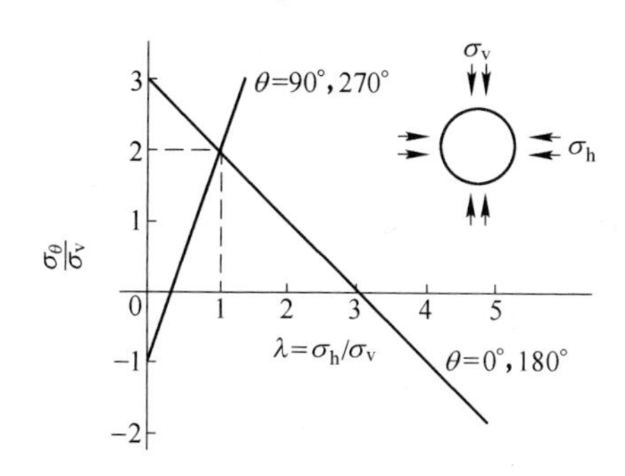

图 7-3 σ_θ/σ_v 随 λ 的变化曲线

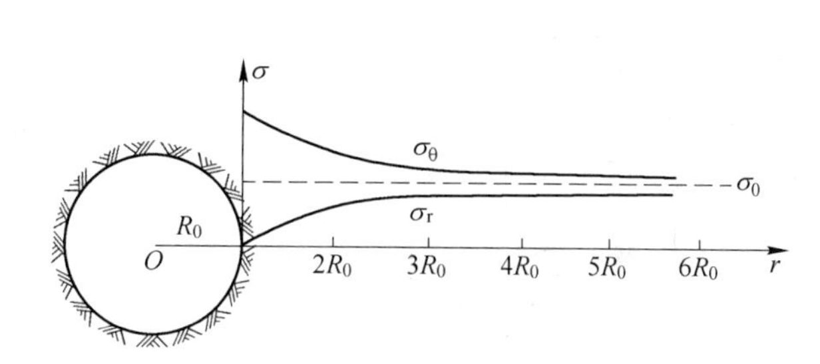

图 7-4 σ_r、σ_θ 随 r 增大的变化曲线

7.2.1.2 其他形状洞室

为了最有效和经济地利用地下空间，地下建筑的断面经常根据实际需要，开挖成非圆形的各种形状。下面将讨论洞形对围岩重分布应力的影响。

由圆形洞室围岩重分布应力分析可知，重分布应力的最大值在洞壁上，且仅有 σ_θ，因此只要洞壁围岩在重分布应力 σ_θ 的作用下不发生破坏，那么洞室围岩一般也是稳定的。

为了研究各种洞形洞壁上的重分布应力及其变化情况，先引进应力集中系数的概念。

地下洞室开挖后洞壁上一点的应力与开挖前洞壁处该点天然应力的比值，称为应力集中系数。该系数反映了洞壁各点开挖前后应力的变化情况。从式(7-11)可知，圆形洞室洞壁处的应力 σ_θ 可表示为：

$$\sigma_\theta = \sigma_h(1 - 2\cos2\theta) + \sigma_v(1 + 2\cos2\theta) \tag{7-13}$$

令 $\alpha = 1 - 2\cos2\theta$, $\beta = 1 + 2\cos2\theta$ ，则有：

$$\sigma_\theta = \alpha\sigma_h + \beta\sigma_v \tag{7-14}$$

式中，α、β 为应力集中系数，其大小仅与点的位置有关。

类似地，对于其他形状洞室也可以用式（7-14）来表达洞壁上的重分布应力，不同的只是洞形，α、β 也不同。表 7-2 列出了常见的几种形状洞室洞壁的应力集中系数 α、β 值，这些系数是依照实验中的弹性力学方法求得的。应用这些系数，可以由已知的岩体天然应力 σ_h、σ_v 来确定洞壁围岩重分布应力。由表 7-2 可以看出，各种不同形状洞室洞壁上的重分布应力有如下特点。

表 7-2 各种洞形洞壁的应力集中系数

编号	洞室形状	各点应力集中系数			备 注
		点号	α	β	
1	圆形	A	3	−1	（1）洞壁上各点的重分布应力计算公式为：$\sigma_\theta=\alpha\sigma_h+\beta\sigma_v$ （2）资料取自萨文《孔口应力集中》一书
		B	−1	3	
		m	$1-2\cos2\theta$	$1+2\cos2\theta$	
2	椭圆形	A	$2b/a+1$	−1	
		B	−1	$2a/b+1$	
3	方形	A	1.616	−0.87	
		B	−0.87	1.616	
		C	0.256	4.230	
4	矩形 $b/a=3.2$	A	1.40	−1.00	
		B	−0.80	2.20	
5	矩形 $b/a=5$	A	1.20	−0.95	
		B	−0.80	2.40	
6	地下厂房 $h/b=0.36$，$H/h=1.43$	A	2.66	−0.38	据云南昆明水电勘测设计院“第四发电厂地下厂房光弹试验报告”（1971）
		B	−0.38	0.77	
		C	1.14	1.54	
		D	1.90	1.54	

(1) 椭圆形洞室长轴两端点应力集中最大，易引起压碎破坏；而短轴两端易出现拉应力集中，不利于围岩稳定。

(2) 各种形状洞室的角点或急拐弯处应力集中最大，如正方形或矩形洞室角点等。

(3) 长方形短边中点应力集中大于长边中点，而角点处应力集中最大，围岩最易失稳。

(4) 当岩体中天然应力 $\boldsymbol{\sigma}_{\mathrm{h}}$ 和 $\boldsymbol{\sigma}_{\mathrm{v}}$ 相差不大时，以圆形洞室围岩应力分布最均匀，围岩稳定性最好。

(5) 当岩体中天然应力 $\boldsymbol{\sigma}_{\mathrm{h}}$ 和 $\boldsymbol{\sigma}_{\mathrm{v}}$ 相差较大时，则应尽可能使洞室长轴平行于最大天然应力的作用方向。

(6) 在天然应力很大的岩体中，洞室断面应尽量采用曲线形，以避免角点上过大的应力集中。

7.2.1.3 软弱结构面对围岩重分布应力的影响

由于岩体中常发育有各种结构面，结构面对围岩重分布应力有何影响，就成为一个值得研究的问题。研究表明，在有些情况下，结构面的存在对围岩重分布应力有很大的影响。在下面的讨论中，假定围岩中结构面是无抗拉能力的，且其抗剪强度也很低，在剪切过程中，结构面无剪胀作用。以下分两种情况进行讨论：

(1) 围岩中有一条垂直于 $\boldsymbol{\sigma}_{\mathrm{v}}$、沿水平直径与洞壁相交的软弱结构面，如图 7-5 所示。由式(7-9)可知，对于 $\theta=0°$，沿水平直径方向上所有的点 $\tau_{r\theta}$ 均为 0。因此，沿结构面各点的 $\boldsymbol{\sigma}_{\mathrm{r}}$ 和 $\boldsymbol{\sigma}_{\theta}$ 均为主应力，结构面上无剪应力作用，所以不会沿结构面产生滑动，结构面存在对围岩重分布应力的弹性分析无影响。

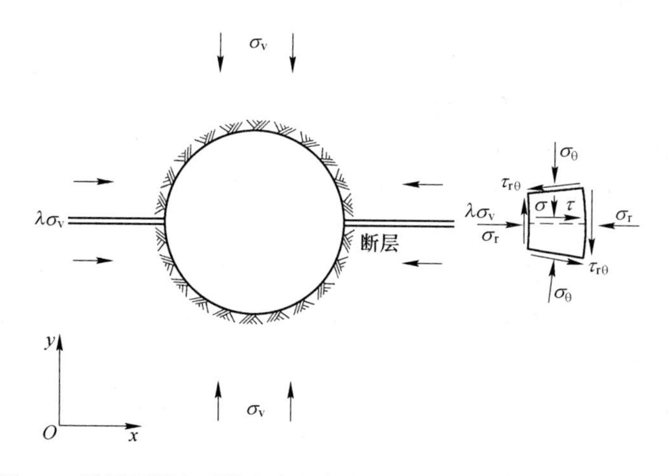

图 7-5 沿圆形洞水平轴方向发育结构面的情况及应力分析示意图

(2) 围岩中存在一平行于 $\boldsymbol{\sigma}_{\mathrm{v}}$、沿垂直方向直径与洞壁相交的软弱结构面［见图 7-6 (a)］。由式(7-9)可知，对于 $\theta=90°$，结构面上也无剪应力作用。所以也不会因结构面存在而改变围岩中弹性应力分布情况。但是，当 $\lambda<1/3$ 时，在洞顶底将产生拉应力。在这一拉应力作用下，结构面将被拉开，并在顶底形成一个椭圆形应力降低区［见图 7-6 (b)］。设椭圆短轴与洞室水平直径一致，为 $2R_0$，长轴平行于结构面，其大小为 $2R_0+2\Delta h$，而 Δh 为：

$$\Delta h = R_0 \frac{1 - 3\lambda}{2\lambda} \tag{7-15}$$

以上是两种简单的情况，在其他情况下，洞室围岩内的应力分布比较复杂，影响程度也不尽相同，在此不详细讨论，读者可参阅有关文献。

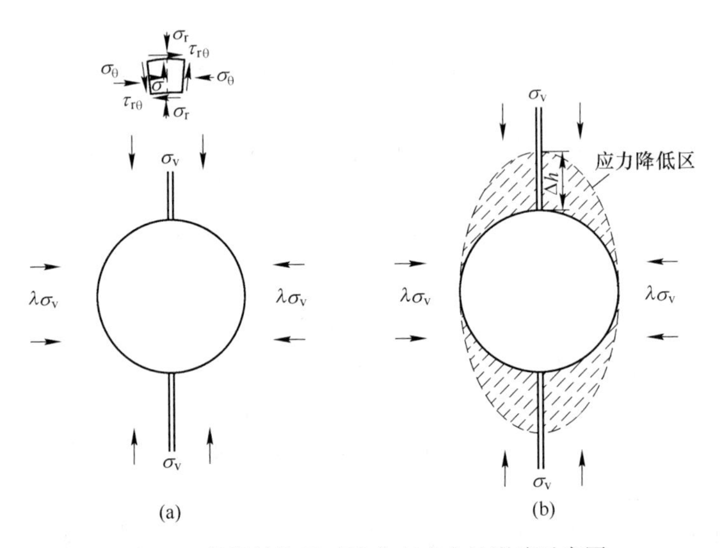

图 7-6 软弱结构面对重分布应力的影响示意图

（a）沿铅直方向直径与洞壁交切的软弱结构面；（b）$\lambda<1/3$，洞顶底的应力降低区

7.2.2 塑性围岩重分布应力

大多数岩体往往受结构面切割使其整体性丧失，强度降低，在重分布应力作用下，很容易发生塑性变形而改变其原有的物性状态。由弹性围岩重分布应力特点可知，地下开挖后洞壁的应力集中最大。当洞壁重分布应力超过围岩屈服极限时，洞壁围岩就由弹性状态转化为塑性状态，并在围岩中形成一个塑性松动圈。但是这种塑性圈不会无限扩大，这是由于随着距洞壁距离增大，径向应力由零逐渐增大，应力状态由洞壁的单向应力状态逐渐转化为双向应力状态。莫尔应力圆由与强度包络线相切的状态逐渐内移，变为与强度包络线不相切。围岩的强度条件得到改善。围岩也就由塑性状态逐渐转化为弹性状态，这样，围岩中将出现塑性圈和弹性圈。

塑性圈岩体的基本特点是裂隙增多，内聚力、内摩擦角和变形模量值降低；而弹性圈围岩仍保持原岩强度，其应力、应变关系仍服从胡克定律。

塑性松动圈的出现，使圈内一定范围内的应力因释放而明显降低，而最大应力集中由原来的洞壁移至塑、弹圈交界处，使弹性区的应力明显升高。弹性区以外则是应力基本未产生变化的天然应力区（或称原岩应力区）。各圈（区）的应力变化如图 7-7 所示，在这种情况下，围岩重分布应力就不能用弹性理论计算了，而应采用塑性理论求解。

为了求解塑性区圈内的重分布应力，假设在均质、各向同性、连续的岩体中开挖一半径为 R_0水平圆形洞室，开挖后形成的塑性松动圈半径为 R_1，岩体中的天然应力为 $\sigma_h = \sigma_v = \sigma_0$，圈内岩体强度服从莫尔直线强度条件。塑性圈以外岩体仍处于弹性状态。

如图 7-8 所示，在塑性圈内取一微小单元体 $abdc$，单元体的 bd 面上作用有径向应力

σ_r，而相距 dr 的 ac 面上的径向应力为 $(\sigma_r + d\sigma_r)$，在 ab 和 cd 面上作用有切向应力 σ_θ，由于 $\lambda=1$，单元体各面上的剪应力 $\tau_{r\theta}=0$。当微小单元体处于极限平衡状态时，作用在单元体上的全部力在径向 r 上的投影之和为零，即 $\Sigma F_r=0$。取投影后的方向向外为正，则得平衡方程为：

$$\sigma_r r d\theta - (\sigma_r + d\sigma_r)(r + dr)d\theta + 2\sigma_\theta dr \sin\left(\frac{d\theta}{2}\right) = 0$$

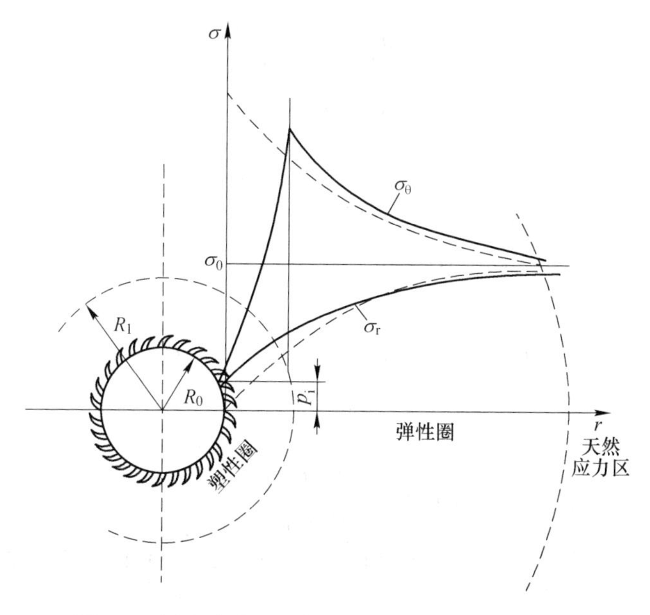

图 7-7 围岩中出现塑性圈时的应力重分布示意图
（虚线为未出现塑性圈的应力，实线为出现塑性圈的应力）

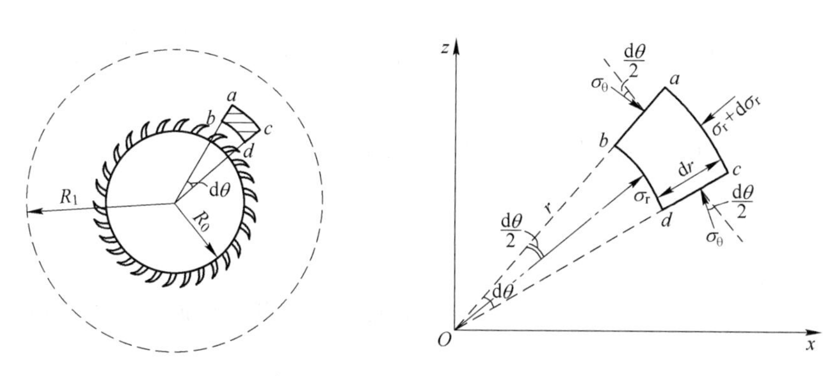

图 7-8 塑性圈围岩应力分析图

当 dθ 很小时，$\sin d\theta/2 \approx d\theta/2$，将上式展开，略去高阶微量整理后得到：

$$(\sigma_\theta - \sigma_r)dr = rdr \tag{7-16}$$

因为塑性圈内 σ_θ 和 σ_r 是主应力，设岩体满足如下的塑性条件（莫尔斜直线判据）：

$$\frac{\sigma_\theta + C_m \cot\phi_m}{\sigma_r + C_m \cot\phi_m} = \frac{1 + \sin\phi_m}{1 - \sin\phi_m} \tag{7-17}$$

由式(7-16)得：

$$\sigma_\theta = \frac{r\mathrm{d}\sigma}{\mathrm{d}r} + \sigma_r \tag{7-18}$$

将式(7-17)代入式(7-18)中，整理简化，得：

$$\frac{\mathrm{d}(\sigma_r + C_m\cot\phi_m)}{\sigma_r + C_m\cot\phi_m} = \left(\frac{1+\sin\phi_m}{1-\sin\phi_m} - 1\right)\frac{\mathrm{d}r}{r} = \frac{2\sin\phi_m}{1-\sin\phi_m}\frac{\mathrm{d}r}{r}$$

将上式两边都积分，得：

$$\ln(\sigma_r + C_m\cot\phi_m) = \frac{2\sin\phi_m}{1-\sin\phi_m}\ln r + A \tag{7-19}$$

式中，A 为积分常数，可由边界条件 $r=R_0$、$\sigma_r=p_i$(p_i为洞室内壁上的支护力）确定，代入式(7-19)，得：

$$A = \ln(\sigma_r + C_m\cot\phi_m) - \frac{2\sin\phi_m}{1-\sin\phi_m}\ln R_0 \tag{7-20}$$

将式(7-20)代入式(7-19)后，整理得：

$$\sigma_r = (p_i + C_m\cot\phi_m)\left(\frac{r}{R_0}\right)^{\frac{2\sin\phi_m}{1-\sin\phi_m}} - C_m\cot\phi_m \tag{7-21}$$

同理可得：

$$\sigma_\theta = (p_i + C_m\cot\phi_m)\frac{1+\sin\phi_m}{1-\sin\phi_m}\left(\frac{r}{R_0}\right)^{\frac{2\sin\phi_m}{1-\sin\phi_m}} - C_m\cot\phi_m \tag{7-22}$$

将上述 σ_r、σ_θ、$\tau_{r\theta}$写在一起，即得到塑性圈内围岩重分布应力的计算公式为：

$$\begin{cases}\sigma_r = (p_i + C_m\cot\phi_m)\left(\dfrac{r}{R_0}\right)^{\frac{2\sin\phi_m}{1-\sin\phi_m}} - C_m\cot\phi_m \\ \sigma_\theta = (p_i + C_m\cot\phi_m)\dfrac{1+\sin\phi_m}{1-\sin\phi_m}\left(\dfrac{r}{R_0}\right)^{\frac{2\sin\phi_m}{1-\sin\phi_m}} - C_m\cot\phi_m \\ \tau_{r\theta} = 0\end{cases} \tag{7-23}$$

式中 C_m，ϕ_m——塑性圈岩体的内聚力和内摩擦角；

r——径向半径；

p_i——洞壁支护力；

R_0——洞半径。

塑性圈与弹性圈交界面（$r=R_1$）处的重分布应力，利用该面上的弹性应力和塑性应力相等条件可得：

$$\begin{cases}\sigma_{rpe} = \sigma_0(1-\sin\phi_m) - C_m\cos\phi_m \\ \sigma_{\theta pe} = \sigma_0(1+\sin\phi_m) + C_m\cos\phi_m \\ \tau_{rpe} = 0\end{cases} \tag{7-24}$$

式中 σ_{rpe}，$\sigma_{\theta pe}$，τ_{rpe}——$r=R_1$处的径向应力、环向应力和剪应力；

σ_0——岩体天然应力。

弹性圈内的应力分布如7.1节所述，其值等于σ_0引起的应力与σ_{R_1}（弹、塑性圈交界面上的径向应力）引起的附加应力之和。综合以上可得围岩重分布应力如图7-8所示。

由式（7-23）可知，塑性圈内围岩重分布应力与岩体天然应力（σ_0）无关，而取决于支护力（p_i）和岩体强度（C_m、ϕ_m）值。由式(7-24)可知，塑、弹性圈交界面上的重分布应力取决于 σ_0、C_m、ϕ_m，而与 p_i 无关。这说明支护力不能改变交界面上的应力大小，只能控制塑性松动圈半径（R_1）的大小。

7.2.3　有压洞室围岩重分布应力计算

有压洞室在水电工程中较为常见。由于其洞室内壁上作用有较高的内水压力，围岩中的重分布应力比较复杂。这种洞室围岩最初是处于开挖后引起的重分布应力之中，然后进行支护衬砌，又使围岩重分布应力得到改善。洞室建成运行后洞内壁作用有内水压力，使围岩中产生一个附加应力。本节重点讨论内水压力引起的围岩附加应力问题。

有压洞室围岩的附加应力可用弹性厚壁筒理论来计算。如图 7-9 所示，在一内半径为 a，外半径为 b 的厚壁筒内壁上作用有均布内水压力 p_a，外壁作用有均匀压力 p_b。在内水压力作用下，内壁向外均匀膨胀，其膨胀位移随距离增大而减小，最后到距内壁一定距离时达到零。附加径向和环向应力也是近洞壁大，远离洞壁小。由弹性理论可推得，在内水压力作用下，厚壁筒内的应力计算公式为：

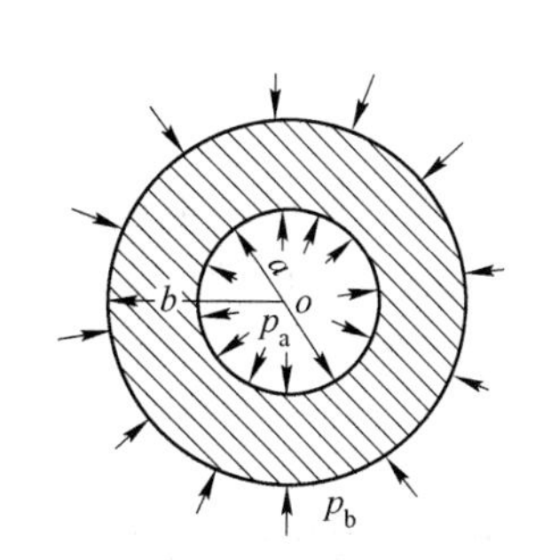

图 7-9　厚壁圆筒受力图

$$\begin{cases}\sigma_r = \dfrac{b^2 p_b - a^2 p_a}{b^2 - a^2} - \dfrac{(p_b - p_a)a^2 b^2}{b^2 - a^2}\dfrac{1}{r^2} \\ \sigma_\theta = \dfrac{b^2 p_b - a^2 p_a}{b^2 - a^2} + \dfrac{(p_b - p_a)a^2 b^2}{b^2 - a^2}\dfrac{1}{r^2}\end{cases} \tag{7-25}$$

若使 $b \to \infty$(即 $b \gg a$)，$p_b = \sigma_0$时，则 $\dfrac{b^2}{b^2 - a^2} \approx 1$，$\dfrac{a^2}{b^2 - a^2} = 0$。代入式(7-25)，得：

$$\begin{cases}\sigma_r = \sigma_0\left(1 - \dfrac{a^2}{r^2}\right) + p_a \dfrac{a^2}{r^2} \\ \sigma_\theta = \sigma_0\left(1 + \dfrac{a^2}{r^2}\right) - p_a \dfrac{a^2}{r^2}\end{cases} \tag{7-26}$$

若有压洞室半径为 R_0，内水压力 p_a，则式（7-26）可变为：

$$\begin{cases}\sigma_r = \sigma_0\left(1 - \dfrac{R^2}{r^2}\right) + p_a \dfrac{R^2}{r^2} \\ \sigma_\theta = \sigma_0\left(1 + \dfrac{R_0^2}{r^2}\right) - p_a \dfrac{R_0^2}{r^2}\end{cases} \tag{7-27}$$

由式(7-27)可知，有压洞室围岩重分布应力 σ_r 和 σ_θ 由开挖以后围岩重分布应力和内水压力引起的附加应力两项组成，前项重分布应力即为式(7-12)；后项为内水压力引起的附加应力值，即：

$$\begin{cases}\sigma_r = \sigma_0\left(1 - \dfrac{R_0^2}{r^2}\right) + p_a \dfrac{R_0^2}{r^2} \\ \sigma_\theta = \sigma_0\left(1 + \dfrac{R_0^2}{r^2}\right) - p_a \dfrac{R_0^2}{r^2}\end{cases} \tag{7-28}$$

由式(7-28)可知，内水压力使围岩产生负的环向应力，即为拉应力。当这个环向应力很大时，则常使围岩产生放射状裂隙。内水压力使围岩产生附加应力的影响范围大致也为6倍洞半径。

7.3 围岩的变形与破坏

地下开挖后台体中形成一个自由变形空间，使原来处于挤压状态的围岩，因失去了支撑而发生向洞内松胀变形；这种变形如果超过了围岩本身所能承受的能力，那么围岩就要发生破坏，并从母岩中脱落形成坍塌、滑动或岩爆（前者为变形，后者为破坏）。

研究表明，围岩变形破坏形式常取决于围岩应力状态、岩体结构及洞室断面形状等因素。本节重点讨论围岩结构及其力学性质对围岩变形破坏的影响，以及围岩变形破坏的预测方法。

7.3.1 各类结果围岩的变形破坏特点

岩体可以划分为整体状、块状、层状、碎裂状和散体状五种结构类型。它们各自的变形特征和破坏机理不同，现分述如下。

7.3.1.1 整体状和块状岩体围岩

这类岩体本身具有很高的力学强度和抗变形能力，其主要结构面是节理，很少有断层，含有少量的裂隙水。在力学属性上可视为均质、各向同性、连续的线弹性介质，应力应变呈近似直线关系。这类围岩具有很好的自稳能力，其变形破坏形式主要有岩爆脆性开裂及块体滑移等。

岩爆是高地应力地区。由于洞壁围岩中应力高度集中，围岩会产生突发性变形破坏的现象。伴随岩爆产生，常有岩块弹射、声响及冲击波产生，对地下洞室开挖与安全造成极大的危害。

脆性开裂常出现在拉应力集中部位，比如洞顶或岩柱中。当天然应力比值系数 $\lambda<1/3$ 时，洞顶常出现拉应力，容易产生拉裂破坏。尤其是当岩体中发育有近垂直的结构面时，即使拉应力小也可产生纵向张裂隙，在水平向裂隙交切作用下，易形成不稳定块体而塌落，形成洞顶塌方。

块体滑移是块状岩体常见的破坏形成，它是以结构面切割而成的不稳定块体滑出的形式出现。其破坏规模与形态受结构面的分布、组合形式及其与开挖面的相对关系控制。典型的块体滑移形式如图 7-10 所示。

这类围岩的整体变形破坏可用弹性理论分析，局部块体滑移可用块体极限平衡理论来分析。

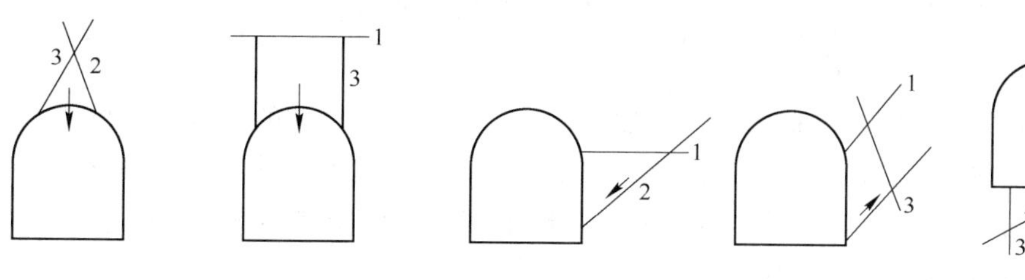

图 7-10 坚硬块状岩体中块体滑移形式示意图

1—层面；2—断裂；3—裂隙

7.3.1.2 层状岩体围岩

这类岩体常呈软硬岩层相间的互层形式出现。岩体中的结构面以层理面为主，并有层间错动泥化夹层等软弱结构面发育。层状岩体围岩的变形破坏主要受岩层产状及岩层组合等因素控制，其破坏形式主要有沿层面张裂、折断塌落、弯曲内鼓等。不同产状围岩的变形破坏形式如图 7-11 所示。在水平层状围岩中，洞顶岩层可视为两端固定的板梁，在顶板压力下，将产生下沉弯曲、开裂。当岩层较薄时，如不及时支撑，任其发展，则将逐层折断塌落，最终形成如图 7-11(a)所示的三角形塌落体在倾斜层状围岩中，常表现为沿倾斜方向一侧岩层弯曲塌落。另一侧边墙岩块滑移等破坏形式，形成不对称的塌落拱，这时将出现如图 7-11(b)所示的偏压现象。在直立层状围岩中，当天然应力比值系数$\lambda<1/3$时，洞顶由于受拉应力作用，使之发生沿层面纵向拉裂，在自重作用下岩柱易被拉断塌落。侧墙则因压力平行于层，常发生纵向弯折内鼓，进而危及洞顶安全［见图 7-11(c)］。但当洞轴线与岩层走向有一交角时，围岩稳定性会大大改善。经验表明，当这一交角大于 20°时，洞室边墙不易失稳。

这类岩体围岩的变形破坏常可用弹性梁，弹性板或材料力学中的压杆平衡理论来分析。

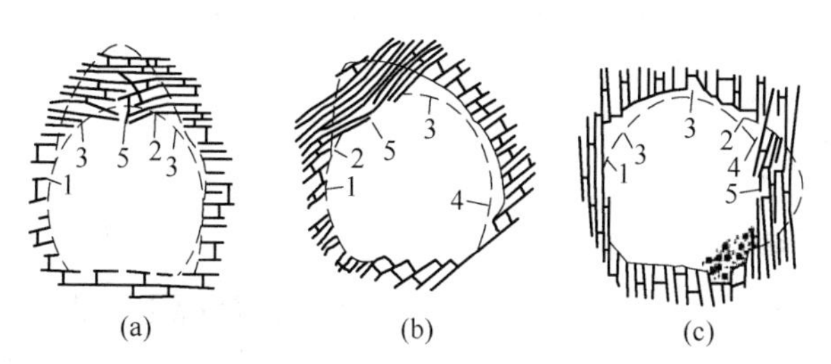

图 7-11 层状围岩变形破坏特征示意图

(a) 水平层状岩体；(b) 倾斜层状岩体；(c) 直立层状岩体

1—设计断面轮廓线；2—破坏区；3—崩塌；4—滑动；5—弯曲、张裂及折断

7.3.1.3 碎裂状岩体围岩

碎裂岩体是指断层、褶曲、岩脉穿插挤压和风化破碎次生夹泥的岩体。这类围岩的变形破坏形式常表现为塌方和滑动，破坏规模和特征主要取决于岩体的破碎程度和含泥多少。在夹泥少、以岩块刚性接触为主的碎裂围岩中，变形时岩块由于相互镶合挤压，错动时产生较大阻力，因而不易大规模塌方；相反，当围岩中含泥量很高时，岩块间由于不是刚性接触，则易产生大规模塌方或塑性挤入，若不及时支护，将愈演愈烈。

这类围岩的变形破坏，可用松散介质极限平衡理论来分析。

7.3.1.4 散体状岩体围岩

散体状岩体是指强烈构造破碎、强烈风化的岩体或新近堆积的土体。这类围岩常表现为弹塑性、塑性或流变性，其变形破坏形式以拱形冒落为主。当围岩结构均匀时，冒落拱形状较为规则［见图 7-12(a)］；但当围岩结构不均匀或松动岩体仅构成局部围岩时，则常表现为局部塌方塑性挤入及滑动等变形破坏形式［见图 7-12(b)~(d)］。

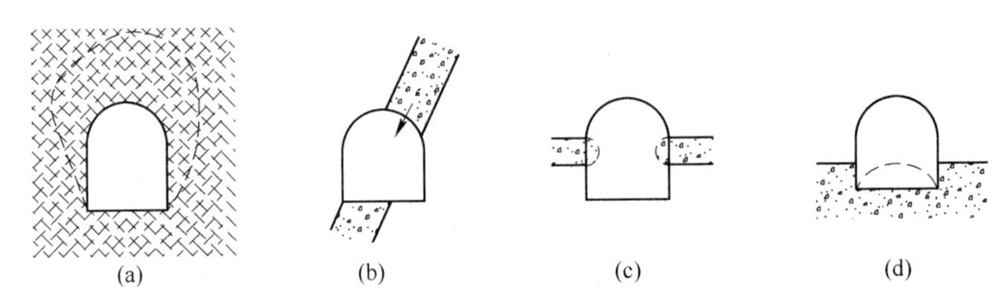

图 7-12 散体状围岩变形破坏特征示意图

（a）拱形冒落；（b）局部塌方造成的偏压；（c）侧鼓；（d）底鼓

这类围岩的变形破坏，可用松散介质极限平衡理论配合流变理论来分析。

应当指出，任何一类围岩的变形破坏都是渐进式逐次发展的。其逐次变形破坏过程常表现为侧向与垂向变形相互交替发生、互为因果，形成连锁反应。例如，水平层状围岩的塌方过程常表现为拱脚附近岩体的塌落和超挖，然后顶板沿层面脱开，产生下沉及纵向开裂，边墙岩块滑落。当变形继续向顶板以上发展时，形成松动塌落，压力传至顶拱，再次危害顶拱稳定。如此循环往复，直至达到最终平衡状态。又比如块状围岩的变形破坏过程往往是先由边墙楔形岩块滑移，导致拱脚失去支撑，进而使洞顶楔形岩块塌落等。其他类型围岩的变形破坏过程也是如此，只是各次变形破坏的形式和先后顺序不同而已。在分析围岩变形破坏时，应抓住其变形破坏的始发点和发生连锁反应的关键点，预测变形破坏逐次发展及迁移的规律。

7.3.2 围岩位移计算

7.3.2.1 弹性位移计算

在坚硬完整的岩体中开挖洞室，当天然应力不大的情况下，围岩常处于弹性状态。这时洞壁围岩的位移可用弹性理论进行计算。在此，先讨论平面应变条件下洞壁围岩弹性位移的计算问题。

根据弹性理论，平面应变与位移间的关系为：

$$\begin{cases} \varepsilon_{\mathrm{r}} = \dfrac{\partial u}{\partial r} \\ \varepsilon_{\theta} = \dfrac{u}{r} + \dfrac{1}{r}\dfrac{\partial v}{\partial \theta} \\ \gamma_{\mathrm{r}\theta} = \dfrac{1}{r}\dfrac{\partial u}{\partial \theta} + \dfrac{\partial v}{\partial r} - \dfrac{v}{r} \end{cases} \tag{7-29}$$

平面应变与应力的物理方程为：

$$\begin{cases}\varepsilon_r = \dfrac{1}{E_{me}}[(1-\mu_m^2)\sigma_r - \mu_m(1+\mu_m)\sigma_\theta] \\ \varepsilon_\theta = \dfrac{1}{E_{me}}[(1-\mu_m^2)\sigma_\theta - \mu_m(1+\mu_m)\sigma_r] \\ \gamma_{r\theta} = \dfrac{2}{E_{me}}(1+\mu_m)\tau_{r\theta}\end{cases} \tag{7-30}$$

由式(7-29)和式(7-30)，得：

$$\begin{cases}\dfrac{\partial u}{\partial r} = \dfrac{1}{E_{me}}[(1-\mu_m^2)\sigma_r - \mu_m(1+\mu_m)\sigma_\theta] \\ \dfrac{u}{r} + \dfrac{\partial v}{r\partial\theta} = \dfrac{1}{E_{me}}[(1-\mu_m^2)\sigma_\theta - \mu_m(1+\mu_m)\sigma_r] \\ \dfrac{\partial u}{r\partial\theta} + \dfrac{\partial v}{\partial r} - \dfrac{v}{r} = \dfrac{2}{E_{me}}(1+\mu_m)\tau_{r\theta}\end{cases} \tag{7-31}$$

将式(7-10)的围岩重分布应力（σ_r，σ_θ）代入式(7-31)，并进行积分运算，求得在平面应变条件下的围岩位移为：

$$\begin{cases}u = \dfrac{1-\mu_m^2}{E_{me}}\left[\dfrac{\sigma_h+\sigma_v}{2}\left(r+\dfrac{R_0^2}{r}\right)+\dfrac{\sigma_h-\sigma_v}{2}\left(r-\dfrac{R_0^4}{r^3}+\dfrac{4R_0^2}{r}\right)\cos2\theta\right]- \\ \qquad \dfrac{\mu_m(1+\mu_m)}{E_{me}}\left[\dfrac{\sigma_h+\sigma_v}{2}\left(r-\dfrac{R_0^2}{r}\right)-\dfrac{\sigma_h-\sigma_v}{2}\left(r-\dfrac{R_0^4}{r^3}\right)\cos2\theta\right] \\ v = -\dfrac{1-\mu_m^2}{E_{me}}\left[\dfrac{\sigma_h-\sigma_v}{2}\left(r+\dfrac{R_0^4}{r^3}+\dfrac{2R_0^2}{r}\right)\sin2\theta\right]- \\ \qquad \dfrac{\mu_m(1+\mu_m)}{E_{me}}\left[\dfrac{\sigma_h-\sigma_v}{2}\left(r+\dfrac{R_0^4}{r^3}-\dfrac{2R_0^2}{r}\right)\sin2\theta\right]\end{cases} \tag{7-32}$$

式中 u，v——围岩内任一点的径向位移和环向位移；

E_{me}，μ_m——岩体的弹性模量和泊松比。

当$r=R_0$时，由式(7-32)可得洞壁的弹性位移为：

$$\begin{cases}u = \dfrac{(1-\mu_m^2)R_0}{E_{me}}[\sigma_h+\sigma_v+2(\sigma_h-\sigma_v)\cos2\theta] \\ v = -\dfrac{2(1-\mu_m^2)R_0}{E_{me}}(\sigma_h-\sigma_v)\sin2\theta\end{cases} \tag{7-33}$$

当天然应力为静水压力状态（$\sigma_h=\sigma_v=\sigma_0$）时，则式(7-33)可简化为：

$$u = \frac{2R_0\sigma_0(1-\mu_m^2)}{E_{me}} \tag{7-34}$$

由此可见，在$\sigma_h=\sigma_v=\sigma_0$的天然应力状态中，洞壁仅产生径向位移，而无环向位移。

式(7-34)是在$\sigma_h=\sigma_v$时，考虑天然应力与开挖卸荷共同引起的围岩位移。但一般认为，天然应力引起的位移在洞室开挖前就已经完成了，开挖后洞壁的位移仅是由于开挖卸荷（开挖后重分布应力与天然应力的应力差）引起的。假设岩体中天然应力为$\sigma_h=\sigma_v=\sigma_0$，则开挖前洞壁围岩中一点的应力为$\sigma_{r_1}=\sigma_{\theta_1}=\sigma_0$，而开挖后洞壁上的重分布应力由式

(7-11)得：$\sigma_{r_2}=0$，$\sigma_{\theta_2}=2\sigma_0$，那么因开挖卸荷引起的应力差为：

$$\begin{cases}\Delta\sigma_r=\sigma_{r_2}-\sigma_{r_1}=-\sigma_0\\ \Delta\sigma_\theta=\sigma_{\theta_2}-\sigma_{\theta_1}=\sigma_0\end{cases} \tag{7-35}$$

将 $\Delta\sigma_r$、$\Delta\sigma_\theta$ 代入式(7-31)的第一个式子，得：

$$\varepsilon_r=\frac{\partial u}{\partial r}=\frac{1-\mu_m^2}{E_{me}}\left(\Delta\sigma_r-\frac{\mu_m}{1-\mu_m}\Delta\sigma_\theta\right)=\frac{-(1+\mu_m)}{E_{me}}\sigma_0 \tag{7-36}$$

两边积分后得洞壁围岩的径向位移为：

$$u=\int_{R_0}^{0}\frac{-(1+\mu_m)}{E_{me}}\sigma_0\mathrm{d}r=\frac{1+\mu_m}{E_{me}}\sigma_0R_0 \tag{7-37}$$

比较式(7-34)和式(7-37)可知，是否考虑天然应力对位移的影响，其计算出的洞壁位移是不同的，前者比后者大，两者相差 $2(1-\mu_m)$ 倍。

若开挖后有支护力 p_i作用，由式(7-37)可知，其洞壁的径向位移为：

$$u=\frac{1+\mu_m}{E_{me}}(\sigma_0-p_i)R_0 \tag{7-38}$$

7.3.2.2　塑性位移计算

结构面的切割降低了岩体的完整性和强度，洞室开挖后，则在围岩内形成塑性圈。这时，洞壁围岩的塑性位移可以采用弹塑性理论来分析。其基本思路是先求出弹、塑性圈交界面上的径向位移，然后根据塑性圈体积不变的条件求洞壁的径向位移。假定洞壁围岩位移是由开挖卸荷引起的，且岩体中的天然应力为 $\sigma_h=\sigma_v=\sigma_0$。

开挖卸荷形成塑性圈后，弹、塑性圈交界面上的径向应力增量 $(\Delta\sigma_r)_{r=R_1}$ 和环向应力增量 $(\Delta\sigma_\theta)_{r=R_1}$ 为：

$$\begin{cases}(\Delta\sigma_r)_{r=R_1}=\sigma_0\left(1-\dfrac{R_1^2}{r^2}\right)+\sigma_{R_1}\dfrac{R_1^2}{r^2}-\sigma_0=(\sigma_{R_1}-\sigma_0)\dfrac{R_1^2}{r^2}=\sigma_{R_1}-\sigma_0\\ (\Delta\sigma_\theta)_{r=R_1}=\sigma_0\left(1+\dfrac{R_1^2}{r^2}\right)-\sigma_{R_1}\dfrac{R_1^2}{r^2}-\sigma_0=(\sigma_0-\sigma_{R_1})\dfrac{R_1^2}{r^2}=\sigma_0-\sigma_{R_1}\end{cases} \tag{7-39}$$

代入式(7-29)的第一个式子，则弹、塑性圈交界面上的径向应变 ε_{R_1} 为：

$$\begin{aligned}\varepsilon_{R_1}&=\frac{\partial u_{R_1}}{\partial r}=\frac{1-\mu_m^2}{E_m}\left[(\Delta\sigma_r)_{r=R_1}-\frac{\mu_m}{1-\mu_m}(\Delta\sigma_\theta)_{r=R_1}\right]\\&=\frac{1+\mu_m}{E_m}(\sigma_{R_1}-\sigma_0)=\frac{1}{2G_m}(\sigma_{R_1}-\sigma_0)\end{aligned} \tag{7-40}$$

两边积分得交界面上的径向位移 u_{R_1} 为：

$$u_{R_1}=\int_{R_1}^{0}\frac{\mathrm{d}r}{2G_m}(\sigma_{R_1}-\sigma_0)=\frac{R_1(\sigma_0-\sigma_{R_1})}{2G_m}=\frac{(1+\mu_m)(\sigma_0-\sigma_{R_1})}{E_m}R_1 \tag{7-41}$$

式中　E_m，G_m——塑性圈岩体的变形模量和剪切模量，$G_m=E_m/2(1+\mu_m)$；

σ_{R_1}——塑性圈作用于弹性圈的径向应力，可由式(7-23)得出，即：

$$\sigma_{R_1}=\sigma_{rpe}=\sigma_0(1-\sin\phi_m)-C_m\cos\phi_m \tag{7-42}$$

将 σ_{R_1}代入式(7-41)可得出弹、塑圈交界面的径向位移 u_{R_1}为：

$$u_{R_1}=\frac{R_1\sin\phi_m(\sigma_0+C_m\cot\phi_m)}{2G_m} \tag{7-43}$$

塑性圈内的位移可由塑性圈变形前后体积不变的条件求得，即：

$$\pi(R_1^2 - R_0^2) = \pi[(R_1 - u_{R_1})^2 - (R_0 - u_{R_0})^2] \tag{7-44}$$

式中，u_{R_0}为洞壁径向位移，将式(7-44)展开，略去高阶微量后，可得洞壁的径向位移为：

$$u_{R_0} = \frac{R_1}{R_0}u_{R_1} = \frac{R_1^2\sin\phi_m(\sigma_0 + C_m\cot\phi_m)}{2G_mR_0} \tag{7-45}$$

式中 R_1——塑性圈半径；

R_0——洞室半径；

σ_0——岩体天然应力；

C_m，ϕ_m——岩体内聚力和内摩擦角。

7.3.3 围岩破坏区范围的确定方法

在地下洞室喷锚支护设计中，围岩破坏圈厚度是必不可少的资料，针对不同力学属性的岩体可采用不同的确定方法。例如，对于整体状、块状等具有弹性或弹塑性力学属性的岩体，通常可用弹性力学或弹塑性力学方法确定其围岩破坏区厚度；而对于松散岩体则常用松散介质极限平衡理论方法来确定等。本节主要介绍弹性力学和弹塑性力学方法，松散介质极限平衡方法将在下节介绍。

7.3.3.1 弹性力学方法

由上节的围岩重分布应力分析可知，当岩体天然应力比值系数 $\lambda<1/3$ 时，洞顶、底将出现拉应力，其值为 $\sigma_\theta = (3\lambda - 1)\sigma_v$；而两侧壁将出现压应力集中，其值为 $\sigma_\theta = (3 - \lambda)\sigma_v$。在这种情况下，若顶、底板的拉应力大于围岩的抗拉强度 σ_r（严格地说应为一向拉、一向压的拉压强度）时，则围岩就要发生破坏。其破坏范围可用如图 7-13 所示的方法进行预测。在 $\lambda>1/3$ 的天然应力场中，洞侧壁围岩均为压应力集中，顶、底的压应力 $\sigma_\theta = (3\lambda - 1)\sigma_v$，侧壁为 $\sigma_\theta = (3 - \lambda)\sigma_v$。当 σ_θ大于围岩的抗压强度 σ_c时，洞壁围岩就要破坏。沿洞周破坏范围可按如图 7-14 所示的方法确定。

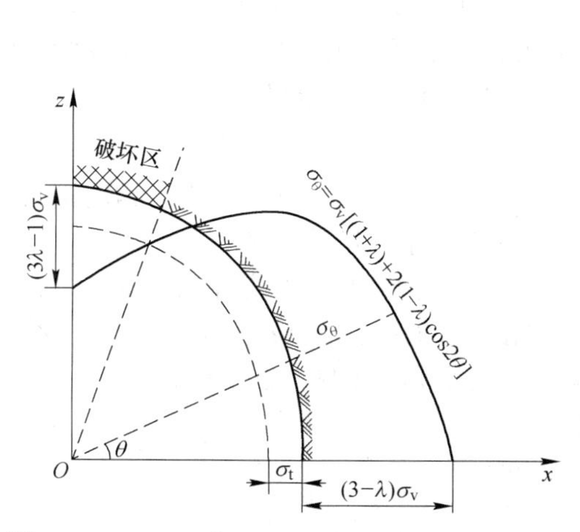

图 7-13 $\lambda<1/3$ 时，洞顶破坏区范围预测示意图

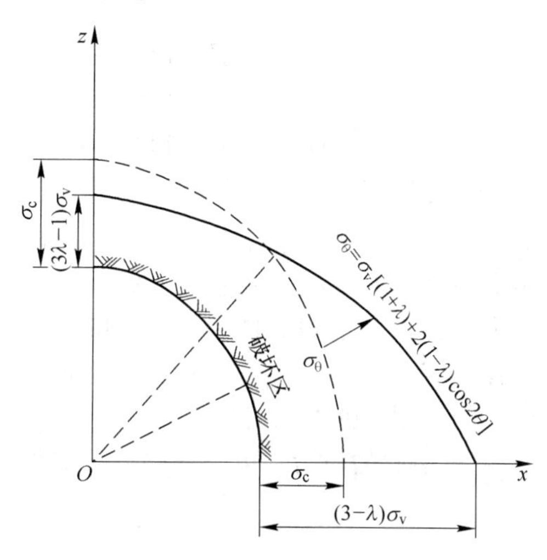

图 7-14 $\lambda>1/3$ 时，洞壁破坏区范围预测示意图

对于围岩破坏圈厚度，可以利用围岩处于极限平衡时主应力与强度条件之间的对比关

系求得。由式(7-9)可知，当 $\lambda \neq 1$、$r > R_0$ 时，只有在 $\theta=0$、$\pi/2$、π、$3\pi/2$ 四个方向上 $\tau_{r\theta}$ 等于零，σ_r 和 σ_θ 才是主应力。由莫尔强度条件可知，围岩的强度（σ_{1m}）为：

$$\sigma_{1m} = \sigma_3 \tan^2\left(45° + \frac{\phi_m}{2}\right) + 2C_m \tan\left(\frac{\pi}{4} + \frac{\phi_m}{2}\right) \tag{7-46}$$

把 σ_r 代入式(7-46)，求出 σ_{1m}（围岩强度），然后与 σ_θ 比较，若 $\sigma_\theta \geqslant \sigma_{1m}$，围岩就破坏。因此，围岩的破坏条件为：

$$\sigma_\theta \geqslant \sigma_3 \tan^2\left(\frac{\pi}{4} + \frac{\phi_m}{2}\right) + 2C_m \tan\left(\frac{\pi}{4} + \frac{\phi_m}{2}\right) \tag{7-47}$$

据式(7-47)可知，可用作图法来求 x 轴和 z 轴方向围岩的破坏厚度。其具体方法如图7-15和图7-16所示。

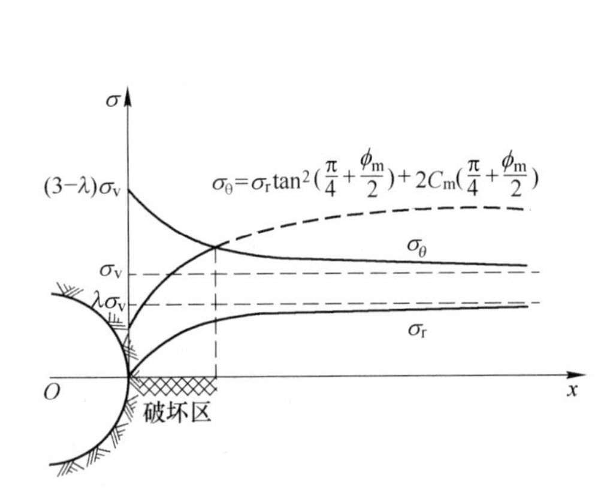

图 7-15　x 轴方向破坏厚度预测示意图

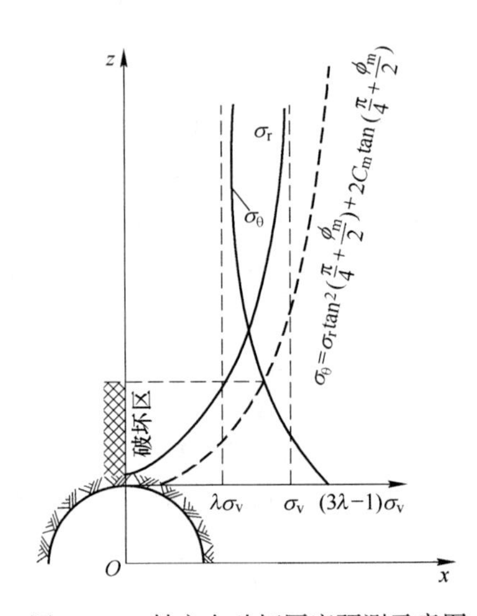

图 7-16　z 轴方向破坏厚度预测示意图

求出 x 轴和 z 轴方向的破坏圈厚度之后，其他方向上的破坏圈厚度可由此大致推求。但当岩体中天然应力 $\sigma_h = \sigma_v(\lambda = 1)$ 时，可用以上方法精确确定各个方向的破坏圈厚度。求得了 θ 方向和 r 轴方向的破坏区范围。则围岩的破坏区范围也就确定了。

7.3.3.2　弹塑性力学方法

如前所述，在裂隙岩体中开挖地下洞室时，围岩中出现一个塑性松动圈，这时围岩的破坏圈厚度为 R_1-R_0。因此在这种情况下，关键是须确定塑性松动圈半径 R_1。

为了计算 R_1，设岩体中的天然应力为 $\sigma_h = \sigma_v = \sigma_0$；弹、塑性圈交界面上的应力，既满足弹性应力条件，也满足塑性应力条件。而弹性圈内的应力等于 σ_0 引起的应力，叠加上塑性圈作用于弹性圈的径向应力 σ_{R_1} 引起的附加应力之和，如图7-17所示。

由 σ_0 引起的应力，可由式(7-12)求得，即：

$$\begin{cases} \sigma_{re_1} = \sigma_0\left(1 - \dfrac{R_1^2}{r^2}\right) \\ \sigma_{\theta e_1} = \sigma_0\left(1 + \dfrac{R_1^2}{r^2}\right) \end{cases} \tag{7-48}$$

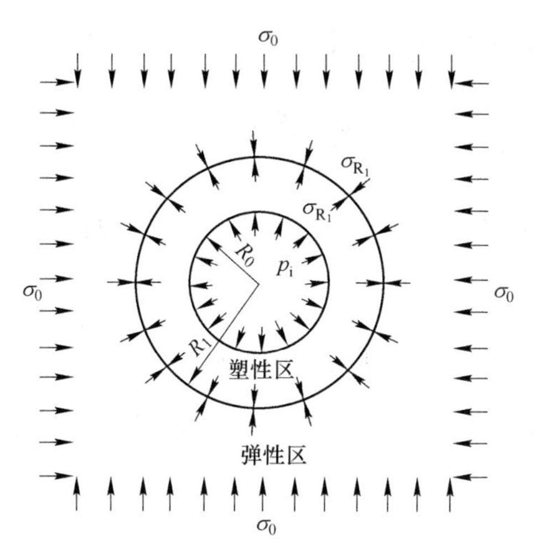

图 7-17 弹塑性区交界面上的应力条件

由 σ_{R_1} 引起的附加应力，可由式(7-25)求得，即：

$$\begin{cases}\sigma_{re_2} = \sigma_{R_1}\dfrac{R_1^2}{r^2}\\[2ex]\sigma_{\theta e_2} = -\sigma_{R_1}\dfrac{R_1^2}{r^2}\end{cases} \tag{7-49}$$

式(7-48)与式(7-49)相加，可得弹性圈内的重分布应力，即：

$$\begin{cases}\sigma_{re} = \sigma_0\left(1 - \dfrac{R_1^2}{r^2}\right) + \sigma_{R_1}\dfrac{R_1^2}{r^2}\\[2ex]\sigma_{\theta e} = \sigma_0\left(1 + \dfrac{R_1^2}{r^2}\right) - \sigma_{R_1}\dfrac{R_1^2}{r^2}\end{cases} \tag{7-50}$$

令 $r=R_1$，由式(7-50)可得弹、塑性圈交界面上的应力（弹性应力）为：

$$\begin{cases}\sigma_{re} = \sigma_{R_1}\\ \sigma_{\theta e} = 2\sigma_0 - \sigma_{R_1}\end{cases} \tag{7-51}$$

令 $r=R_1$，弹、塑圈交界面上的塑性应力可由式(7-20)求得，即：

$$\begin{cases}\sigma_{rp} = (p_i + C_m\cot\phi_m)\left(\dfrac{R_1}{R_0}\right)^{\frac{2\sin\phi_m}{1-\sin\phi_m}} - C_m\cot\phi_m\\[2ex]\sigma_{\theta p} = (p_i + C_m\cot\phi_m)\dfrac{1+\sin\phi_m}{1-\sin\phi_m}\left(\dfrac{R_1}{R_0}\right)^{\frac{2\sin\phi_m}{1-\sin\phi_m}} - C_m\cot\phi_m\end{cases} \tag{7-52}$$

由假定条件（界面上弹性应力与塑性应力相等）得：

$$(p_i + C_m\cot\phi_m)\left(\frac{R_1}{R_0}\right)^{\frac{2\sin\phi_m}{1-\sin\phi_m}} - C_m\cot\phi_m = \sigma_{R_1} \tag{7-53}$$

$$(p_i + C_m\cot\phi_m)\frac{1+\sin\phi_m}{1-\sin\phi_m}\left(\frac{R_1}{R_0}\right)^{\frac{2\sin\phi_m}{1-\sin\phi_m}} - C_m\cot\phi_m = 2\sigma_0 - \sigma_{R_1} \tag{7-54}$$

将式(7-53)和式(7-54)相加后消去 σ_{R_1}，并解出 R_1 为：

$$R_1 = R_0\left[\frac{(\sigma_0 + C_m\cot\phi_m)(1-\sin\phi_m)}{p_i + C_m\cot\phi_m}\right]^{\frac{1-\sin\phi_m}{2\sin\phi_m}} \tag{7-55}$$

式(7-55)为有支护力 p_i 时塑性圈半径 R_1 的计算公式（称为修正芬纳-塔罗勃公式）。如果用 σ_c 代替式(7-55)中的 C_m，则可得到计算 R_1 的卡斯特纳（Kastner）公式。由库伦-莫尔理论可知：

$$C_m = \frac{\sigma_c(1-\sin\phi_m)}{2\cos\phi_m} \tag{7-56}$$

将式(7-56)代入式(7-55)，并令 $(1+\sin\phi_m)/(1-\sin\phi_m)=\xi$，可得：

$$R_1 = R_0\left[\frac{2}{\xi+1}\frac{\sigma_c + \sigma_0(\xi-1)}{\sigma_c + p_i(\xi-1)}\right]^{\frac{1}{\xi-1}} \tag{7-57}$$

由式(7-55)和式(7-52)可知，地下洞室开挖后，围岩塑性圈半径 R_1 随天然应力 σ_0 增加而增大，随支护力 p_i、岩体黏聚力 C_m 增加而减小。

【例 7-1】 有一半径为 2m 的圆形隧洞，开挖在抗压强度为 $\sigma_c = 12\text{MPa}$、$\phi_m = 36.9°$ 的泥灰岩中，岩体天然应力为 $\sigma_h = \sigma_v = \sigma_0 = 31.2\text{MPa}$。若洞壁无支护，求其破坏圈厚度 d。

解：由已知得：$\sin36.9° = 0.6$，$\cot36.9° = 1.3$；

则
$$C_m = \frac{12\times(1-\sin36.9°)}{2\times\cos36.9°} = 3.0(\text{MPa})$$

按修正芬纳-塔罗勃公式(7-55)，可得：

$$R_1 = 2\times\left[\frac{(31.2+3\times1.3)(1-0.6)}{0+3.0\times1.3}\right]^{\frac{1-0.6}{2\times0.6}} = 3.06(\text{m})$$

则塑性圈厚度 $d = R_1 - R_0 = 3.06 - 2.00 = 1.06(\text{m})$。

按芬纳-塔罗勃公式，得：

$$R_1 = R_0\left[\frac{C_m\cot\phi_m + \sigma_0(1-\sin\phi_m)}{p_i + C_m\cot\phi_m}\right]^{\frac{1-\sin\phi_m}{2\sin\phi_m}} = 2\times\left[\frac{3.0\times1.3+31.2\times(1-0.6)}{0+3.0\times1.3}\right]^{\frac{1-0.6}{2\times0.6}} = 3.22(\text{m})$$

因此，塑性圈厚度 $d = 3.22 - 2.00 = 1.22(\text{m})$。

由本例可知，按芬纳-塔罗勃公式计算的 R_1 要比修正的芬纳-塔罗勃公式求得的 R_1 大，同时也比哈斯特纳公式求得的 R_1 大。其原因是芬纳-塔罗勃公式在推导中曾假定弹、塑性圈交界面上的 $C_m = 0$。

以上是假定在静水压力（$\sigma_h = \sigma_v$）条件下塑性圈半径 R_1 的确定方法。在 $\sigma_h \neq \sigma_v$ 条件下 R_1 的确定方法比较复杂，在此不详细讨论。

7.4 围岩压力计算

7.4.1 基本概念

地下洞室围岩在重分布应力作用下产生过量的塑性变形或松动破坏，进而引起施加于支护衬砌上的压力，该压力称为围岩压力（Peripheral Rock Pressure），有的书上也称为地压或狭义地压。根据这一定义，围岩压力是围岩与支衬间的相互作用力，它与围岩应力不是同一个概念。围岩应力是岩体中的内力，而围岩压力则是针对支衬结构来说的，是作用于支护衬砌上的外力。因此，如果围岩足够坚固，能够承受住围岩应力的作用，就不需要设置支护衬砌，也就不存在围岩压力问题。只有当围岩适应不了围岩应力的作用，而产生过量塑性变形或产生塌方、滑移等破坏时才需要设置支护衬砌以维护围岩稳定，保证洞室安全和正常使用，因而就形成了围岩压力。围岩压力是支护衬砌设计及施工的重要依据，按围岩压力的形成机理，可将其划分为形变围岩压力、松动围岩压力和冲击围岩压力三种。

形变围岩压力是由于围岩塑性变形如塑性挤入、膨胀内鼓、弯折内鼓等形成的挤压力。地下洞空开挖后围岩的变形包括弹性变形和塑性变形。但一般来说，弹性变形在施工过程中就能完成，因此它对支衬结构一般不产生挤压力；而塑性变形则具有随时间增长而不断增大的特点，如果不及时支护，就会引起围岩失稳破坏，形成较大的围岩压力。产生形变围岩压力的条件有：

（1）岩体较软弱或破碎，这时围岩应力很容易超过岩体的屈服极限而产生较大的塑性变形。

（2）深埋洞室，围岩受压力过大易引起塑性流动变形。

由围岩塑性变形产生的围岩压力可用弹塑性理论进行分析计算，除此之外，还有一种形变围岩压力就是由膨胀围岩产生的膨胀围岩压力，它主要是由于矿物吸水膨胀产生的对支衬结构的挤压力。因此，膨胀围岩压力的形成必须具备两个基本条件：一是岩体中要有膨胀性黏土矿物（如蒙脱石等）；二是要有地下水的作用。这种围岩压力可采用支护和围岩共同变形的弹塑性理论计算。不同的是在洞壁位移值中应叠加上由开挖引起径向减压所造成的膨胀位移值，这种位移值可通过岩石膨胀率和开挖前后径向应力差之间的关系曲线来推算。此外，还可用流变理论予以分析。

松动围岩压力是由于围岩拉裂塌落、块体滑移及重力坍塌等破坏引起的压力，这是一种有限范围内脱落岩体重力施加于支护衬砌上的压力，其大小取决于围岩性质、结构面交切组合关系及地下水活动和支护时间等因素。松动围岩压力可采用松散体极限平衡或块体极限平衡理论进行分析计算。

冲击围岩压力是由岩爆形成的一种特殊围岩压力，它是强度较高且较完整的弹脆性岩体过度受力后突然发生岩石弹射变形所引起的围岩压力现象。冲击围岩压力的大小与天然应力状态、围岩力学属性等密切相关，并受到洞室埋深、施工方法及洞形等因素的影响。目前无法对冲击围岩压力的大小进行准确计算，只能对冲击围岩压力的产生条件及其产生可能性进行定性的评价预测。

7.4.2 围岩压力计算

7.4.2.1 形变围岩压力计算

为了防止塑性变形的过度发展，须对围岩设置支护衬砌。当支衬结构与围岩共同工作时，支护力 p_i 与作用于支衬结构上的围岩压力是一对作用力与反作用力。这时只要求得了支衬结构对围岩的支护力 p_i，也就求得了作用于支衬上的形变围岩压力。基于这一思路，由式(7-55)可得：

$$p_i = [(\sigma_0 + C_m\cot\phi_m)(1 - \sin\phi_m)]\left(\frac{R_0}{R_1}\right)^{\frac{2\sin\phi_m}{1-\sin\phi_m}} - C_m\cot\phi_m \tag{7-58}$$

式(7-58)即为计算圆形洞室形变围岩压力的修正芬纳-塔罗勃公式。同样由式(7-57)可得计算围岩压力的卡斯特纳公式。

式(7-58)是围岩处于极限平衡状态时 p_i-R_1 的关系式，可用图 7-18 的曲线表示。由图可知，当 R_1 越大时，维持极限平衡所需的 p_i 越小。因此，在围岩不至失稳的情况下，适当扩大塑性区，有助于减小围岩压力。由此可以得到一个重要的概念，即不仅处于弹性变形阶段的围岩有自承能力，处于塑性变形阶段的围岩也具有自承能力。这就是为什么在软弱岩体中即使有很大的天然应力作用，仅用较薄的衬砌也能维持洞室稳定的道理。但是塑性围岩的这种自承能力是有限的，当 p_i 降到某一低值 p_{imin} 时，塑性圈就要塌落，这时围岩压力可能反而增大，如图 7-18 中Ⅲ所示。

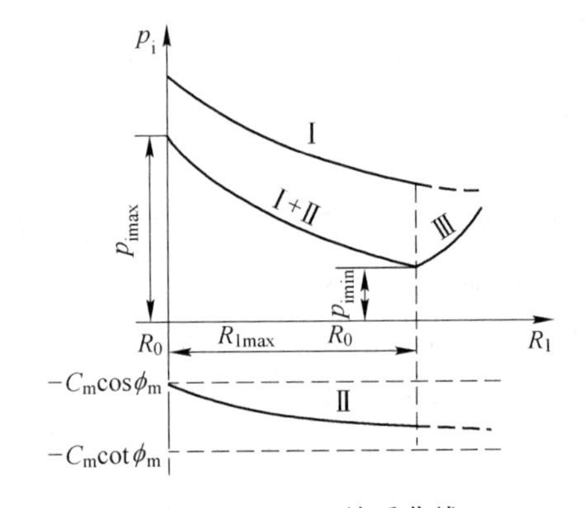

图 7-18 p_i-R_1 关系曲线

Ⅰ—由 σ_0 引起的 p_i-R_1 曲线；

Ⅱ—由 C_m 引起的 p_i-R_1 曲线；

Ⅰ+Ⅱ—修正芬纳-塔罗勃 p_i-R_1 曲线

如果改写式(7-58)，可得：

$$p_i = \sigma_0(1 - \sin\phi_m)\left(\frac{R_0}{R_1}\right)^{\frac{2\sin\phi_m}{1-\sin\phi_m}} - C_m\cot\phi_m\left[1 - (1 - \sin\phi_m)\left(\frac{R_0}{R_1}\right)^{\frac{2\sin\phi_m}{1-\sin\phi_m}}\right] \tag{7-59}$$

由式(7-59)可知，当 ϕ_m 一定时，p_i 取决于天然应力 σ_0 和岩体 C_m，而 C_m 的存在将减小维持围岩稳定所需的支护力 p_i 值。

由于一般情况下 R_1 难以求得，所以常用洞壁围岩的塑性变形 u_{R_0} 来表示 p_i。由式(7-45)可得：

$$\frac{R_0}{R_1} = \sqrt{\frac{R_0\sin\phi_m(\sigma_0 + C_m\cot\phi_m)}{2G_m u_{R_0}}} \tag{7-60}$$

代入式(7-58)，可得 p_i 与 u_{R_0} 间的关系为：

$$p_i = -C_m\cot\phi_m + [(\sigma_0 + C_m\cot\phi_m)(1 - \sin\phi_m)]\left[\frac{R_0\sin\phi_m(\sigma_0 + C_m\cot\phi_m)}{2G_m u_{R_0}}\right]^{\frac{\sin\phi_m}{1-\sin\phi_m}} \tag{7-61}$$

式中 u_{R_0}——洞壁的径向位移。

在实际工程中，在忽略支衬与围岩间回填层压缩位移的情况下，u_{R_0}主要应包括两部分，即洞室开挖后到支衬前的洞壁位移 u_0和支护衬砌后支衬结构的位移 u_2。其中 u_0取决于围岩性质及其暴露时间（即与施工方法有关），常用实测方法求得；u_2取决于支衬型式和刚度。对于封闭式混凝土衬砌的圆形洞室，假定围岩与衬砌共同变形，则可用厚壁筒理论求得 p_i与 u_2的关系为：

$$u_2 = \frac{p_i R_0(1 - \mu_c^2)}{E_c}\left(\frac{R_b^2 + R_0^2}{R_b^2 - R_0^2} - \frac{\mu_c}{1 - \mu_c}\right) \tag{7-62}$$

式中 E_c，μ_c——衬砌的弹性模量和泊松比；

R_0，R_b——衬砌的内、外半径。

式(7-61)表明，围岩压力 p_i随洞壁位移 u_{R_0}增大而减小，说明适当的变形有利于降低围岩压力，减小衬砌厚度。因此在实际工作中常采用柔性支衬结构。p_i与 u_{R_0}的关系如图 7-19 中的曲线Ⅰ所示，当 u_{R_0}达到塑性圈开始出现时的位移 $(u_{R_0})_{R_1}$（即围岩开始出现塑性变形）时，围岩压力将出现最大值 $p_{i_{max}}$。然后随 u_{R_0}增大 p_i逐渐降低，到 B 点，p_i达到最低值 $p_{i_{min}}$，之后 p_i又随 u_{R_0}增大而增大。因此，支护衬砌必须在 AB 之间进行，越接近 A 点，p_i越大，越接近 B 点，p_i越小，若在 C 点进行支护衬砌，则由于衬砌本身的位移 u_2，p_i随 u_2将沿曲线Ⅱ变化，Ⅱ与Ⅰ交点上的 p_i就是作用在支护衬砌上的实际围岩压力值，如图 7-19 所示。

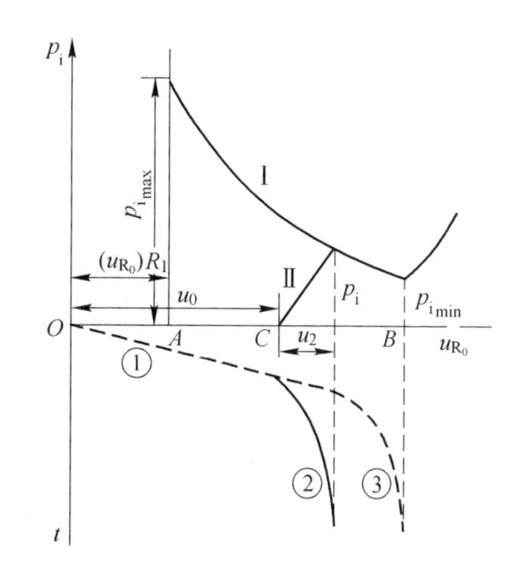

图 7-19 围岩压力与洞壁变形关系曲线
①—无支护推算的 u_{R_0}-t 曲线；
②—有支护实测的 u_{R_0}-t 曲线；
③—无支护实测的 u_{R_0}-t 曲线；
$(u_{R_0})_{R_1}$—出现塑性圈时的洞位移；
Ⅰ—p_i-u_{R_0}曲线；Ⅱ—p_i-u_2曲线

从图 7-19 可知，如果支护衬砌是在 B 点以后，则围岩就要产生松动塌落，这时作用于支护衬砌上的围岩压力反而会增大，其值等于松动圈塌落岩体的自重。当松动圈塌落时，最大松动围岩压力 p_i的计算公式为：

$$p_i = k_1 R_0 \rho g - k_2 C_m \tag{7-63}$$

式中 ρ，C_m——岩体密度和黏聚力；

k_1，k_2——松动压力系数，可用下式确定：

$$k_1 = \frac{1 - \sin\phi_m}{3\sin\phi_m - 1}\left[1 - \left(\frac{C_m\cot\phi_m}{\cot\phi_m + \sigma_0(1 - \sin\phi_m)}\right)^{\frac{3\sin\phi_m - 1}{2\sin\phi_m}}\right] \tag{7-64}$$

$$k_2 = \cot\phi_m\left[1 - \frac{C_m\cot\phi_m}{C_m\cot\phi_m + \sigma_0(1 - \sin\phi_m)}\right] \tag{7-65}$$

7.4.2.2 松动围岩压力计算

松动围岩压力是指松动塌落岩体重量所引起的作用在支护衬砌上的压力。实际上，围岩的变形与松动是围岩变形破坏发展过程中的两个阶段，围岩过度变形超过了它的抗变形能力，就会引起塌落等松动破坏，这时作用于支护衬砌上的围岩压力就等于塌落岩体的自重或分量。目前计算松动围岩压力的方法主要有：平衡拱理论、太沙基理论及块体极限平衡理论等。

A　平衡拱理论

这个理论是由俄国的 M. M. 普罗托耶科诺夫提出的（又称为普氏理论）。该理论认为，洞室开挖以后，若不及时支护，洞顶岩体将不断跨落而形成一个拱形（又称塌落拱）。最初这个拱形是不稳定的，如果洞侧壁稳定，则拱高随塌落不断增高；反之，若侧壁也不稳定，则拱跨和拱高同时增大。当洞的埋深较大（埋深 $H>5b_1$，b_1为拱跨）时，塌落拱不会无限发展，最终将在围岩中形成一个自然平衡拱。这时，作用于支护衬砌上的围岩压力就是平衡拱与衬砌间破碎岩体的重量，与拱外岩体无关。因此，利用该理论计算围岩压力时，首先要找出平衡拱的形状和拱高。

如图 7-20 所示，为了求平衡拱的形状和拱高，取坐标系 xOy，曲线 LOM 为平衡拱，对称于 y 轴。在半跨 LO 段内任取一点 $A(x, y)$，取 OA 为脱离体，考察它的受力与平衡条件。OA 段的受力状态为：半跨 OM 段对 OA 的水平作用力 R_x，R_x对 A 点的力矩为 R_{xy}；垂直天然应力 σ_v在 OA 上的作用力 $\sigma_v x$，它对 A 点的力矩为 $\sigma_v x^2/2$；LA 段对 OA 段的反力 W，它对 A 点的力矩为零。由于 A 点处于平衡状态，则由平衡拱力矩平衡条件可求得拱的曲线方程为：

$$y = \frac{\sigma_v}{2R_x}x^2 \tag{7-66}$$

式(7-66)为抛物线方程，因此可知平衡拱为抛物线形状。进一步设平衡拱的拱高为 h，半跨为 b，则从式(7-66)可得到：

$$R_x = \frac{\sigma_v b^2}{2h} \tag{7-67}$$

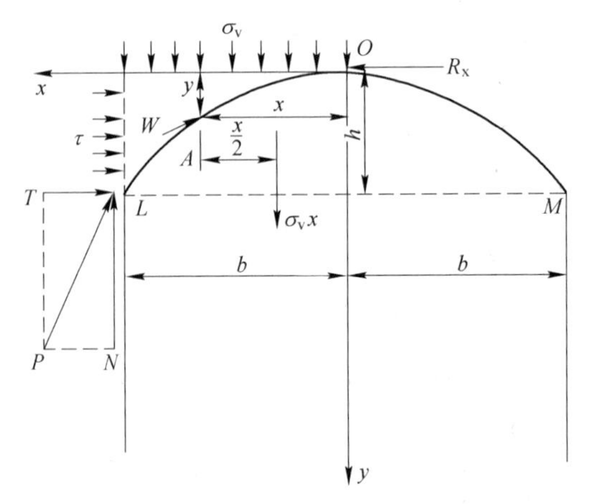

图 7-20　平衡拱及受力分析示意图

为了求平衡拱高 h，考虑半拱 LO 的平衡（见图 7-20），LO 除受力 R_x、σ_v作用外，在

拱脚 L 点还有反力 T 和 N。当半拱稳定时，利用极限平衡条件，则有：

$$R_x = T = Nf,\ \sigma_v b = N$$

为使拱圈有一定的安全储备，设 $R_x = 1/2Nf$，所以有：

$$R_x = \frac{1}{2}Nf = \frac{1}{2}\sigma_v bf$$

代入式(7-67)可得平衡拱高 h 为：

$$h = \frac{b}{f} \tag{7-68}$$

将式(7-67)和式(7-68)代入式(7-66)，得平衡拱的曲线方程为：

$$y = \frac{x^2}{fb} \tag{7-69}$$

式(7-68)和式(7-69)中的 f 为岩体的普氏系数（或称坚固性系数）。对于松软岩体来说可取：

$$f = \tan\phi_m + \frac{C_m}{\sigma} \tag{7-70}$$

对于坚硬岩体来说常取：

$$f = \frac{\sigma_c}{10} \tag{7-71}$$

式中　C_m，ϕ_m——岩体的内聚力和内摩擦角；

σ_c——岩石的单轴抗压强度，MPa。

求得了平衡拱曲线方程后，洞侧壁稳定时洞顶的松动围岩压力即为 LOM 以下岩体的重量（kN），即：

$$p_1 = \rho g\int_{-b}^{b}(h - y)\mathrm{d}x = \rho g\int_{-b}^{b}\left(h - \frac{x^2}{fb}\right)\mathrm{d}x = \frac{4\rho g b^2}{3f} \tag{7-72}$$

式中　ρ——岩体的密度。

如果洞室侧壁边也不稳定，则洞的半跨将由 b 扩大至 b_1，如图 7-21 所示。这时侧壁岩体将沿 LE 和 MF 滑动，滑面与垂直洞壁的夹角为 $\alpha = 45° - \phi_m/2$。所以有：

$$\begin{cases} b_1 = b + l\tan\left(45° - \dfrac{\phi_m}{2}\right) \\ h_1 = \dfrac{b_1}{f} = \dfrac{b}{f} + \dfrac{l\tan\left(45° - \dfrac{\phi_m}{2}\right)}{f} \end{cases} \tag{7-73}$$

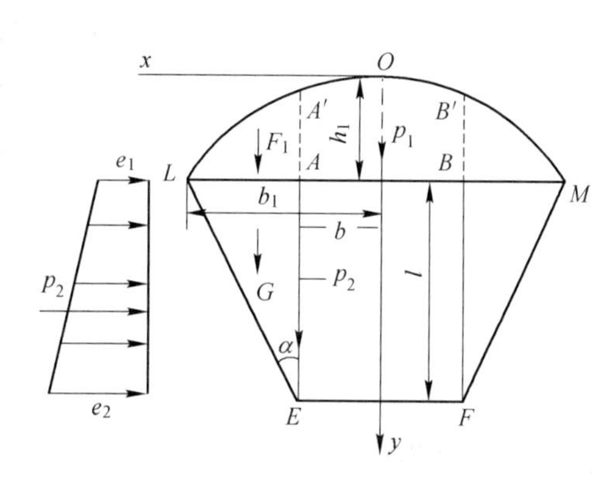

图 7-21　围岩压力的计算图

这时，为维持矩形洞室的原形，洞顶的松动围岩压力 p_1(kN) 为 $AA'B'B$ 块体的重量，即：

$$p_1 = \rho g\int_{-b}^{b}(h_1 - y)\mathrm{d}x = \rho g\int_{-b}^{b}\left(\frac{b_1}{f} - \frac{x^2}{fb_1}\right)\mathrm{d}x = \frac{2\rho g b}{3fb_1}(3b_1^2 - b^2) \tag{7-74}$$

侧壁围岩压力为滑移块体 $A'EL$ 或 $B'MF$ 的自重在水平方向上的投影。也可按土压力理论计算，如图 7-21 所示，作用于 A 和 E 处的主动土压力 e_1、e_2 为：

$$\begin{cases} e_1 = \rho g h_1 \tan^2\left(45^\circ - \dfrac{\phi_m}{2}\right) \\ e_2 = \rho g (h_1 + l) \tan^2\left(45^\circ - \dfrac{\phi_m}{2}\right) \end{cases} \tag{7-75}$$

因此，侧壁围岩压力为：

$$p_2 = \frac{1}{2}(e_1 + e_2)l = \frac{\rho g l}{2}(2h_1 + l)\tan^2\left(45^\circ - \frac{\phi_m}{2}\right) \tag{7-76}$$

大量实践证明，平衡拱理论只适用散体结构岩体，如强风化、强烈破碎岩体、松动岩体和新近堆积的土体等。另外，洞室上覆岩体需有一定的厚度（埋深 $H>5b_1$），才能形成平衡拱。

B　太沙基理论

太沙基（Terzaghi）把受节理裂隙切割的岩体视为一种具有一定黏聚力的散粒体。假定跨度为 $2b$ 的矩形洞室，开挖在深度为 H 的岩体中。开挖以后侧壁稳定，顶拱不稳定，并可能沿图 7-22 所示的面 AA' 和 BB' 发生滑移。滑移面的剪切强度 τ 为：

$$\tau = \sigma_h \tan\phi_m + C_m \tag{7-77}$$

式中　ϕ_m，C_m——岩体的剪切强度参数；

σ_h——水平天然应力。

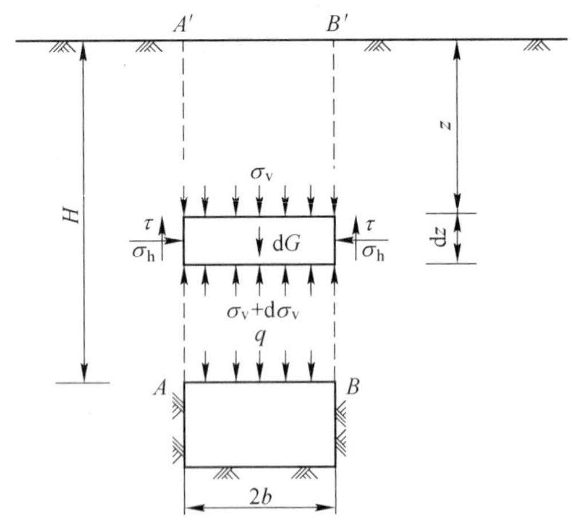

图 7-22　侧壁稳定时的围岩压力计算图

设岩体的天然应力状态为：

$$\begin{cases} \sigma_v = \rho g z \\ \sigma_h = \lambda \sigma_v = \lambda \rho g z \end{cases} \tag{7-78}$$

式中　ρ——岩体密度；

λ——天然应力比值系数。

在岩柱 $A'B'BA$ 中 z 深度处取一厚度为 dz 的薄层进行分析。薄层的自重 $dG = 2b\rho g dz$，其受力条件如图 7-22 所示。当薄层处于极限平衡时，由平衡条件可得：

$$2b\rho g\mathrm{d}z - 2b(\sigma_{\mathrm{v}} + \mathrm{d}\sigma_{\mathrm{v}}) + 2b\sigma_{\mathrm{v}} - 2\lambda\sigma_{\mathrm{v}}\tan\phi_{\mathrm{m}}\mathrm{d}z - 2C_{\mathrm{m}}\mathrm{d}z = 0 \tag{7-79}$$

整理简化后得：

$$\mathrm{d}\sigma_{\mathrm{v}} = \left(\rho g - \frac{\lambda\rho g}{b}z\tan\phi_{\mathrm{m}} - \frac{C_{\mathrm{m}}}{b}\right)\mathrm{d}z \tag{7-80}$$

边界条件：当 $z=0$ 时，$\sigma_{\mathrm{v}}=0$。

由式(7-80)两边积分，得：

$$\sigma_{\mathrm{v}} = \rho gz\left(1 - \frac{\lambda}{2b}z\tan\phi_{\mathrm{m}} - \frac{C_{\mathrm{m}}}{b\rho g}\right) \tag{7-81}$$

当 $z=H$ 时，σ_{v}即为作用于洞顶单位面积上的围岩压力，用 q 表示为：

$$q = \rho gH\left(1 - \frac{\lambda}{2b}H\tan\phi_{\mathrm{m}} - \frac{C_{\mathrm{m}}}{b\rho g}\right) \tag{7-82}$$

若开挖后，侧壁亦不稳定时，则侧壁围岩将沿与洞壁夹 $45°-\phi_{\mathrm{m}}/2$ 角度的面滑移如图 7-23所示。这时将柱体 $A'ABB'$的自重扣除 $A'A$，$B'B$ 面上的摩擦阻力，可求得作用于洞顶单位面积上的围岩压力 q 为：

$$q = \rho gH\left(1 - \frac{HK_{\mathrm{a}}}{2b_2}\right) \tag{7-83}$$

其中

$$\begin{cases} b_2 = b + h\tan\left(45° - \dfrac{\phi_{\mathrm{m}}}{2}\right) \\ K_{\mathrm{a}} = \tan^2\left(45° - \dfrac{\phi_{\mathrm{m}}}{2}\right)c\tan\phi_{\mathrm{m}} \end{cases} \tag{7-84}$$

洞顶围岩压力计算公式(7-82)和式(7-83)适用于散体结构岩体中开挖的浅埋洞室。它与普氏理论的根本区别在于，它假设了围岩可能沿两个垂直滑移面 $A'A$ 和 $B'B$ 滑动。

C　块体极限平衡理论

整体状结构岩体中，常被各种结构面切割成不同形状和大小的结构体。地下洞室开挖后，由于洞周临空，围岩中的某些块体在自重作用下向洞内滑移。那么作用在支护衬砌上的压力就是这些滑体的重量或其分量，可采用块体极限平衡法进行分析计算。

采用块体极限平衡理论计算松动围岩压力时，首先应从地质构造分析着手，找出结构面的组合形式及其与洞轴线的关系，进而得出围岩中可能不稳定楔形体（或分离体）的位置和形状，并对不稳定体塌落或滑移的运动学特征进行分析，确定其滑动方向、可能滑动面的位置、产状和力学强度参数。然后对楔形体进行稳定性校核，如果校核后，楔形体处于稳定状态，那么其围岩压力为零；如果不稳定，那么就要具体地计算其围岩压力。下面以图 7-24 所示为例来说明洞顶和侧壁围岩压力的计算方法。

a　洞顶围岩压力

如图 7-24 所示，经勘查在洞室顶部存在由两组结构面交切形成的楔形体 ABC，设两组结构面的性质相同，剪切强度参数为 C_{j}、ϕ_{j}，且夹角为 θ，结构面倾角分别为 α、β(在本例中设为相等)。所切割的楔形体高为 h、底宽为 S。经分析楔形体受有如下力的作用：(1) 围岩重分布应力 σ_θ，可分解为法向力 $N_1=\sigma_\theta l\cos(\theta/2)$ 和上推力 $\sigma_\theta l\sin(\theta/2)$；(2) 结构面剪切强度产生的抗滑力 $C_j l+\sigma_\theta l\cos(\theta/2)\tan\phi_j$；(3) 楔形体的自重 G_1。在以上力的作用下，楔形体 ABC 的稳定条件为：

$$G_1 < 2\left(lC_j+\sigma_\theta\cos\frac{\theta}{2}\tan\phi_j+\sigma_\theta\sin\frac{\theta}{2}\right)\cos\frac{\theta}{2} \tag{7-85}$$

式中 l——结构面的长度。

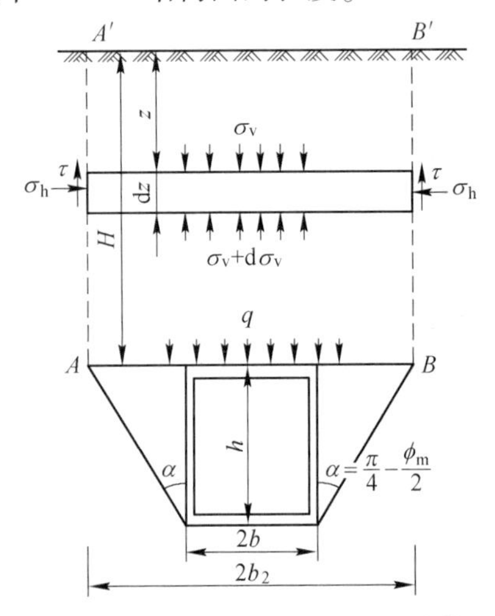

图 7-23 侧壁不稳定时围岩压力计算图

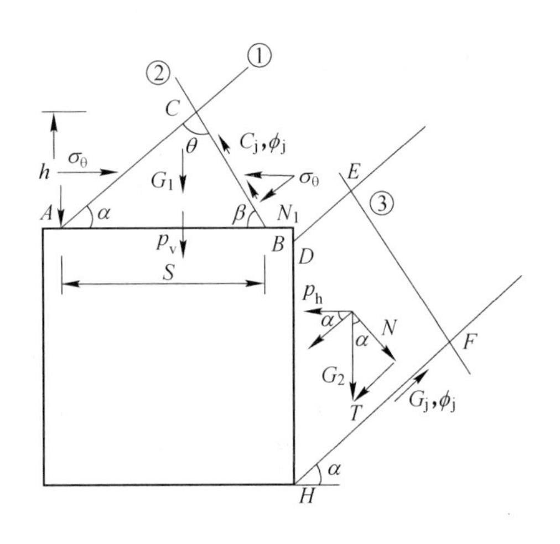

图 7-24 楔形体平衡分析及围岩压力计算图
(①、②、③为结构面)

如果经分析，楔形体不稳定，即不满足式(7-85)，则作用于洞顶支衬上的围岩压力 p_v 就是该楔形体的自重，即：

$$p_v=G_1=\frac{1}{2}Sh\rho g \tag{7-86}$$

进一步从图 7-24 的关系有：

$$h=\frac{S}{\mathrm{ctan}\alpha+\mathrm{ctan}\beta} \tag{7-87}$$

将式(7-87)代入式(7-86)得洞顶围岩压力 p_v(kN)为：

$$p_v=\frac{S^2\rho g}{2(\mathrm{ctan}\alpha+\mathrm{ctan}\beta)} \tag{7-88}$$

以上讨论的是两组结构面性质和倾角都相同的简单情况下的围岩压力计算方法。对于结构面性质和倾角不相同或楔形体更为复杂的情况，其围岩压力计算思路与此相同，只是计算公式更为复杂而已。

b 侧壁围岩压力

如图 7-24 所示，若除洞顶外，侧壁也存在不稳定楔形体 $DEFH$。它所形成的侧壁围岩压力 p_h 等于楔形体的重量在滑动方向上的分力减去滑动面的摩阻力后，在水平方向上的分力。由图可知，楔形体在自重 G_2 的作用下，在滑面 FH 上的滑动力为 $G_2\sin\alpha$，抗滑力为 $G_2\cos\alpha\tan\phi_j+C_j l_{FH}$。

根据极限平衡理论，楔形体的稳定条件为：

$$G_2\cos\alpha\tan\phi_j + C_j l_{FH} - G_2\sin\alpha > 0 \tag{7-89}$$

若楔形体不稳定［即不满足式(7-89)］，则该楔形体产生的侧向围岩压力 p_h(kN)为：

$$p_h = (G_2\sin\alpha - G_2\cos\alpha\tan\phi_j - C_j l_{FH})\cos\alpha \tag{7-90}$$

式中 C_j，ϕ_j——滑面 FH 的黏聚力和摩擦角；

α——滑面 FH 的倾角；

l_{FH}——滑面 FH 的长度。

7.4.3 岩爆（Rockburst）

在具有高天然应力的弹脆性岩体中，进行各种有目的的地下开挖工程时，由开挖卸荷及特殊的地质构造作用引起开挖周边岩体中应力高度集中，岩体中积聚了很高的弹性应变能。当开挖体围岩中应力超过岩体的容许极限状态时，将造成瞬间大量弹性应变能释放，使围岩发生急剧变形破坏和碎石抛掷，并发生剧烈声响、震动和气浪冲击，造成顶板冒落、侧墙倒塌、支护折断、设备毁坏，甚至地面震动、房屋倒塌等现象，直接威胁着地下施工人员的生命安全。这种作用或现象称为岩爆，在采矿中称为冲击地压或矿震。因此，它是地下工程中一种危害最大的地质灾害。

广义地说，岩爆是一种地下开挖活动诱发的地震现象。根据目前测得的采矿诱生矿震的能量范围约为 $10^{-5}\sim10^{9}$J(焦耳)。但只有突然猛烈释放的能量大于 10^{4}J 的矿震才形成岩爆。

自 1738 年英国的南斯塔福煤矿发生第一次岩爆以来，相继在南非、波兰、美国、中国、日本等 18 个国家发生了岩爆灾害。我国自 1933 年抚顺煤矿首次发生岩爆以来，也相继在水电工程、采矿及铁路隧洞工程中发生了许多次岩爆，造成了人员伤亡和财产损失。然而，虽然人类认识岩爆灾害已有 260 年的历史，但真正引起各国关注却是近几十年的事情。目前这方面的研究也不太多，有许多问题还处在探索阶段。下面仅就岩爆产生的条件、影响因素及其形成机理进行简要的讨论。

7.4.3.1 岩爆的产生条件

A 围岩应力条件

判断岩爆发生的应力条件有两种方法：一是用洞壁的最大环向应力 σ_θ 与围岩单轴抗压强度 σ_c 之比值作为岩爆产生的应力条件；另一种是用天然应力中的最大主应力 σ_1 与岩块单轴抗压强度 σ_c 之比进行判断。

多尔恰尼诺夫等人，根据苏联库尔斯克半岛西平矿的岩爆研究，提出了表 7-3 的环向应力 σ_θ 判据。

表 7-3 岩爆的环向应力判据

环向应力 σ_θ 判据	岩 爆 特 征
$\sigma_\theta \leqslant 0.3\sigma_c$	洞壁不出现岩爆
$0.3\sigma_c < \sigma_\theta \leqslant (0.5\sim0.8)\sigma_c$	洞壁围岩出现岩射和剥落
$\sigma_\theta > 0.8\sigma_c$	洞壁出现岩爆和猛烈岩射

另外，根据我国已产生岩爆的地下洞室资料统计，得出当岩体中最大天然主应力 σ_1 与 σ_c 达到如下关系时，将产生岩爆，即：

$$\sigma_1 \geqslant (0.15 : 0.2)\sigma_c \tag{7-91}$$

表7-4给出了一些地下工程围岩发生岩爆时的σ_1/σ_c值。由此可知，对于σ_1/σ_c值大于0.165~0.35的脆性岩体最易发生岩爆。

表7-4 发生岩爆时的σ_1/σ_c值

地下工程名称	岩性	单轴抗压强度 σ_c/MPa	最大天然应力 σ_1/MPa	σ_1/σ_c
苏联，希宾地块拉斯伍姆乔尔矿	霓霞—磷霞岩	180.0	57.0	0.320
苏联，希宾地块，基洛夫矿	霓霞—磷霞岩	180.0	37.0	0.210
美国，爱达荷州，CAD矿A矿	石英岩	190.0	66.0	0.347
美国，爱达荷州，CAD矿B矿	石英岩	190.0	52.0	0.274
美国，爱达荷州，加利纳矿	石英岩	189.0	31.6	0.167
瑞典，维塔斯输水洞	石英岩	180.0	40.0	0.222
中国，二滩电站，2号洞，3号支洞	正长岩	210.0	26.0	0.124

B 岩性条件

脆性岩体中，弹性变形一般占破坏前总变形值的50%~80%，所以这类岩体具有积累高应变能的能力，可以用弹性变形能系数ω来判断岩爆的岩性条件。ω是指加载到$0.7\sigma_c$后再卸载至$0.05\sigma_c$时，卸载释放的弹性变形能与加载吸收的变形能之比的百分数，即：

$$\omega = \frac{F_{CAB}}{F_{OAB}} \times 100\% \qquad (7\text{-}92)$$

式中，F_{CAB}为图7-25中曲线*ABC*所包围的面积；F_{OAB}为图中曲线*OAB*所包围的面积。

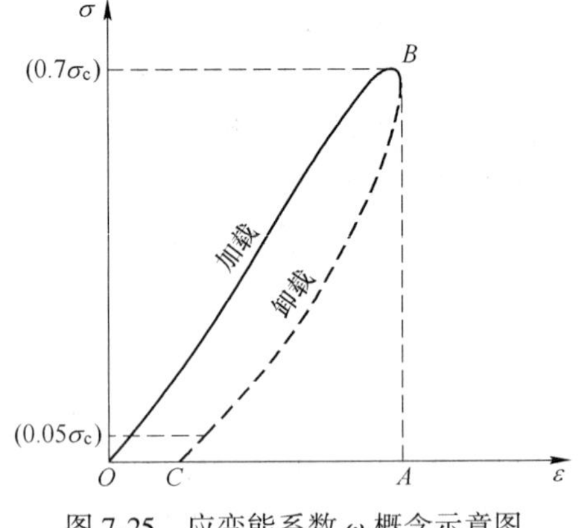

图7-25 应变能系数ω概念示意图

一般来说，当$\omega>70\%$时，会产生岩爆，ω越大发生岩爆的可能性越大。

此外，还可用岩石单向压缩时，达到强度极限前积累于岩石内的应变能与强度极限后消耗于岩石破坏的应变能之比来判断（见图7-26），即：

$$n = \frac{F_{OAB}}{F_{BAC}} \qquad (7\text{-}93)$$

式中，F_{OAB}为图7-25中曲线*OAB*包围的面积；F_{BAC}为图中曲线*BAC*包围的面积。

一般来说，当$n<1$时［见图7-26(a)］，不会发生岩爆；而当$n>1$时［见图7-26(b)］，在高应力条件下可能发生岩爆。

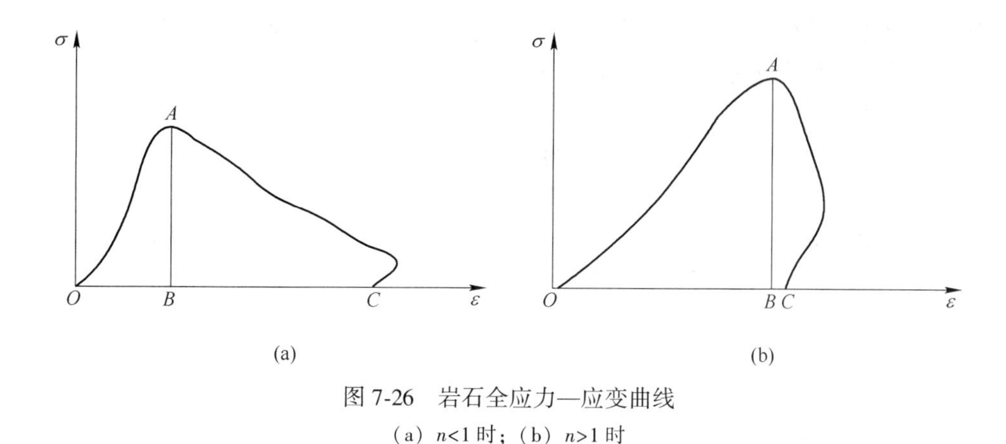

图 7-26 岩石全应力—应变曲线

（a）$n<1$ 时；（b）$n>1$ 时

7.4.3.2 影响岩爆的因素

A 地质构造

实践表明，岩爆大都发生在褶皱构造中。例如：我国南盘江天生桥电站引水洞，岩爆发生在尼拉背斜地段，唐山煤矿 2151 工作面岩爆发生在向斜轴部。另外，岩爆与断层、节理构造也有密切的关系。调查表明，当掌子面与断裂或节理走向平行时，将触发岩爆。我国龙凤煤矿发生的 50 次岩爆中，发生在断层前的占 72%，发生在断层带中的占 14%，发生在断层后的占 10%。例如，在天池煤矿采深 200~700m 处，90%的岩爆发生在断层和地质构造复杂部位，岩体中节理密度和张开度对岩爆也有明显的影响。据南非金矿观测表明，节理间距小于 40cm，且张开的岩体中一般不发生岩爆。掌子面岩体中有大量岩脉穿插时，也将发生岩爆。

B 洞室埋深

大量资料表明，随着洞室埋深增加，岩爆次数增多，强度也增大。发生岩爆的临界深度 H 可按下式估算：

$$H > 1.73\frac{\sigma_c B}{\rho g C} \tag{7-94}$$

式中，$B = 1 + \dfrac{\sigma_3}{\sigma_1}\left(\dfrac{\sigma_3}{\sigma_1} - 2\mu\right)$；$C = \dfrac{(1-2\mu)(1+\mu)^2}{(1-\mu)^2}$；$\sigma_1$、$\sigma_3$ 为天然最大最小主应力。

据统计，我国煤矿中岩爆多发生在埋深大于 200m 的巷道中。此外，地下开挖尺寸、开挖方法、爆破震动及天然地震等对岩爆也有明显的影响。

7.4.3.3 岩爆形成机理和围岩破坏区分带

根据岩爆破坏的几何形态、爆裂面力学性质、岩爆弹射动力学特征和围岩破坏的分带特点可知岩爆的孕育、发生和发展是一个渐进性变形破坏过程（见图 7-27），可分为以下三个阶段：

（1）劈裂成板阶段，如图 7-27 中 A 所示。在储存有较高应变能的脆性岩体中，由于开挖使岩体中天然应力分异、围岩应力集中，在洞壁平行于最大天然应力 σ_1 部位，环向应力梯度增大，洞壁受压，致使垂直洞壁方向受张应力作用而产生平行于最大环向应力的板状劈裂，板裂面平直无明显擦痕。在天然应力量级相对较小且围岩中应变能不大的情况下，因板裂消耗了部分应变能，劈裂发展至一定程度后将不再继续扩展。这时仅在洞壁表部，在张、剪应力复合作用下，部分板裂岩体脱离母岩而剥落，而无岩块弹射出现。这种破坏原则上不属于岩爆，而属静态脆性破坏。若围岩应力很高，储存的弹性应变能很大，则劈裂会进一步演化。本阶段属于岩爆孕育阶段。

（2）剪切成块阶段，如图7-27中B所示。在平行板裂面方向上，环向应力继续作用，在产生环向压缩变形的同时，径向变形增大，劈裂岩板向洞内弯曲，岩板内剪应力增大，发生张剪复合破坏。这时岩板破裂成棱块状、透镜状或薄片状岩块，裂面上有明显的擦痕。岩板上的微裂增多并呈“V”字形或“W”字形。此时洞壁岩体处于爆裂、弹射的临界状态。所以本阶段是岩爆的酝酿阶段。

（3）块、片弹射阶段，如图7-27中C所示。在劈裂、剪断岩板的同时，产生响声和震动。在消耗大量弹性能之后，围岩中的剩余弹性能转化为动能，使块、片获得动能而发生弹射，岩爆形成。

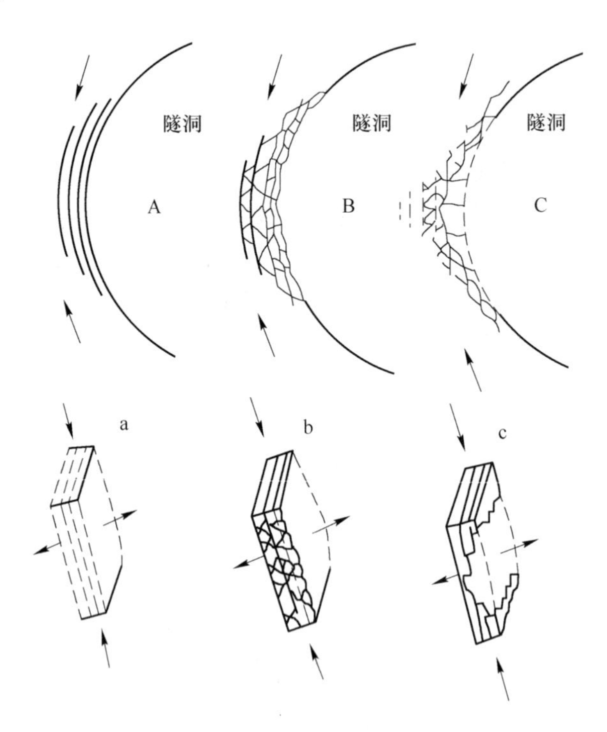

图7-27　岩爆渐进破坏过程示意图

A—劈裂；B—剪断；C—弹射

上述岩爆三个阶段构成的渐进性破坏过程都是很短促的。各阶段在演化的时序和发展的空间部位，都是由洞壁向围岩深部依次重复更迭发生的。因此，岩爆引起的围岩破坏区可以分弹射带、劈裂-剪切带和劈裂带等三带。

综上所述，岩爆是地下工程中与地壳岩体内动力作用有关的地质灾害，它不仅与岩体天然应力状态密切相关，而且与岩体的力学属性有关。岩爆的发生还受到地质构造、洞室埋深、形状、施工方法及爆破震动等因素的影响，并可根据岩爆显现的各种物理力学现象对岩爆进行预测预报，采取相应的消除和控制措施，以减少其灾害损失。

7.5 围岩抗力与极限承载力

有压洞室由于存在很高的内水压力作用，迫使衬砌向围岩方向变形。围岩被迫后退时，将产生一个反力来阻止衬砌的变形。我们把围岩对衬砌的反力称为围岩抗力（或称弹性抗力）。围岩抗力越大，越有利于衬砌的稳定。实际上围岩抗力承担了一部分内水压力，从而减小了衬砌所承受的内水压力，起到了保护衬砌的作用。充分利用围岩抗力，可以大大地减薄衬砌的厚度，降低工程造价。因此，围岩抗力的研究具有重要的实际意义。围岩抗力的大小常用抗力系数 K 来表示。

围岩抗力是从围岩与衬砌共同变形理论出发，按围岩抗变形能力考虑围岩承载力的。但从有压洞室的整体稳定性考虑，仅考虑围岩抗力是不够的，还必须从围岩承担内水压力的能力（洞室上覆岩层不致因内水压力而被整体抬动）来考虑围岩的承载力。表征围岩承担内水压力能力的指标是围岩极限承载力，它主要与围岩的强度性质及天然应力状态有关。

7.5.1 围岩抗力系数及其确定

围岩抗力系数是表征围岩抵抗衬砌向围岩方向变形能力的指标，定义为使洞壁围岩产生一个单位径向变形所需要的内水压力。如图 7-28 所示，当洞壁受到内水压力 p_a 作用后，洞壁围岩向外产生的径向位移为 y，则：

$$p_a = Ky \tag{7-95}$$

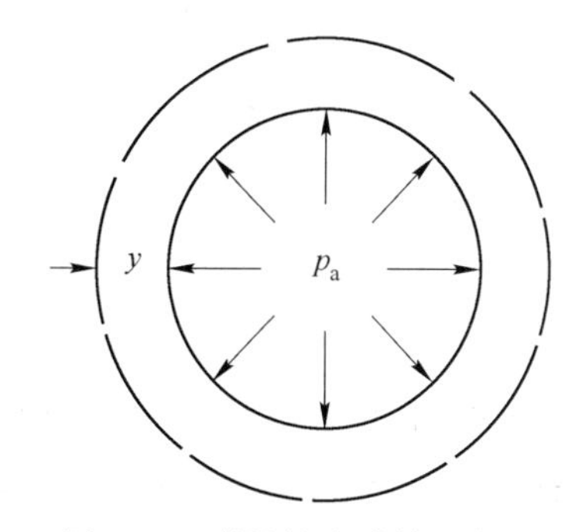

图 7-28 弹性抗力计算示意图

式中，K 为围岩抗力系数（MPa/cm）。K 值越大，说明围岩受内水压力的能力越大，它是地下洞室支衬设计的重要指标。K 值不是一个常数，它随洞室尺寸而变化，洞室半径越大，K 值越小。因此会出现在同一岩体条件下，不同半径洞室中求得的 K 值不同，这就给实际使用这一指标造成困难。为了统一标准，在工程中常用单位抗力系数 K_0 来表示围岩抗力的大小。

单位抗力系数是指洞室半径为 100cm 时的抗力系数值，即：

$$K_0 = K\frac{R_0}{100} \tag{7-96}$$

确定围岩抗力系数的方法有直接测定法、计算法和工程地质类比（经验数据）法 3 种。常用的直接测定法有双筒橡皮囊法、隧洞水压法和径向千斤顶法。

双筒橡皮囊法是在岩体中挖一个直径大于 1m 的圆形试坑，坑的深度应大于 1.5 倍的直径。试坑周围岩体要有足够的厚度，一般应大于 3 倍的试坑直径。在坑内安装环形橡皮囊，如图 7-29 所示。用水泵对橡皮囊加压使其扩张，并对坑壁岩体施压，使坑壁岩体受压而向四周变形。其变形值可用百分表（或测微计）测记。若坑壁无混凝土衬砌，则 K 值可按式(7-95)计算。若有混凝土衬砌时，则按下式计算围岩抗力系数 K，即：

$$K = \frac{p_a}{y}\frac{bE_c}{R_0^2} \tag{7-97}$$

式中　p_a——作用于衬砌内壁上的水压力，MPa；

y——径向位移，cm；

b——衬砌的厚度；

E_c——衬砌的弹性模量，MPa；

R_0——试坑半径。

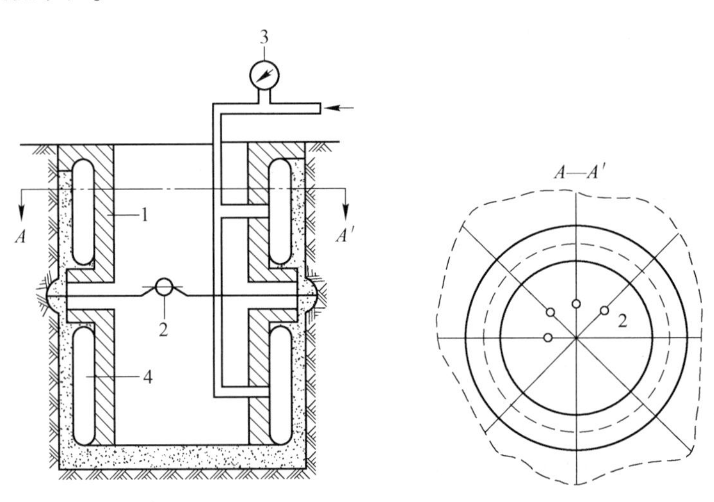

图 7-29　双筒橡皮囊法装置图

1—金属筒；2—测微计；3—水压表；4—橡皮囊

隧洞水压法是在已开挖的隧洞中，选择代表性地段进行水压试验，如图 7-30 所示。将所选定试段的两端堵死，在洞内安装量测洞径变化的测微计（百分表），然后向洞内泵入高压水，洞壁围岩在水压力的作用下发生径向变形。测出径向变形，即可按式(7-95)和式(7-96)或式(7-97)计算围岩的 K 或 K_0 值。

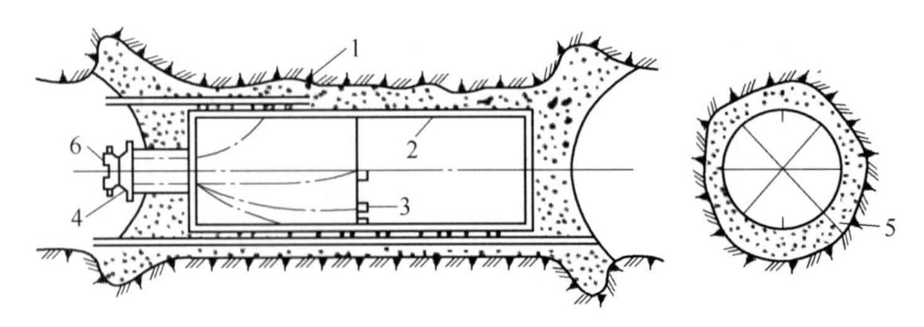

图 7-30　隧洞水压法装置图

1—衬砌；2—橡皮囊；3—测微计；4—阀门；5—伸缩缝；6—排气孔

径向千斤顶法是利用扁千斤顶代替水泵作为加压工具对岩体施加径向压力，并测得径向变形。然后据测得径向变形 y 和相应的压力 p_a，用式(7-95)和式(7-96)求岩体的 K 或 K_0 值。

计算法是根据围岩抗力系数和弹性模量 E 与泊松比 μ 之间的理论关系来求围岩的 K 和 K_0 值。

根据弹性理论 K、R_0 和 E、μ 之间的理论关系来求围岩的 K 和 K_0 值，即：

$$K = \frac{E}{(1+\mu)R_0} \tag{7-98}$$

而单位抗力系数 K_0 可由式(7-96)得：

$$K_0 = \frac{E}{(1+\mu)\times 100} \tag{7-99}$$

式(7-98)仅适用于坚硬、完整、均质和各向同性的岩体。对于软弱和破碎岩体，或具有塑性圈的围岩，可按下式计算：

$$\begin{cases} K = \dfrac{E_{me}}{\left(1+\mu_m+\ln\dfrac{R_1}{R_0}\right)R_0} \\ K_0 = \dfrac{E_{me}}{\left(1+\mu_m+\ln\dfrac{R_1}{R_0}\right)\times 100} \end{cases} \tag{7-100}$$

式中 E_{me}——岩体的弹性模量，MPa；

μ_m——泊松比；

R_0——洞室半径，cm；

R_1——裂隙区半径，cm。

对于坚硬岩体 $R_1/R_0=3.0$，而软弱、破碎岩体 R_1/R_0 取 300。

工程地质类比法是根据已有的建设经验，将拟建工程岩体的结构和力学特性、工程规模等因素与已建工程进行类比确定 K 值。一些中、小型工程大都采用此法。

表 7-5 给出了我国部分水工隧洞围岩抗力系数 K_0 的经验数据。

表 7-5 国内部分工程围岩抗力系数的经验数据

工程名称	岩体条件	最大荷载 /MPa	K_0 /MPa·cm^{-1}	试验方法
隔河岩	深灰色薄层泥质条带灰岩、新鲜完整，0.1m 至 0.2m 裂隙破碎带	3.0	176~268	径向扁千斤顶法
	灰岩、新鲜完整、裂隙方解石充填	1.2	224~309	双筒橡皮囊法
映秀湾	花岗闪长岩，微风化，中细粒，裂隙发育	1.0	16.1~18.1	径向扁千斤顶法
	花岗闪长岩，较完整均一，裂隙不太发育	1.0	116~269	径向扁千斤顶法
龚咀	花岗岩，中粒，似斑状，具隐裂隙，微风化	1.0	88~102.5	扁千斤顶法
	辉绿岩脉，有断层通过，破碎，不均一	0.6	11.3~50.1	扁千斤顶法
太平溪	灰白色至浅灰色石英闪长岩，中粒，新鲜坚硬，完整	3.0	250~375	扁千斤顶法
长湖	砂岩，微风化，夹千枚岩，页岩	0.6	78	水压法

续表 7-5

工程名称	岩 体 条 件	最大荷载 /MPa	K_0 /MPa · cm^{-1}	试验方法
南桠河三级	花岗岩，中粗粒，弱风化，不均一	1.0	18~70.5	扁千斤顶法
	花岗岩，裂隙少，坚硬完整	1.8	40~130	扁千斤顶法
二滩	正长岩，新鲜，完整	1.3	104~188	扁千斤顶法
刘家峡	微风化云母石英片岩	1.0~1.2	300~320	双筒橡皮囊法
	中风化云母石英片岩	1.0~1.2	140~160	双筒橡皮囊法

7.5.2　围岩极限承载力的确定

围岩极限承载力是指围岩承担内水压力的能力。大量的事实表明，在有压洞室中，围岩承担了绝大部分的内水压力。例如，我国云南某水电站的高压钢管埋设在下二叠统玄武岩体中，上覆岩体仅 32m 厚，原本担心在内水压力作用下围岩会不稳定，但通过天然应力测量发现，该地区的水平应力远大于铅直应力，两者之比值为 0.91~1.87。设计中采用了让天然应力承担部分内水压力的方案，建成运营后，围岩稳定性良好，根据洞径变化和钢板变形等实测数据计算，得知围岩承担了 11.5~12MPa 的内水压力，约为设计内水压力的 83%~86%。又如瑞典的马萨电站的高压输水管埋设在结晶板岩中，上覆岩体厚 100m，钢管壁厚 8mm，最大内水压力为 19.6MPa，围岩承担了 90%的内水压力。这些例子说明围岩具有很高的承载能力。而这种承载力与围岩的力学性质及天然应力状态有关。

由本章第一节围岩重分布应力的讨论中可知，有压洞室开挖以后，在天然应力作用下应力重新分布，围岩处于重分布应力状态中。洞室建成使用后，洞壁受到高压水流的作用，在很高的内水压力作用下，围岩内又产生一个附加应力，使围岩内的应力再次分布，产生新的重分布应力。如果两者叠加后的围岩应力大于或等于围岩的强度时，则围岩就要发生破坏，否则围岩不破坏。围岩极限承载力就是根据这个原理确定的。下面分别讨论在自重应力和天然应力作用下，围岩极限承载力的确定方法。

7.5.2.1　自重应力作用下的围岩极限承载力

设有一半径为 R_0 的圆形有压隧洞，开挖在仅有自重应力（$\sigma_v = \rho gh$，$\sigma_h = \lambda\rho gh$）作用的岩体中，洞顶埋深为 h，洞内壁作用的内水压力为 p_a。那么，开挖以后，洞壁上的重分布应力，由式(7-11)得：

$$\begin{cases}\sigma_{r_1} = 0 \\ \sigma_{\theta_1} = \rho gh[(1 + 2\cos 2\theta) + \lambda(1 - 2\cos 2\theta)] \\ \tau_{r\theta_1} = 0\end{cases} \tag{7-101}$$

式中　λ——天然应力比值系数；

ρ——岩体密度。

由内水压力 p_a 引起的洞壁上的附加应力，由式(7-25)得：

$$\begin{cases}\sigma_r = p_a \\ \sigma_{\theta_2} = -p_a \\ \tau_{r\theta_2} = 0\end{cases} \tag{7-102}$$

则有压隧洞工作时，洞壁围岩的重分布应力状态为：

$$\begin{cases}\sigma_r = p_a \\ \sigma_\theta = \rho gh[(1+2\cos 2\theta)+\lambda(1-2\cos 2\theta)] \\ \tau_{r\theta} = 0\end{cases} \tag{7-103}$$

由式(7-103)可知，σ_r和σ_θ均为主应力。将σ_r、σ_θ代入围岩极限平衡条件，得：

$$\frac{\sigma_r - \sigma_\theta}{\sigma_r + \sigma_\theta + 2C_m \cot\phi_m} = \sin\phi_m$$

即可求得自重应力条件下，围岩极限承载力的计算公式为：

$$p_a = \frac{1}{2}\rho gh[(1+2\cos 2\theta)+\lambda(1-2\cos 2\theta)](1+\sin\phi_m)+C_m\cos\phi_m \tag{7-104}$$

由式(7-104)可求得上覆岩层的极限厚度为：

$$h_{cr} = \frac{2(p_a - C_m\cos\phi_m)}{\rho g[(1+2\cos 2\theta)+\lambda(1-2\cos 2\theta)](1+\sin\phi_m)} \tag{7-105}$$

如果考虑洞顶一点，即$\theta=90°$，则由式(7-105)得：

$$h_{cr} = \frac{2(p_a - C_m\cos\phi_m)}{\rho g(3\lambda-1)(1+\sin\phi_m)} \tag{7-106}$$

式(7-106)即为没有考虑安全系数时的上覆岩层最小厚度的计算公式。

7.5.2.2　天然应力作用下的围岩极限承载力

大部分岩体中的天然应力不符合自重应力分布规律，因此，按自重应力计算的极限承载力必然与实际情况有较大的偏差。

为了得到天然应力作用下围岩极限承载力的计算公式，只要把铅直天然应力σ_v和水平天然应力σ_h代入洞壁重分布应力计算公式中，经与式(7-94)同样的推导步骤，就可以得到：

$$p_a = \frac{1}{2}[(\sigma_h+\sigma_v)+2(\sigma_v-\sigma_h)\cos 2\theta](1+\sin\phi_m)+C_m\cos\phi_m \tag{7-107}$$

由式(7-107)可知，围岩的极限承载力是由岩体天然应力和内聚力两部分组成的。因此，当岩体的C_m、ϕ_m一定时，围岩的极限承载力取决于天然应力的大小。这就是为什么在许多工程中，即使有很高的内水压力作用，围岩的覆盖层厚度也并不大的情况下，采用较薄的衬砌时仍能维持稳定的原因。

习　题

7-1　地下空间的开挖将会产生一系列复杂的岩体力学作用，这些作用可归纳为哪几种？

7-2　弹性围岩下，圆形洞室中重分布应力的特点有哪些，不同形状洞室洞壁上重分布应力的特点有哪些？

7-3　当出现塑性区后，围岩应力分布发生了什么变化，塑性区应力分布的主要特点是什么？

7-4　什么是围岩压力，围岩压力与围岩应力的区别何在？按围岩压力的形成机理，可将其划分为哪几种？

7-5　简述围岩与支护相互作用的原理。

7-6 松动围岩压力的计算方法主要有哪几种？并简述各种方法的适用条件。

7-7 什么是围岩抗力系数，围岩抗力系数是如何确定的？

7-8 在埋深为 200m 的岩体内开挖一洞径为 $2a=2$m 的圆形隧洞，假设岩体的天然应力为静水压力式，上覆岩层的平均容重 $\gamma=2.7$g/cm^3。试求解以下问题：

（1）1 倍洞壁半径、2 倍洞壁半径、6 倍洞壁半径处的围岩应力；

（2）根据上述结果说明围岩应力的分布特征；

（3）洞壁若不稳定，试求出塑性变形区的最大半径。

7-9 在中等坚硬的石灰岩中，开挖一埋深 $H=100$m，洞室半径 $a=3$m 的圆形隧洞，洞室围岩的物理力学指标 $C=0.3$MPa，$\phi=30°$，容重 $\gamma=2.7$g/cm^3。试用弹塑性理论求解以下问题：

（1）塑性半径 $R=a$ 时的围岩压力；

（2）允许塑性圈的厚度为 2m 时的围岩压力；

（3）若岩石的弹性模量 $E=1200$MPa，泊松比 $\mu=0.2$，洞室周边实测最大径向位移 $U_{max}=3$cm。求围岩压力。

7-10 有一宽为 10m、高 6m 的洞室，采用混凝土衬砌，围岩为泥灰岩，岩石的坚固性系数 $f=1.7$，内摩擦角 $\phi_f=60°$，岩石容重 $\gamma=2.4$g/cm^3。假如开洞后侧壁也不稳定，试用普氏理论计算围岩压力（包括顶压、侧压和底压）。

8 边坡岩体稳定性分析

8.1 概　　述

斜坡（Slope）是天然斜坡和人工边坡的总称。前者是自然地质作用形成未经人工改造的斜坡，这类斜坡在自然界特别是山区广泛分布（如山坡、沟谷岸坡等）；后者经人工开挖或改造形成（如露天采矿边坡、铁路公路路堑与路堤边坡等）。另外，按岩性又可将边坡分为土质边坡和岩质边坡。本章以讨论人工开挖的岩质边坡稳定性为主。斜坡的变形与破坏常给人类工程活动及生命财产带来巨大的损失。例如，1982 年 7 月，四川省云阳鸡扒子发生滑坡，滑体规模 1500 万立方米，其中前缘 180 万立方米的土石体被推入长江，严重碍航。该滑坡还使大量农田、房屋被毁，造成了巨大的经济损失；又如 1980 年 6 月发生的湖北远安盐池河山崩，规模约 100 万立方米，造成 284 人死亡，损失惨重；再如 1963 年发生在意大利的瓦依昂水库库岸滑坡，其总方量达 2.5 亿立方米，滑坡造成 2500 多人死亡，水库也因此而失效。除自然斜坡变形破坏外，人工边坡的变形破坏也常有发生，其主要见于大型水利水电工程边坡、铁路路堑及露天采矿边坡。如抚顺煤矿和大冶铁矿的露天采坑，都曾发生过失稳事故，对生产和生命财产造成损失。

世界各国对边坡失稳非常重视。我国政府有关部门已将其列入重大地质灾害之一，并进行重点研究。

边坡在其形成及运营过程中，在诸如重力、工程作用力、水压力及地震作用等力场的作用下，坡体内应力分布发生变化，当组成边坡的岩土体强度不能适应此应力分布时，就要产生变形破坏，引发事故或灾害。岩体力学研究边坡的目的就是要研究边坡变形破坏的机理包括应力分布及变形破坏特征与稳定性，为边坡预测预报及整治提供岩体力学依据。其中稳定性计算是岩体边坡稳定性分析的核心。目前用于边坡岩体稳定性分析的方法主要有数学力学分析法（包括块体极限平衡法、弹性力学与弹塑性力学分析法和有限元法等）、模型模拟试验法（包括相似材料模型试验、光弹试验和离心模型试验等）和原位观测法等。此外，还有破坏概率法、信息论方法及风险决策等新方法应用于边坡稳定性分析中。这里主要介绍数学力学分析法中的块体极限平衡法的基本原理，对于其他方法可参考有关文献。

块体极限平衡法是边坡岩体稳定性分析中最常用的方法。这种方法的滑动面是事先假定的。另外，还须假定滑动岩体为刚体，即忽略滑动体的变形对稳定性的影响。在以上假定条件下分析滑动面上抗滑力和滑动力的平衡关系，如果滑动力大于或等于抗滑力即认为满足了库伦-莫尔判据，滑动体将可能发生滑动而失稳。

这一方法的具体作法可概括如下：

（1）确定滑动面的位置和形状。由于滑动面是假定的，故任何形状的面都可以充当，当然实际的滑动面将取决于结构面的分布、组合关系及其所具有的剪切强度。大量的实践证明，均质土坡的破坏面都接近于圆弧形，岩体中存在软弱结构面时，边坡岩体常沿某个软弱结构面或某几个软弱结构面的组合面滑动，因此，根据具体情况假定的滑动面与实际情况是很接近的。

（2）确定极限抗滑力和滑动力，并计算其稳定性系数。所谓稳定性系数即指可能滑动面上可供利用的抗滑力与滑动力的比值。由于滑动面是预先假定的，因此就可能不止一个，这样就要分别试算出每个可能滑动面所对应的稳定性系数，取其中最小者作为最危险滑动面。最后以安全系数为标准评价边坡的稳定性。

由于利用块体极限平衡法设计边坡工程时是以安全系数为标准的，因此，正确理解稳定性系数和安全系数的概念和两者的区别是很重要的。所谓安全系数，简单地说就是允许的稳定性系数值，安全系数的大小是根据各种影响因素人为规定的。而稳定性系数则是反映滑动面上抗滑力与滑动力的比例关系，用以说明边坡岩体的稳定程度。安全系数的选取是否合理，直接影响到工程的安全和造价。它必须大于 1 才能保证边坡安全，但比 1 大多少却是很有讲究的。它受一系列因素的影响，概括起来有以下几方面：

（1）岩体工程地质特征研究的详细程度。

（2）各种计算参数，特别是可能滑动面剪切强度参数确定中可能产生的误差大小。

（3）在计算稳定性系数时，是否考虑了岩体实际承受和可能承受的全部作用力。

（4）计算过程中各种中间结果的误差大小。

（5）工程的设计年限、重要性以及边坡破坏后的后果如何等。

一般来说，当岩体工程地质条件研究比较详细时，确定的最危险滑动面比较可靠，计算参数确定比较符合实际，计算中考虑的作用力全面，加上工程规模等级较低时，安全系数可以规定得小一些；否则，应规定得大一些。通常，安全系数为 1.05~1.5。

块体极限平衡法的优点是方便简单，适用于研究多变的水压力及不连续的裂隙岩体；主要缺点是不能反映岩体内部真实的应力应变关系，所求稳定性参数是滑动面上的平均值，带有一定的假定性。因此，该方法难以分析岩体从变形到破坏的发生发展全过程，也难以考虑累进性破坏对岩体稳定性的影响。

8.2　边坡岩体中的应力分布特征

在岩体中进行开挖，形成人工边坡后，由于开挖卸荷，在近边坡面一定范围内的岩体中，发生应力重分布作用，使边坡岩体处于重分布应力状态下。边坡岩体为适应这种重分布应力状态将发生变形和破坏。因此，研究边坡岩体重分布应力特征是进行稳定性分析的基础。

8.2.1　应力分布特征

在均质连续的岩体中开挖时，人工边坡内的应力分布可用有限元法及光弹性试验求解。图 8-1 为用弹性有限单元法计算结果给出的主应力及最大剪应力迹线图。由图可知边坡内的应力分布有如下特征：

（1）无论在什么样的天然应力场下，边坡面附近的主应力迹线均明显偏转，表现为最大主应力与坡面近于平行，最小主应力与坡面近于正交，向坡体内逐渐恢复初始应力状态，如图 8-1 所示。

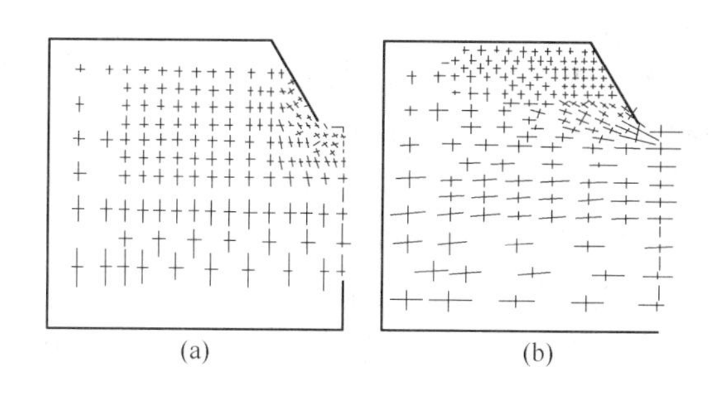

图 8-1 用弹性有限单元法解出的典型斜坡主应力迹线图
（a）重力场条件；（b）以水平应力为主的构造应力场条件
（据刘佑荣，2008）

（2）由于应力的重分布，在坡面附近产生应力集中带，不同部位其应力状态是不同的。在坡脚附近，平行坡面的切向应力显著升高，而垂直坡面的径向应力显著降低，由于应力差大，于是就形成了最大剪应力增高带，最易发生剪切破坏。在坡肩附近，在一定条件下坡面径向应力和坡顶切向应力可转化为拉应力，形成拉应力带，边坡越陡，则此带范围越大，因此坡肩附近最易拉裂破坏。

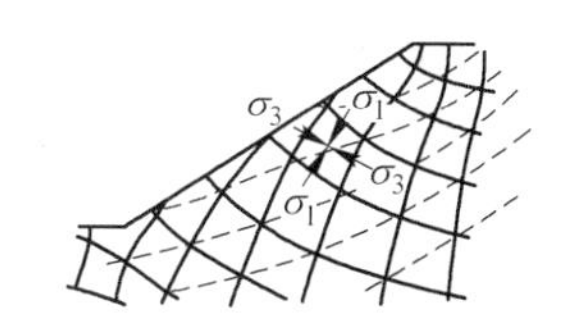

图 8-2 斜坡中最大剪应力迹线与主应力迹线关系示意图

（3）在坡面上各处的径向应力为零，因此坡面岩体仅处于双向应力状态，向坡内逐渐转为三向应力状态。

（4）由于主应力偏转，坡体内的最大剪应力迹线也发生变化，由原来的直线变为凹向坡面的弧线，如图 8-2 所示。

8.2.2 影响边坡应力分布的因素

影响边坡应力分布的因素包括：

（1）天然应力。表现在水平天然应力使坡体应力重分布作用加剧，即随水平天然应力增加，坡内拉应力范围加大，如图 8-3 所示。

（2）坡形、坡高、坡角及坡底宽度等，对边坡应力分布均有一定的影响。

坡高虽不改变坡体中应力等值线的形状，但随坡高增大，主应力量值也增大。

坡角大小直接影响边坡岩体应力分布图像。随坡角增大，边坡岩体中拉应力区范围增大（见图 8-3），坡脚剪应力也增高。

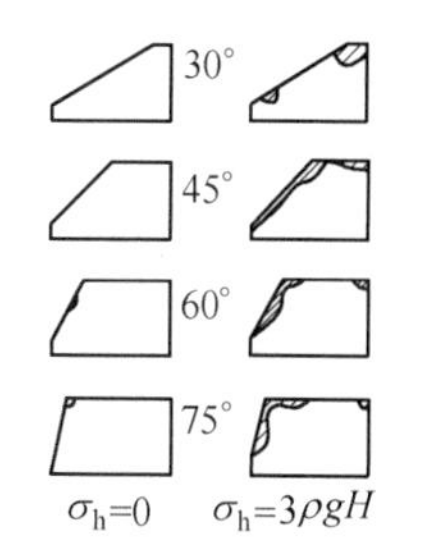

图 8-3 斜坡拉力带分布状况及其与水平构造应力、坡角关系示意图

坡底宽度对坡脚岩体应力也有较大的影响。计算表明，当坡底宽度小于 0.6 倍坡高（0.6H）时，坡脚处最大剪应力随坡底宽度减小而急剧增高；当坡底宽度大于 0.8H 时，则最大剪应力保持常值。另外，坡面形状对重分布应力也有明显的影响。研究表明，凹形坡的应力集中度减缓，比如圆形和椭圆形矿坑边坡，坡脚处的最大剪应力仅为一般边坡的 1/2 左右。

(3) 岩体性质及结构特征。研究表明，岩体的变形模量对边坡应力影响不大，而泊松比对边坡应力有明显影响，如图 8-4 所示。这是由于泊松比的变化，可以使水平自重应力发生改变。结构面对边坡应力也有明显的影响。因为结构面的存在使坡体中应力发生不连续分布，并在结构面周边或端点形成应力集中带或阻滞应力的传递，这种情况在坚硬岩体边坡中尤为明显。

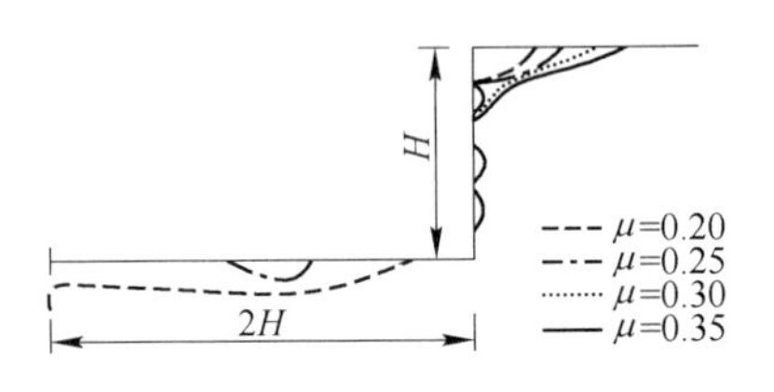

图 8-4 泊松比对斜坡张应力分布区的影响示意图

8.3 边坡岩体的变形与破坏

岩体边坡的变形与破坏是边坡发展演化过程中两个不同的阶段。变形属量变阶段，而破坏则是质变阶段，它们形成一个累进性变形破坏过程。这一过程对天然斜坡来说时间往往较长，而对人工边坡则可能较短暂。通过边坡岩体变形迹象的研究，分析斜坡演化发展阶段，是斜坡稳定性分析的基础。

8.3.1 边坡岩体变形破坏的基本类型

8.3.1.1 边坡变形的基本类型

边坡岩体变形根据其形成机理可分为卸荷回弹与蠕变变形等类型。

A 卸荷回弹

成坡前边坡岩体在天然应力作用下早已固结。在成坡过程中，由于荷重不断减少，边坡岩体在减荷方向（临空面）必然产生伸长变形（即卸荷回弹）。天然应力越大，则向临空方向的回弹变形量也越大。如果这种变形超过了岩体的抗变形能力，将会产生一系列的张性结构面。如坡顶近于铅直的拉裂面［见图 8-5(a)］，坡体内与坡面近于平行的压致拉裂面［见图 8-5(b)］，坡底近于水平的缓倾角拉裂面［见图 8-5(c)］等。另外，由层状岩体组成的边坡，由于各层岩石性质的差异，其变形的程度就不同，因而将会出现差异回弹破裂（差异变形引起的剪破裂）等［见图 8-5(d)］，这些变形多为局部变形，一般不会引起边坡岩体的整体失稳。

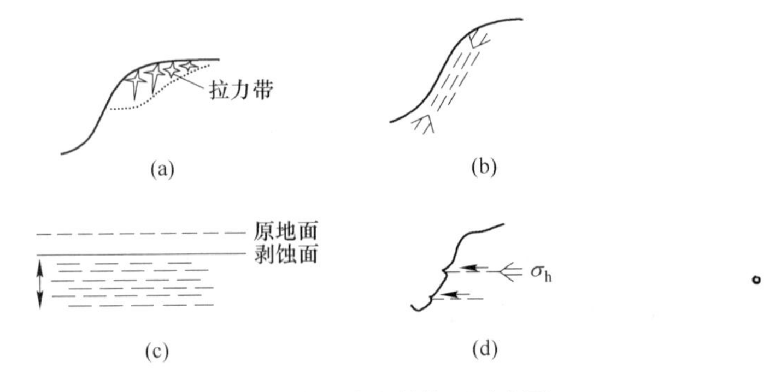

图 8-5 与卸荷回弹有关的次生结构面示意图

(a) 拉裂面；(b) 压致拉裂面；(c) 差异回弹拉裂面；(d) 差异回弹剪破裂面

B 蠕变变形

边坡岩体中的应力对于人类工程活动的有限时间来说，可以认为是保持不变的。在这种近似不变的应力作用下，边坡岩体的变形也将会随时间不断增加，这种变形称为蠕变变形。当边坡内的应力未超过岩体的长期强度时，则这种变形所引起的破坏是局部的；反之，这种变形将导致边坡岩体的整体失稳。当然这种破裂失稳是经过局部破裂逐渐产生的，几乎所有的岩体边坡失稳都要经历这种逐渐变形破坏过程。例如甘肃省洒勒山滑坡，在滑动前 4 年，后缘张裂隙的位移经历了如图 8-6 所示的过程，1981 年春季前，大致保持等速蠕变，此后位移速度逐渐增加，直至 1983 年 3 月 7 日发生滑坡。

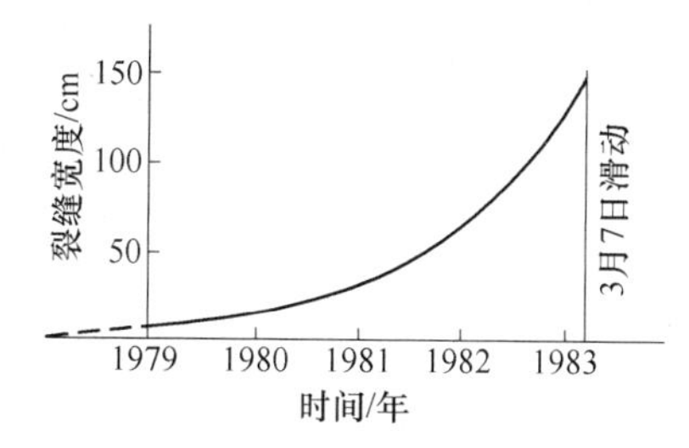

图 8-6 洒勒山滑坡失事前位移变化示意图

研究表明，边坡蠕变变形的影响范围是很大的，某些地区可达数百米深，数公里长。

8.3.1.2 边坡破坏的基本类型

对于岩体边坡的破坏类型，不同的研究者从各自的观点出发进行了不同的划分。在有关文献中，对岩体边坡破坏类型做了如下几种划分：霍克（Hoek，1974）把岩体边坡破坏的主要类型分为圆弧破坏、平面破坏、楔体破坏和倾覆破坏 4 类；库特（Kutter，1974）则将其分为非线性破坏、平面破坏及多线性破坏 3 类。这两种分类方法虽然不同，但都把滑动面的形态特征作为主要分类依据。另外，王兰生、张倬元等（1981）根据岩体变形破坏的模拟试验及理论研究，结合大量的地质观测资料，将岩体边坡变形破坏分为蠕滑拉裂、滑移压致拉裂、弯曲拉裂、塑流拉裂、滑移拉裂 5 类。

从岩体力学的观点来看，岩体边坡的破坏不外乎剪切（即滑动破坏）和拉断两种形式。大量的野外调查资料及理论研究表明，除少数情况外，绝大部分岩体边坡的破坏均为滑动破坏。由于研究滑动破坏问题的关键在于研究滑动面的形态、性质及其受力平衡关系。同时，滑动面的形态及其组合特征不同，决定着要采用的具体分析方法的不同。因此，岩体边坡破坏类型的划分，应当以滑动面的形态、数目、组合特征及边坡破坏的力学机理为依据。根据这些特征并参照霍克的分类方法，本书将岩体边坡破坏划分为平面滑动、楔形状滑动、圆弧形滑动及倾倒破坏 4 类，其中平面滑动又据滑动面的数目划分出单平面滑动、双平面滑动与多平面滑动等亚类，各类及亚类边坡破坏的主要特征见表 8-1。前 3 类以剪切破坏为主，常表现为滑坡形式；第 4 类为拉断破坏，常以崩塌形式出现。

表 8-1 岩体边坡破坏类型

类型	亚类	示意图	主要特征	
平面滑动	单平面滑动		滑动面倾向与边坡面基本一致，并存在走向与边坡垂直或近垂直的切割面，滑动面的倾角小于边坡角且大于其摩擦角	一个滑动面，常见于倾斜层状岩体边坡中
				一个滑动面和一个近铅直的张裂缝，常见于倾斜层状岩体边坡中

续表 8-1

类型	亚类	示意图	主要特征	
平面滑动	同向双平面滑动		滑动面倾向与边坡面基本一致，并存在走向与边坡垂直或近垂直的切割面，滑动面的倾角小于边坡角且大于其摩擦角	两个倾向相同的滑动面，下面一个为主滑动
	多平面滑动			三个或三个以上滑动面，常可分为两组，其中一组为主滑动面
楔形状滑动			两个倾向相反的滑动面，其交线倾向与坡向相同，倾角小于坡角且大于滑动面的摩擦角，常见于坚硬块状岩体边坡中	
圆弧形滑动			滑动面近似圆弧形，常见于强烈破碎、剧风化岩体或软弱岩体边坡中	
倾倒破坏			岩体被结构面切割成一系列倾向与坡向相反的陡立柱状或板状体。当为软岩时，岩柱向坡面产生弯曲；为硬岩时，岩柱被横向结构面切割成岩块，并向坡面翻倒	

8.3.2　影响岩体边坡变形破坏的因素

影响岩体边坡变形破坏的因素主要有岩性、岩体结构、水的作用、风化作用、地震、天然应力、地形地貌及人为因素等。

(1) 岩性。岩性是决定岩体边坡稳定性的物质基础。一般来说，构成边坡的岩体越坚硬，又不存在产生块体滑移的几何边界条件时，边坡不易破坏，反之则容易破坏而稳定性差。

(2) 岩体结构。岩体结构及结构面的发育特征是岩体边坡破坏的控制因素。首先，岩体结构控制边坡的破坏形式及其稳定程度，如坚硬块状岩体，不仅稳定性好，而且其破坏形式往往是沿某些特定的结构面产生的块体滑移，又如散体状结构岩体（如剧风化和强烈破碎岩体）往往产生圆弧形破坏，且其边坡稳定性往往较差等。其次，结构面的发育程度及其组合关系往往是边坡块体滑移破坏的几何边界条件，如前述的平面滑动及楔形体滑动都是被结构面切割的岩块沿某个或某几个结构面产生滑动的形式。

(3) 水的作用。水的渗入使岩土的质量增大，进而使滑动面的滑动力增大；其次，在水的作用下岩土被软化而抗剪强度降低。另外，地下水的渗流对岩体产生动水压力和静水压力，这些都对岩体边坡的稳定性产生不利影响。

(4) 风化作用。风化作用使岩体内裂隙增多、扩大，透水性增强，抗剪强度降低。

（5）地形地貌。边坡的坡形坡高及坡度直接影响边坡内的应力分布特征，进而影响边坡的变形破坏形式及边坡的稳定性。

（6）地震。因地震波的传播而产生的地震惯性力直接作用于边坡岩体，加速边坡破坏。

（7）天然应力。边坡岩体中的天然应力特别是水平天然应力的大小，直接影响边坡拉应力及剪应力的分布范围与大小。在水平天然应力大的地区开挖边坡时，由于拉应力及剪应力的作用，常直接引起边坡变形破坏。

（8）人为因素。边坡的不合理设计、爆破、开挖或加载，大量生产生活用水的渗入等都能造成边坡变形破坏，甚至整体失稳。

8.4 边坡岩体稳定性分析的步骤

边坡岩体稳定性预测，应采用定性与定量相结合的方法进行综合研究。定性分析是在工程地质勘查工作的基础上，对边坡岩体变形破坏的可能性及破坏形式进行初步判断；而定量分析即是在定性分析的基础上，应用一定的计算方法对边坡岩体进行稳定性计算及定量评价。然而，整个预测工作应在对岩体进行详细的工程地质勘查，收集到与岩体稳定性有关的工程地质资料的基础上进行。所进行工作的详细程度和精度，应与设计阶段及工程的重要性相适应。

近年来，有限元法的出现，为岩体稳定性定量计算开辟了新的途径，但就边坡稳定性计算而言，普遍认为块体极限平衡法是比较简便而且效果较好的一种方法，这一方法的基本原理及注意事项在本章第一节中已有论述。本节重点讲述应用这一方法计算边坡稳定性的步骤。

应用块体极限平衡法计算边坡岩体稳定性时，常需遵循如下步骤：

（1）可能滑动岩体几何边界条件的分析；

（2）受力条件分析；

（3）确定计算参数；

（4）计算稳定性系数；

（5）确定安全系数，进行稳定性评价。

8.4.1 几何边界条件分析

几何边界条件是指构成可能滑动岩体的各种边界面及其组合关系。几何边界条件中的各种界面由于其性质及所处的位置不同，在稳定性分析中的作用也是不同的，通常包括滑动面、切割面和临空面三种。滑动面一般是指起滑动（即失稳岩体沿其滑动）作用的面，包括潜在破坏面，切割面是指起切割岩体作用的面，由于失稳岩体不沿该面滑动，因而不起抗滑作用，比如平面滑动的侧向切割面。因此在稳定性系数计算时，常忽略切割面的抗滑能力，以简化计算。滑动面与切割面的划分有时也不是绝对的，比如楔形体滑动的滑动面，就兼有滑动面和切割面的双重作用，具体各种面的作用应结合实际情况做具体分析。临空面指临空的自由面，它的存在为滑动岩体提供活动空间，临空面常由地面或开挖面组成。以上三种面是边坡岩体滑动破坏必备的几何边界条件。

几何边界条件分析的目的是确定边坡中可能滑动岩体的位置、规模及形态，定性地判断边坡岩体的破坏类型及主滑方向。为了分析几何边界条件，就要对边坡岩体中结构面的组数、产状、规模及其组合关系以及这种组合关系与坡面的关系进行分析研究。初步确定作为滑动面和切割面的结构面的形态与位置及可能滑动方向。

几何边界条件的分析通过赤平投影、实体比例投影等图解法或三角几何分析法进行。通过分析，如果不存在岩体滑动的几何边界条件，而且也没有倾倒破坏的可能性，则边坡是稳定的；如果存在岩体滑动的几何边界条件，则说明边坡有可能发生滑动破坏。

8.4.2　受力条件分析

在工程使用期间，向能滑动岩体或其边界面上承受的力的类型及大小、方向和合力的作用点统称为受力条件。边坡岩体上承受的力常见有岩体重力、静水压力、动水压力、建筑物作用力和震动力等。岩体的重力及静水压力的确定将在下节详细讨论，建筑物的作用力及震动力可按设计意图参照有关规范及标准计算。

8.4.3　确定计算参数

计算参数主要指滑动面的剪切强度参数，它是稳定性系数计算的关键指标之一。滑动面的剪切强度参数通常依据以下三种数据来确定，即试验数据、极限状态下的反算数据和经验数据。近年来发展起来的以岩体工程分类为基础的强度参数经验估算方法为计算参数的确定提供了新的途径，具体方法可参阅第 6 章的内容。

根据剪切试验中剪切强度随剪切位移而变化，以及岩体滑动破坏为一渐进性破坏过程的事实，可以认为滑动面上可供利用的剪切强度必定介于峰值强度与残余强度之间。这样认识问题，可以确定计算数据提供了一个上限值和一个下限值，即计算参数最大不能大于峰值强度，最小不能小于残余强度。至于在上限和下限之间如何具体取值，则应根据作为滑动面的结构面的具体情况而定。从偏安全的角度起见，一般选用的计算参数，应接近于残余强度。研究表明，残余强度与峰值强度的比值，大多变化在 0.6~0.9。因此，在没有获得残余强度的条件下，建议摩擦系数计算值在峰值摩擦系数的 60%~90%选取，黏聚力计算值在峰值黏聚力的 10%~ 30%选取。

在有条件的工程中，应采用多种方法获得的各种数据进行对比研究，并结合具体情况综合选取计算参数。

8.4.4　稳定性系数的计算和稳定性评价

稳定性系数的计算是边坡稳定性分析的核心，将在后面单独讨论。

稳定性评价的关键是规定合理的安全系数。根据计算，如果求得的最小稳定性系数等于或大于安全系数，则所研究的边坡稳定，相反，则所研究的边坡将不稳定，需要采取防治措施。对于设计开挖的人工边坡来说，最好是使计算的稳定性系数与安全系数基本相等，这说明设计的边坡比较合理、正确。如果计算的稳定性系数过分小于或大于安全系数，则说明所设计的边坡不安全或不经济，需要改进设计，直到所设计的边坡达到要求为止。

8.5　边坡岩体稳定性计算

本节仅讨论平面滑动与楔形体滑动在不同情况下稳定系数的计算方法。对于圆弧形滑动的计算问题，在土力学中已有详细论述，故不赘述。而对于倾倒破坏，这里也不予讨论，读者可参考霍克和布雷所著的《岩石边坡工程》一书。

8.5.1　平面滑动

由于平面滑动可简化为平面问题，因此，可选取代表性剖面进行稳定性计算。计算时假定滑动面的强度服从库伦-莫尔判据。

8.5.1.1　单平面滑动

图 8-7 为一垂直于边坡走向的剖面。设边坡角为 α，坡顶面为一水平面，坡高为 H，ABC 为可能滑动体，AC 为可能滑动面，倾角为 β。

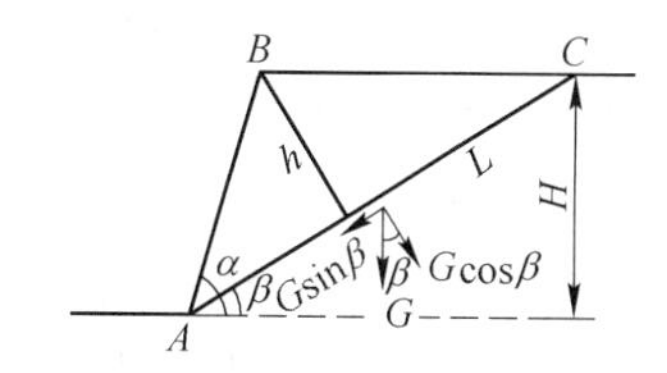

图 8-7　单平面滑动稳定性计算图

当仅考虑重力作用下的稳定性时，设滑动体的重力为 G，则它对于滑动面的垂直分量为 $G\cos\beta$，平行分量为 $G\sin\beta$。因此，可得滑动面上的抗滑力 F_s 和滑动力 F_r 分别为：

$$F_s = G\cos\beta\tan\phi_j + C_jL \tag{8-1}$$

$$F_r = G\sin\beta \tag{8-2}$$

根据稳定性系数的概念，则单平面滑动时岩体边坡的稳定性系数 η 为：

$$\eta = \frac{F_s}{F_r} = \frac{G\cos\beta\tan\phi_j + C_jL}{G\sin\beta} \tag{8-3}$$

式中　C_j，ϕ_j——AC 平面上的黏聚力和摩擦角；

L——AC 面的长度。

由图 8-7 的三角关系可得：

$$h = \frac{H}{\sin\alpha}\sin(\alpha - \beta) \tag{8-4}$$

$$L = \frac{H}{\sin\beta} \tag{8-5}$$

$$G = \frac{1}{2}\rho ghL = \frac{\rho gH^2\sin(\alpha - \beta)}{2\sin\alpha\sin\beta} \tag{8-6}$$

将式(8-5)和式(8-6)代入式(8-3)，整理得：

$$\eta = \frac{\tan\phi_j}{\tan\beta} + \frac{2C_j\sin\alpha}{\rho gH\sin\beta\sin(\alpha - \beta)} \tag{8-7}$$

式中　ρ——岩体的平均密度，g/cm^3；

g——重力加速度，g=9.8m/s^2。

式(8-7)为不计侧向切割面阻力以及仅有重力作用时，单平面滑动稳定性系数的计算公式。当 η=1 时，滑动体极限高度 H_{cr} 为：

$$H_{cr}=\frac{2C_j\sin\alpha\cos\phi_j}{\rho g[\sin(\alpha-\beta)\sin(\beta-\phi_j)]} \tag{8-8}$$

当忽略滑动面上的黏聚力，即 $C_j=0$ 时，由式(8-7)得：

$$\eta=\frac{\tan\phi_j}{\tan\beta} \tag{8-9}$$

由式(8-8)和式(8-9)可知，当 $C_j=0$，$\phi_j<\beta$ 时，$\eta<1$，$H_{cr}=0$。由于各种沉积岩层面和各种泥化面的 C_j 值均很小，或者等于零，因此，在这些软弱面与边坡面倾向一致，且倾角小于边坡角而大于 ϕ_j 的条件下，即使人工边坡高度仅在几米之间，也会引起岩体发生相当规模的平面滑动（这是很值得注意的）。

当边坡后缘存在拉张裂隙时，地表水就可能从张裂隙渗入后，仅沿滑动面渗流并在坡脚 A 点出露，这时地下水将对滑动体产生如图 8-8 所示的静水压力。

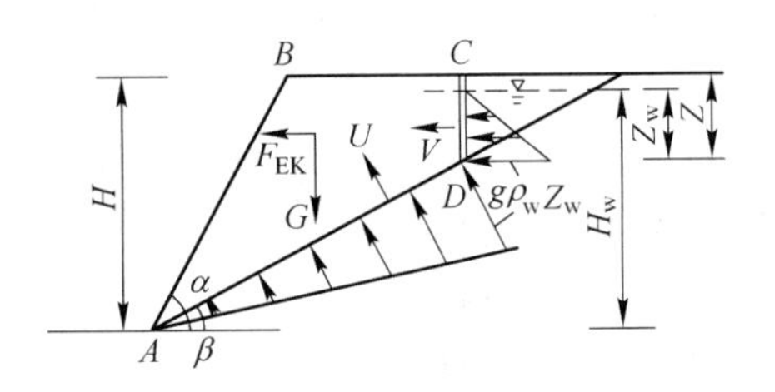

图 8-8 有地下渗流时边坡稳定性计算图

若张裂隙中的水柱高为 Z_w，它将对滑动体产生一个静水压力 V，其值为：

$$V=\frac{1}{2}\rho_w gZ_w^2 \tag{8-10}$$

地下水沿滑动面 AC 渗流时将对 AD 面产生一个垂直向上的水压力，其值在 A 点为零，在 D 点为 $\rho_w gZ_w$，分布如图 8-8 所示，则作用于 AD 面上的静水压力 U 为：

$$U=\frac{1}{2}\rho_w gZ_w\frac{H_w-Z_w}{\sin\beta} \tag{8-11}$$

当考虑静水压力 V、U 对边坡稳定性的影响时，则边坡稳定性系数计算式可由式(8-3)变为：

$$\eta=\frac{(G\cos\beta-U-V\sin\beta)\tan\phi_1+C_j\overline{AD}}{G\sin\beta+V\cos\beta} \tag{8-12}$$

式中，G 为滑动体 $ABCD$ 的重力；$\overline{AD}$ 为滑动面的长度，由图 8-8 有：

$$G=\frac{\rho g[H^2\sin(\alpha-\beta)-Z^2\sin\alpha\cos\beta]}{2\sin\alpha\sin\beta} \tag{8-13}$$

$$\overline{AD}=\frac{H_w-Z_w}{\sin\beta} \tag{8-14}$$

式中，Z 为张裂隙深度；H_w 和 Z_w 如图 8-8 所示。

除水压力外，当还需要考虑地震作用对边坡稳定性的影响时，设地震所产生的总水平地震作用标准值为 F_{EK}，则仅考虑水平地震作用时边坡的稳定性系数为：

$$\eta=\frac{(G\cos\beta-U-V\sin\beta-F_{EK}\sin\beta)\tan\phi_1+C_j\overline{AD}}{G\sin\beta+V\cos\beta+F_{EK}\cos\beta} \tag{8-15}$$

式中，F_{EK} 由下式确定：

$$F_{EK}=\alpha_1 G \tag{8-16}$$

式中，α_1 为水平地震影响系数，按地震烈度查表 8-2 确定。

表 8-2 按地震烈度确定的水平地震影响系数

地震烈度	6	7	8	9
α_1	0.064	0.127	0.255	0.510

8.5.2 同向双平面滑动

同向双平面滑动的稳定性计算分两种情况：第一种情况为滑动体内不存在结构面，视滑动体为刚体，采用力平衡图解法计算稳定性系数；第二种情况为滑动体内存在结构面并将滑动体切割成若干块体的情况，这时须分块计算边坡的稳定性系数。

8.5.2.1 滑动体为刚体的情况

由于滑动体内不存在结构面，因此可将可能滑动体视为刚体。如图 8-9(a)所示，$ABCD$ 为可能滑动体，AB、BC 为两个同倾向的滑动面，设 AB 的长为 L_1，倾角为 β_1，BC 的长为 L_2，倾角为 β_2；C_1、ϕ_1，C_2、ϕ_2分别为 AB 面和 BC 面的黏聚力和摩擦角。为了便于计算，根据滑动面产状的变化将可能滑动体分为Ⅰ、Ⅱ两个块体，重量分别为 G_1、G_2。设 F_{I} 为块体Ⅰ对块体Ⅱ的作用力，F_{II} 为块体Ⅱ对块体Ⅰ的作用力，F_{I} 和 F_{II} 大小相等，方向相反，且其作用方向的倾角为 θ（θ 的大小可通过模拟试验或经验方法确定）。另外，滑动面 AB 以下岩体对块体Ⅰ的反力 R_1（摩阻力）可表达为：

$$R_1 = G_1\cos\beta_1\sqrt{1 + \tan^2\phi_1} \tag{8-17}$$

式中，R_1与 AB 面法线的夹角为 ϕ_1。

根据 G_1、C_1、L_1及 R_1的大小与方向可作块体Ⅰ的力平衡多边形，如图 8-9(b)所示。从该力多边形可求得 F_{II} 的大小和方向。在一般情况下，F_{I} 是指向边坡斜上方的，根据作用力与反作用力原理可求得 $F_{\text{II}} = F_{\text{I}}$，方向与 F_{I} 相反。若可能滑动体仅受岩体重力作用，则块体Ⅱ的稳定性系数 η_2为：

$$\eta_2 = \frac{G_2\cos\beta_2\tan\phi_2 + F_{\text{II}}\sin(\theta - \beta_2)\tan\phi_2 + C_2L_2}{G_2\sin\beta_2 + F_{\text{II}}\sin(\theta - \beta_2)} \tag{8-18}$$

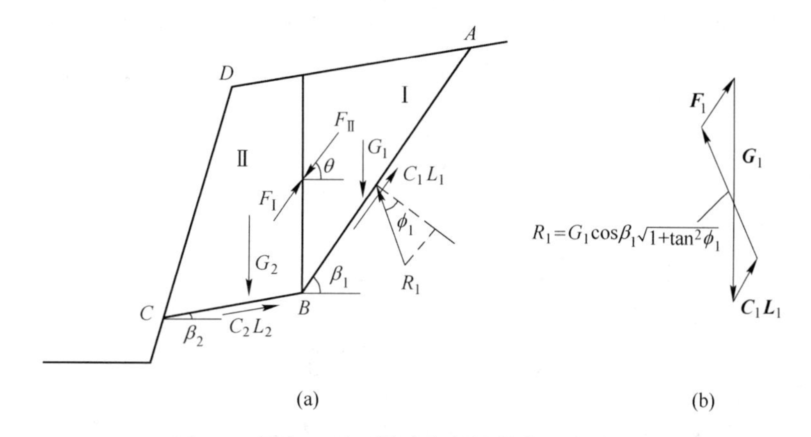

图 8-9 同向双平面滑动稳定性的力平衡分析图

（a）滑动体内不存在结构面的稳定性计算图；（b）块体Ⅰ的力平衡多边形

式(8-18)是在块体Ⅰ处于极限平衡（即块体Ⅰ的稳定性系数 $\eta=1$）的条件下求得的。这时，若按式(8-18)求得 η_2 等于1，则可能滑动体 $ABCD$ 的稳定性系数 η 也等于1；如果 η_2 不等于1，则 η 不是大于1，就是小于1。事实上，由于可滑动体作为一个整体，其稳定性系数应有 $\eta=\eta_1=\eta_2$，所以为了求得 η 的大小，可先假定一系列 η_{11}，η_{12}，η_{13}，…，η_{1i}，然后将滑动面 AB 上的剪切强度参数除以 η_{1i}，得到 $\dfrac{\tan\phi_1}{\eta_{11}}=\tan\phi_{11}$，$\dfrac{\tan\phi_1}{\eta_{12}}=\tan\phi_{12}$，…，$\dfrac{\tan\phi_1}{\eta_{1i}}=\tan\phi_{1i}$ 和 $\dfrac{C_1}{\eta_{11}}=C_{11}$，$\dfrac{C_1}{\eta_{12}}=C_{12}$，…，$\dfrac{C_1}{\eta_{1i}}=C_{1i}$，再用 $\tan\phi$ 代入式(8-17)求得相应的 R_{1i}，然后根据 R_{1i}，G_1 及 $C_{1i}L_1$ 作力平衡多边形，可得相应的 $F_{Ⅱ1}$，$F_{Ⅱ2}$，…，$F_{Ⅱi}$ 以及 η_{21}，η_{22}，…，η_{2i}，最后绘出 η_1 和 η_2 的关系曲线，如图8-10所示。由该曲线上找出 $\eta_1=\eta_2$ 的点（该点位于坐标直角等分线上），即可求得边坡的稳定性系数 η。在一般情况下，计算3~5点，就能较准确地求得 η。

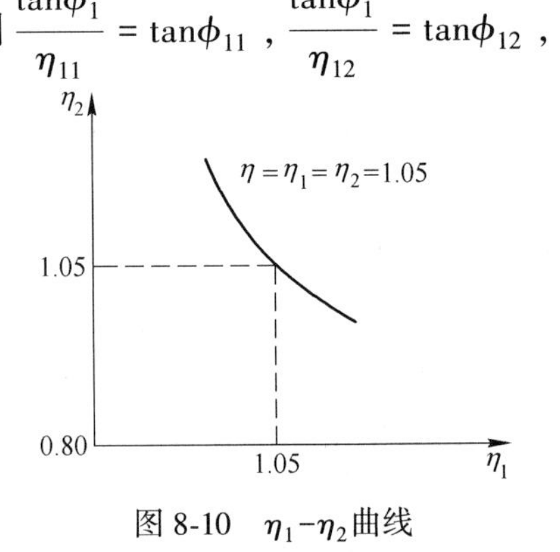

图8-10 η_1-η_2 曲线

8.5.2.2 滑动体内存在结构面的情况

当滑动体内存在结构面时，就不能将滑动体视为完整的刚体。因为在滑动过程中，滑动体除沿滑动面滑动外，被结构面分割开的块体之间还要产生相互错动。显然这种错动在稳定性分析中应予以考虑。对于这种情况可采用分块极限平衡法和不平衡推力传递法进行稳定性计算。这里仅介绍分块极限平衡法，对不平衡推力传递法可参考有关文献。

图8-11所示为这种情况的模型及各分块的受力状态。除有两个滑动面 AB 和 BC 外，滑动体内还有一个可作为切割面的结构面 BD，将滑动体 $ABCD$ 分割成Ⅰ、Ⅱ两部分。设面 AB、BC 和 BD 的黏聚力、摩擦角及倾角分别为 C_1、C_2、C_3，ϕ_1、ϕ_2、ϕ_3，β_1、β_2、β_3 及 α_0。另外，滑动体的受力如图8-11所示，其中：W_1、W_2 分别为作用于块体Ⅰ和Ⅱ上的铅直力（包括岩体自重、工程作用力等）；S_1、S_2 和 N_1、N_2 分别为不动岩体作用于滑动面 AB 和 BC 上的切向与法向反力；S 和 Q 为两块体之间互相作用的切向力与法向力。

在分块极限平衡法分析中，除认为各块体分别沿相应滑动面处于即将滑动的临界状态极限平衡状态外，并假定块体之间沿切割面 BD 也处于临界错动状态。当 AB、BC 和 BD 处于临界滑动状态时，各自应分别满足如下条件：

对 AB 面
$$S_1=\frac{C_1\overline{AB}+N_1\tan\phi_1}{\eta}\tag{8-19}$$

对 BC 面
$$S_2=\frac{C_2\overline{BC}+N_2\tan\phi_2}{\eta}\tag{8-20}$$

对 BD 面
$$S_3=\frac{C_3\overline{BD}+Q\tan\phi_3}{\eta}\tag{8-21}$$

为了建立平衡方程，分别考察Ⅰ、Ⅱ块体的受力情况。

对于块体Ⅰ，受到 S_1、N_1、Q、S 和 W_1 的作用（见图8-11），将这些力分别投影到 AB 及其法线方向上，可得到如下平衡方程：

$$\begin{cases} S_1 + Q\sin(\beta_1 + \alpha) - S\cos(\beta_1 + \alpha) - W_1\sin\beta_1 = 0 \\ N_1 + Q\cos(\beta_1 + \alpha) + S\sin(\beta_1 + \alpha) - W_1\sin\beta_1 = 0 \end{cases} \tag{8-22}$$

将式(8-19)和式(8-21)代入式(8-22)，可得：

$$\begin{cases} \dfrac{C_1\,\overline{AB} + N_1\tan\phi_1}{\eta} + Q\sin(\beta_1 + \alpha) - \dfrac{C_3\,\overline{BD} + Q\tan\phi_3}{\eta}\cos(\beta_1 + \alpha) - W_1\sin\beta_1 = 0 \\ N_1 - Q\cos(\beta_1 + \alpha) + \dfrac{C_3\,\overline{BD} + Q\tan\phi_3}{\eta}\sin(\beta_1 + \alpha) - W_1\cos\beta_1 = 0 \end{cases} \tag{8-23}$$

联立式(8-23)，消去 N_1，可解得 BD 面上的法向力 Q 为：

$$Q = \frac{\eta^2 W_1\sin\beta_1 + [C_3\,\overline{BD}\cos(\beta_1 + \alpha) - C_1\,\overline{AB} - W_1\tan\phi_1\cos\beta_1]\eta + \tan\phi_1 C_3\,\overline{BD}\sin(\beta_1 + \alpha)}{(\eta^2 - \tan\phi_1\tan\phi_3)\sin(\beta_1 + \alpha) - (\tan\phi_1 + \tan\phi_3)\cos(\beta_1 + \alpha)\eta} \tag{8-24}$$

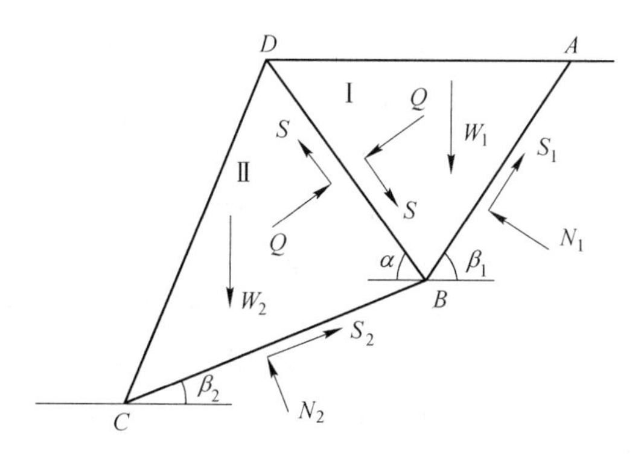

图 8-11　滑动体内存在结构面的稳定性计算图

同理，对块体Ⅱ，将 S_2、N_2、Q、S 和 W_2 分别投影到 BC 面及其法线方向上，可得平衡方程：

$$\begin{cases} S_2 + S\cos(\beta_2 + \alpha) - W_2\sin\beta_2 - Q\sin(\beta_1 + \alpha) = 0 \\ N_2 - W_2\cos\beta_2 - S\sin(\beta_1 + \alpha) - Q\sin(\beta_2 + \alpha) = 0 \end{cases} \tag{8-25}$$

将式(8-20)和式(8-21)代入，得：

$$\begin{cases} \dfrac{C_2\,\overline{BC} + N_2\tan\phi_2}{\eta} + \dfrac{C_3\,\overline{BD} + Q\tan\phi_3}{\eta}\cos(\beta_2 + \alpha) - W_2\sin\beta_2 - Q\sin(\beta_2 + \alpha) = 0 \\ N_2 - W_2\cos\beta_2 - \dfrac{C_3\,\overline{BD} + Q\tan\phi_3}{\eta}\sin(\beta_2 + \alpha) - Q\cos(\beta_2 + \alpha) = 0 \end{cases} \tag{8-26}$$

联立式(8-26)同样可解得 BD 面上的法向力 Q 为：

$$Q = \frac{-\eta^2 W_2\sin\beta_2 + [C_3\,\overline{BD}\cos(\beta_2 + \alpha) + C_2\,\overline{BC} + W_2\tan\phi_2\cos\beta_2]\eta + \tan\phi_2 C_3\,\overline{BD}\sin(\beta_2 + \alpha)}{(\eta^2 - \tan\phi_3\tan\phi_2)\sin(\beta_2 + \alpha) - (\tan\phi_3 + \tan\phi_2)\cos(\beta_2 + \alpha)\eta} \tag{8-27}$$

由式(8-24)和式(8-27)可知，切割面 BD 上的法向力 Q 是边坡稳定性系数 η 的函数。因此，由式(8-24)和式(8-27)可分别绘制出 $Q-\eta$ 曲线，如图 8-12 所示。显然，图 8-12 中两条曲线的交点所对应的 Q 值即为作用于切割面 BD 的实际法向应力；与交点相对应的 η 值即为研究边坡的稳定性系数。

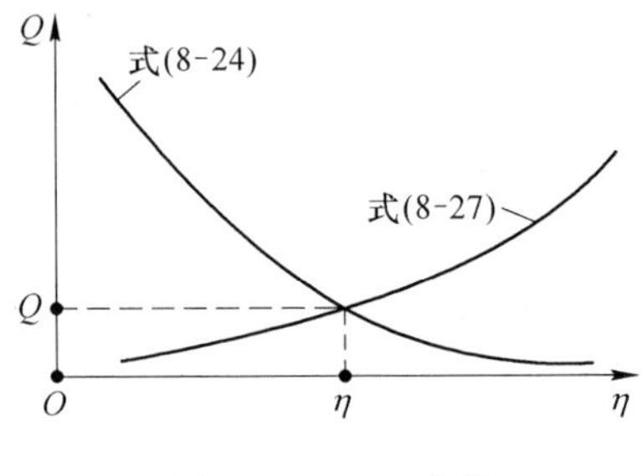

图 8-12　$Q-\eta$ 曲线

8.5.3　多平面滑动

边坡岩体的多平面滑动，可以细分为一般多平面滑动和阶梯状滑动两个亚类。一般多平面滑动的各个滑动面的倾角都小于 90°，且都起滑动作用。这种滑动的稳定性，可采用力平衡图解法、分块极限平衡法及不平衡推力传递法等进行计算，其方法原理与同向双平面滑动稳定性计算方法相类似。这里主要介绍阶梯状滑动的稳定性计算问题。

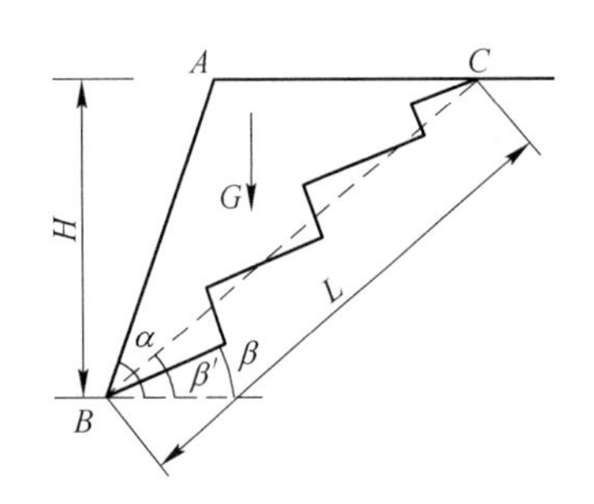

图 8-13　多平面滑动稳定性计算图

如图 8-13 所示，ABC 为一可能滑动体破坏面由多个实际滑动面和受拉面组成，呈阶梯状，设实际滑动面的倾角为 β，平均滑动面（虚线）的倾角为 β'，长为 L，坡角为 α，可能滑动体的高为 H。这种情况下边坡稳定性的计算思路与单平面滑动相同，即将滑动体的自重 G（仅考虑重力作用时）分解为垂直滑动面的分量 $G\cos\beta$ 和平行滑动面的分量 $G\sin\beta$。则可得破坏面上的抗滑力 F_s 和滑动力 F_r 为：

$$F_s = G\cos\beta\tan\phi_j + C_j L\cos(\beta' - \beta) + \sigma_t L\sin(\beta' - \beta) \tag{8-28}$$

$$F_r = G\sin\beta \tag{8-29}$$

所以边坡稳定性系数 η 为：

$$\eta = \frac{F_s}{F_r} = \frac{G\cos\beta\tan\phi_j + C_j L\cos(\beta' - \beta) + \sigma_t L\sin(\beta' - \beta)}{G\sin\beta} = \frac{\tan\phi_j}{\tan\beta} + \frac{C_j L\cos(\beta' - \beta) + \sigma_t L\sin(\beta' - \beta)}{G\sin\beta} \tag{8-30}$$

式中　C_j，ϕ_j——滑动面上的黏聚力和摩擦角；

σ_t——受拉面上的抗拉强度。

当 $\sigma_t = 0$ 时，

$$\eta = \frac{\tan\phi_j}{\tan\beta} + \frac{C_j L\cos(\beta' - \beta)}{G\sin\beta} \tag{8-31}$$

由图 8-13 所示的三角关系得：

$$G = \frac{\rho g h\sin(\alpha - \beta')L}{2\sin\alpha} \tag{8-32}$$

由式(8-32)代入式(8-31)，得：

$$\eta = \frac{\tan\phi_{\mathrm{j}}}{\tan\beta} + \frac{[2C_{\mathrm{j}}\cos(\beta' - \beta) + 2\sigma_{\mathrm{t}}\sin(\beta' - \beta)]\sin\alpha}{G\sin\beta} \tag{8-33}$$

当 $\sigma_{\mathrm{t}}=0$ 时，

$$\eta = \frac{\tan\phi_{\mathrm{j}}}{\tan\beta} + \frac{2C_{\mathrm{j}}\cos(\beta' - \beta)\sin\alpha}{G\sin\beta} \tag{8-34}$$

式(8-33)和式(8-34)是在边坡仅承受岩体重力条件下获得的。如果所研究的实际边坡还受到静水压力、动水压力以及其他外力作用时，则在计算中应计入这些力的作用。此外，如果受拉面为没有完全分离的破裂面，或是未来可能滑动过程中将产生岩块拉断破坏的破裂面，边坡稳定性系数应用式(8-33)计算；如果受拉面为先前存在的完全脱开的结构面时，则边坡稳定性系数应按式(8-34)计算。

8.5.4　楔形体滑动

楔形体滑动是常见的边坡破坏类型之一，这类滑动的滑动面由两个倾向相反、且其交线倾向与坡面倾向相同倾角小于边坡角的软弱结构面组成。由于这是一个空间课题，所以，其稳定性计算是一个比较复杂的问题。

如图 8-14 所示，可能滑动体 $ABCD$ 实际上是一个以 $\triangle ABC$ 为底面的倒置三棱锥体。假定坡顶面为一水平面，$\triangle ABD$ 和 $\triangle BCD$ 为两个可能滑动面，倾向相反，倾角分别为 β_1 和 β_2，它们的交线 BD 的倾伏角为 β，边坡角为 α，坡高为 H。

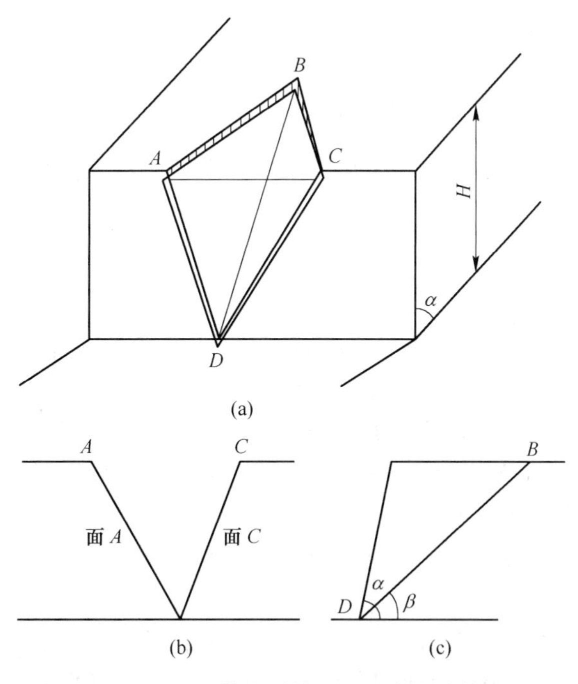

图 8-14　楔形体滑动模型及稳定性计算图

(a) 立体图；(b) 垂直交线的剖面图；(c) 沿交线的剖面图

假设可能滑动体将沿交线 BD 滑动，滑出点为 D。在仅考虑滑动岩体自重 G 的作用时，边坡稳定性系数 η 计算的基本思路是这样的：即首先将滑体自重 G 分解为垂直交线

BD 的分量 N 和平行交线的分量（即滑动力 $G\sin\beta$），然后将垂直分量 N 投影到两个滑动面的法线方向，求得作用于滑动面上的法向力 N_1 和 N_2，最后求得抗滑力及稳定性系数。

根据以上基本思路，则可能滑动体的滑动力为 $G\sin\beta$，垂直交线的分量为 $N=G\cos\beta$，如图 8-15(a)所示。将 $G\cos\beta$ 投影到△ABD 和△BCD 面的法线方向上，求得作用于二滑面上的法向力［见图 8-15(b)］为：

$$\begin{cases} N_1 = \dfrac{N\sin\theta_2}{\sin(\theta_1+\theta_2)} = \dfrac{G\cos\beta\sin\theta_2}{\sin(\theta_1+\theta_2)} \\ N_2 = \dfrac{N\sin\theta_1}{\sin(\theta_1+\theta_2)} = \dfrac{G\cos\beta\sin\theta_1}{\sin(\theta_1+\theta_2)} \end{cases} \tag{8-35}$$

式中　θ_1，θ_2——N 与二滑面法线的夹角，(°)。

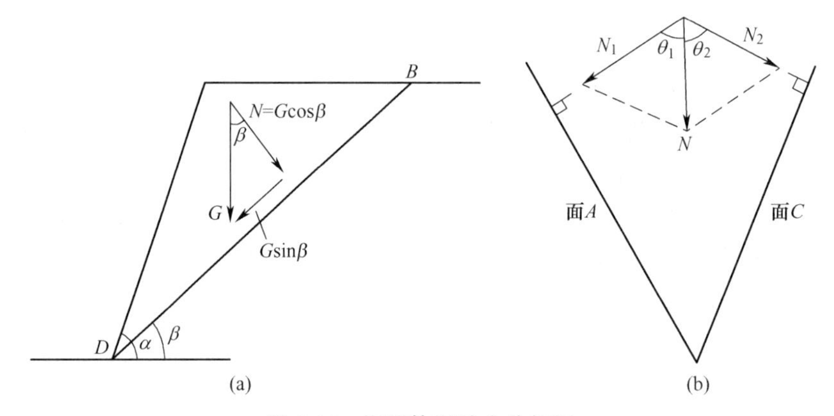

图 8-15　楔形体滑动力分析图

设 C_1、C_2及 ϕ_1、ϕ_2，内分别为滑面△ABD 和△BCD 的黏聚力和摩擦角，则二滑面的抗滑力 F 为：

$$F_s = N_1\tan\phi_1 + N_2\tan\phi_2 + C_1S_{\triangle ABD} + C_2S_{\triangle BCD}$$

则边坡稳定性系数为：

$$\eta = \frac{N_1\tan\phi_1 + N_2\tan\phi_2 + C_1S_{\triangle ABD} + C_2S_{\triangle BCD}}{G\sin\beta} \tag{8-36}$$

式中，$S_{\triangle ABD}$、$S_{\triangle BCD}$分别为滑面△ABD 和△BCD 的面积；$G=\rho gHS_{\triangle ABC}/3$。

用式(8-35)中的 N_1和 N_2代入式(8-36)即可求得边坡的稳定性系数。在以上计算中，如何求得滑动面的交线倾角 β 及滑动面法线与 N 的夹角 θ_1、θ_2等参数是很关键的。而这几个参数通常可通过赤平投影及实体比例投影等图解法或用三角几何方法求得，读者可参考有关文献。

此外，式(8-36)是在边坡仅承受岩体重力条件下获得的。如果所研究的边坡还承受有如静水压力、工程建筑物作用力及地震力等外力时，应在计算中加入这些力的作用。

8.6　边坡岩体滑动速度计算及涌浪估计

研究边坡岩体发生滑动破坏的动力学特征，对于评价水库库岸边坡稳定性、预测由于滑坡造成的涌浪高度及滑坡整治等都具有重要意义。本节主要介绍边坡岩体滑动速度计算及涌浪高度的预测方法。

8.6.1 边坡岩体滑动速度计算

边坡岩体的滑动破坏，就是不稳定岩体沿一定的滑动面发生剪切破坏的一种现象。较大岩体的滑动破坏，都是在经过一定时间的局部缓慢的变形后发生的，这个局部变形阶段可称为岩体滑动的初期阶段。滑动破坏的规律和类型不同，其初期阶段持续时间的长短以及局部变形的严重程度也不同。一般来说，滑动破坏的规模越小，初期阶段持续的时间越短，总变形量亦越小。沿层面、软弱夹层及断层等延展性良好的结构面的滑动破坏，与沿具有一定厚度的软弱带如风化岩体与新鲜岩体接触带等的滑动相比较，前者初期阶段的持续时间较短，总变形量亦较小。总之，初期变形阶段持续时间的长短，局部变形的严重程度，均与岩体完全剪切破坏之前剪切变形涉及的范围大小有关。

岩体剪切破坏之后的位移过程，称为滑动阶段。据牛顿第二定律，滑动岩体在滑动过程中的加速度 a 为：

$$a = \frac{F}{m} = \frac{g}{G}F \tag{8-37}$$

式中，G、m 分别为滑动体的自重和质量；g 为重力加速度；F 为推动滑体下滑运动的力，其值等于滑动体滑动力 F_r和抗滑力 F_s之差，即

$$F = F_r - F_s$$

因此，式(8-37)可写为：

$$a = \frac{g}{G}(F_r - F_s)$$

或

$$a = \frac{g}{G}F_r(1 - \eta) \tag{8-38}$$

设滑动体的滑动距离为 S，则其滑动速度为：

$$v = \sqrt{2aS} \tag{8-39}$$

将式(8-38)代入式(8-39)中，得：

$$v = \sqrt{\frac{2g}{G}SF_r(1 - \eta)} \tag{8-40}$$

由式(8-38)和式(8-40)可以看出，当滑动体的稳定性系数 η 略小于1.0时，滑动体即开始位移。同时，据研究表明，滑动体一旦位移一个很小的距离后，滑动面上的内聚力 C_j将骤然降低乃至几乎完全丧失，而摩擦角 ϕ_j也会有所降低，同时又会导致 η 减小。此时，由于 η 的骤然减小，滑动体必然要发生显著的加速运动，其瞬时滑动速度的大小可按式(8-40)计算，但须注意式中的 η 应取 $C_j=0$ 时的稳定性系数。

对于仅在重力作用下的单平面滑动和多平面滑动而言，由于岩体在完全剪切破坏后 $C_j=0$，则根据式(8-7)和式(8-34)，得：

$$\eta = \frac{\tan\phi_j}{\tan\beta} \tag{8-41}$$

此外，由于滑动力 F_r为：

$$F_r = G\sin\beta \tag{8-42}$$

将式(8-41)和式(8-42)代入式(8-40)，则单平面滑动及多平面滑动的滑动速度 v 为：

$$v = \sqrt{2gS\cos\beta(\tan\beta - \tan\phi_j)} \tag{8-43}$$

对楔形体滑动，当两个滑动面强度性质相同，即 $\phi_1 = \phi_2 = \phi_j$ 中，$C_1 = C_2 = 0$ 时，将式(8-35)和式(8-36)代入式(8-40)，可得其滑动速度 v 为：

$$v = \sqrt{2gS\cos\beta\left[\tan\beta - \tan\phi_1 \frac{\sin\theta_1 + \sin\theta_2}{\sin(\theta_1 + \theta_2)}\right]} \tag{8-44}$$

由式(8-43)和式(8-44)可以看出，当滑动面性质相同，平面滑动面倾角与楔形体滑动面的交线倾角相等，且其他条件也相同时，平面滑动的瞬时滑动速度将大于楔形体滑动的瞬时滑动速度。

此外，由式(8-43)可以看出，单平面滑动和多平面滑动的瞬时滑动速度，与其滑移距离 S、滑动面倾角 β 以及滑动面摩擦角 ϕ_j 有关。一般来说，滑动体的滑动速度随着 S 和 β 的增大而增大，随着内摩擦角 ϕ_j 的增大而减小。当滑动距离 S 一定时，滑动体的滑动速度主要取决于（$\beta - \phi_j$）的大小。（$\beta - \phi_j$）越大，其滑动速度越大，反之亦然。（$\beta - \phi_j$）较大时，滑动体将会发生每秒数米以上的高速滑移，并伴随响声和强大的冲击气浪，因而往往造成巨大的灾害；反之，在（$\beta - \phi_j$）很小的情况下，其滑动速度必然缓慢。同时，由于降水等周期性因素的影响，诱值发生周期性变化，因此在这种条件下，滑动体的滑动特征必然是长期缓慢地断断续续地滑移或蠕动。

8.6.2　库岸岩体滑动的涌浪估计

位于水库库岸的岩体滑动激起涌浪，直接威胁着岸边建筑物及航行船只的安全。当滑动岩体离大坝等水工建筑较近时，还将对建筑物造成危害，影响水库的安全正常运行。关于滑体下滑激起的涌浪高度，目前理论研究较少，主要用模拟试验和经验公式进行估算。下面简要介绍美国土木学会提出的推算方法。

该方法假定滑动体滑落于半无限水体中，且下滑高程大于水深，根据重力表面波的线性理论，推导出一个引起波浪的计算公式。应用该公式直接计算其过程十分复杂，但利用根据该公式计算确定的一些曲线图表，却能较简单地求出距滑体落水点不同距离处的最大波高，计算步骤如下：

（1）利用本节第一部分给出的方法计算滑动体的下滑速度 v。由 v 值算出相对滑速 $\bar{v}$，即：

$$\bar{v} = \frac{v}{\sqrt{gH_w}} \tag{8-45}$$

式中　H_w——水深，m。

（2）设滑动体的平均厚度为 H_s(m)，计算 H_s/H_w 值。

（3）根据 $\bar{v}$ 和 H_s/H_w，查图 8-16，确定波浪特性。

（4）根据 $\bar{v}$ 值查图 8-17，求出滑体落水点（$x=0$）处的最大波高 h_{max} 与滑体平均厚度 H_s 的比值，从而求得 h_{max}。

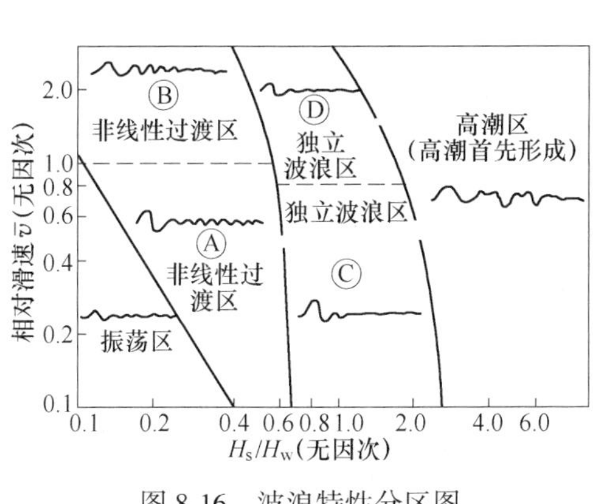

图 8-16 波浪特性分区图

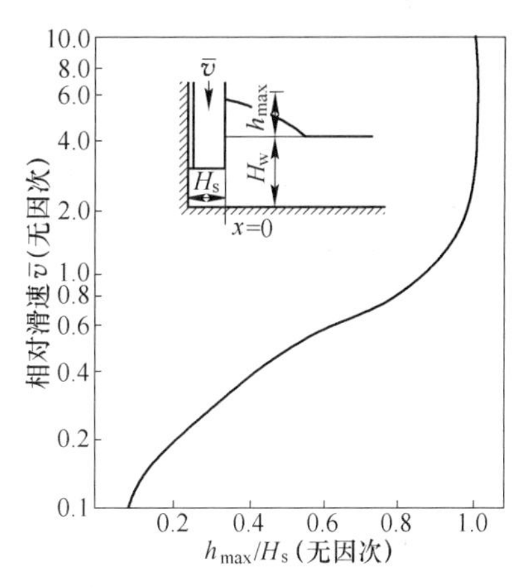

图 8-17 滑坡落水点 $x=0$ 处最大波高计算图

(5) 预测距滑体落水点距离 x 处某点的最大波高 h'_{max}。其方法是:

1) 先求出相对距离 $\bar{x}$，即:

$$\bar{x}=\frac{x}{H_w} \tag{8-46}$$

2) 利用 $\bar{x}$ 和 $\bar{v}$ 查图 8-18，求出 $\frac{h'_{max}}{H_w}$，进而求得距滑体落水点 x 处的最大波高。

根据这一方法得出一重要推论，即当 $\bar{v}=2$ 时，在 $x=0$ 处的最大波高达到极限，其值等于滑动体平均厚度，$\bar{v}$ 值增大，波高不变。

我国曾应用上述方法对柘溪水库塌岸涌浪事故进行过计算，其计算结果与实际观测值比较接近。

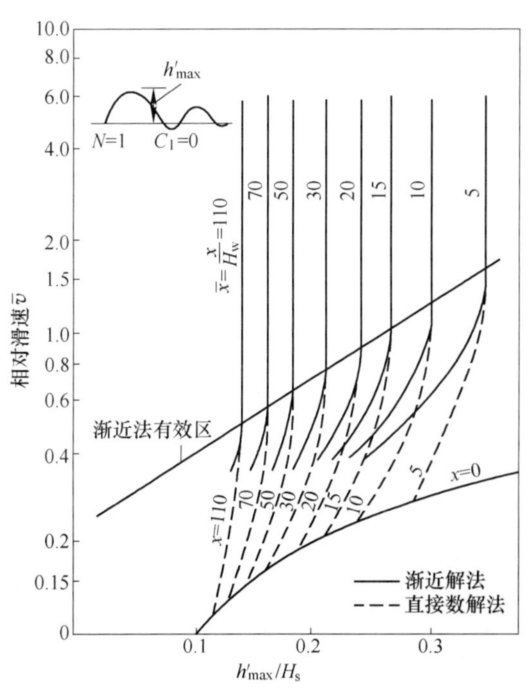

图 8-18 垂直滑坡最大浪高计算图

习　题

8-1　边坡的分类有哪些？

8-2　边坡的破坏类型有哪些？

8-3　简述影响边坡稳定性的主要因素。

8-4　边坡稳定性分析主要有哪几种方法，块体极限平衡法的原理是什么？

8-5　已知均质岩坡的 $\phi=30°$，$c=300\text{kPa}$，$\gamma=25\text{kN/m}^3$。当岩坡高度 200m 时，坡角应当采用多少度？如果已知坡角为 50°，问极限的坡高是多少？

8-6　某一岩石边坡的计算剖面如图 8-19 所示，危岩体的后缘有一充满水的拉裂缝 DE，其中水柱高 $Z_w=10\text{m}$。如果岩体的容重 $\gamma=24\text{kN/m}^3$，滑面 AD 的倾角 $\beta=20°$ 边坡面倾角 $\alpha=48°$，边坡高 $H=50\text{m}$，滑动面 AD 的抗剪强度指标 $C=0.4\text{MPa}$，$\phi=30°$。试通过计算说明该边坡的稳定性（不考虑滑动面上的水压力）。

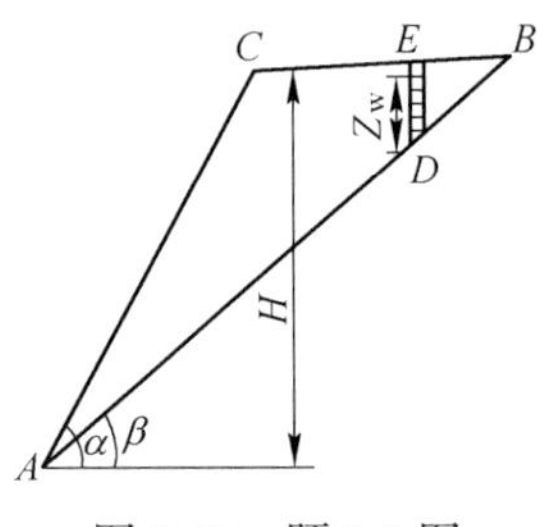

图 8-19　题 8-6 图

8-7　设岩坡的坡高 30.5m，坡角 $\alpha=60°$，坡内有一结构面穿过，其倾角 $\beta=30°$。在边坡坡顶面线 8.8m 处有一条张裂隙，其深度 $Z=15.2\text{m}$。岩石性质指标为：$\gamma=25.6\text{kN/m}^3$，$C_j=48.6\text{kPa}$，$\phi_j=30°$。求水深 Z_w 对边坡安全系数 K 的影响。

9 岩质隧道超前地质预报

9.1 地质调查法

地质调查法主要包括掌子面地质素描、洞身地质素描、地表补充地质调查等内容；调查重点包括岩性、岩石坚硬程度及完整情况、断层及破碎带、节理裂隙、地下水状态、不良地质现象等内容。地质调查法根据掌子面的地质特征（地层岩性、节理裂隙发育情况、地下水发育情况等），并结合勘察设计地质资料，对掌子面前方的地质情况进行近距离预测，并提出工程措施意见；必要时可根据掌子面素描结果，确定是否需要进一步开展其他超前地质预报测试工作。

9.1.1 地质调查法工作要求

地质调查法的工作要求包括：

（1）查明隧道通过地段的地形、地貌、地层、岩性、构造。岩质隧道应着重查明岩层层理、片理、节理等软弱结构面的产状及组合形式，断层、褶皱的性质、产状、宽度、物质成分、密实程度等。傍山隧道，当外侧洞壁较薄时，应预测偏压带来的各种危害。

（2）查明隧道是否通过煤层、膨胀性地层及有害矿体等。对含有这些地层的地段，应预测地层膨胀对洞身的影响，并对有害气体或放射性物质的含量做出评价。

（3）查明不良地层、特殊地质对隧道通过的影响，特别是对洞口位置及边坡、仰坡的影响，提出工程措施意见。

（4）查明隧道附近井、泉的分布情况，分析隧道地区的水文地质条件，判明地下水类型、水质及补给来源，预测地下水的侵蚀性和洞身分段涌水量。在岩溶地区，应分析涌水及充填物是否有突然涌出的危险。并充分估计隧道开挖引起地表塌陷及地表水漏失的问题，提出相应的工程措施意见。

（5）对于深埋隧道，应做隧道低温升温预测。对岩层坚硬、紧密、性脆、构造应力集中的地段，应考虑发生岩爆的可能性。

（6）综合分析岩性、构造、地下水等有关地质测绘、勘探、测试成果，分段确定隧道围岩级别。

（7）在隧道洞口需要接长明洞的地段，应查明明洞基底的工程地质条件。

（8）查明横洞、平行导洞、斜井、竖井等的工程地质条件。

9.1.2 掌子面地质素描

应对掌子面及掌子面开挖段进行详细观察。首先从岩性、岩体完整性、出水量大小等方面进行大范围、前后左右对比，宏观把握地层岩性等变化。对于地层颜色、软硬程度、节理裂隙发育状况、出水量与周围岩体发生明显差异的部位，进行重点详细观察，通过手触、锤击、采集样本等手段，分析造成差异的原因。地质素描应记录以下信息：

（1）工程地质信息。其包括：

1）地层岩性。描述地层时代、岩性、产状、层间结合程度、风化程度等。

2）地质构造。描述褶皱、断层、节理裂隙特征等。断层的发育位置、产状、性质、破碎带的宽度、物质成分、含水情况以及与隧道的关系；褶皱的性质、形态、地层的完整程度等；节理裂隙的组数、产状、间距、充填物、延伸长度、张开度及节理面特征，分析组合特征、判断岩体完整程度。

3）岩溶。描述岩溶规模、形态、位置、所属地层和构造部位，充填物成分、状态，以及岩溶展布的空间关系。

4）塌方。应记录塌方部位、方式与规模及其随时间的变化特征，并分析产生塌方的地质原因及其对继续掘进的影响。

（2）水文地质信息。其包括出水段落及范围、出水形态及出水量大小（渗水、滴水、滴水成线、股水、暗河）。必要时进行地表相关气象、水文观测，判断洞内涌水与地表径流、降雨的关系。

（3）影像信息。其包括隧道内重要的和具有代表性的地质现象应进行摄影或录像。

掌子面地质素描主要描述工作面立面围岩状况，并填写统一格式的施工阶段围岩级别判定卡片（见表 9-1）。

9.1.3 掌子面地质素描示例

贵岭隧道属构造剥蚀丘陵地貌，地层岩性为第四系粉质黏土，下伏基岩为花岗岩，该段为隧道浅埋段，隧道围岩为强-中风化花岗岩，节理裂隙发育，岩体破碎，局部区间工程地质条件差，地下水以渗水或点滴状出水为主，易发生突水突泥；进出口段受进出浅埋影响，掘进时拱部及侧壁易坍塌掉块，围岩不稳定。掌子面揭露岩体如图 9-1 所示。

图 9-1 贵岭隧道 YK65+485 地质素描卡及掌子面揭露岩体

说明：浦清高速贵岭隧道右线里程 YK65+447～YK65+485 段内，围岩均为花岗岩，但在 YK65+447 时花岗岩呈现出青灰色，节理裂隙更发育，掌子面岩层产状难以辨别，局部围岩风化严重。在 YK65+485 时，掌子面围岩为灰色花岗岩，出现多组层状节理，围岩呈现出块状破碎，岩层产状清晰容易辨识。

表 9-1　施工阶段围岩级别判定卡片

隧道地质素描图记录表							
承包单位					合同段		
监理单位					编　号		
工程名称					施工日期		
桩号及部位					检查日期		
仪器设备	地质罗盘DQY-1、钢尺等		距洞口距离/m			埋深/m	
围岩完整状态	岩性		花岗岩	颜色	棕灰色	开挖方向/(°)	
	风化程度		□未风化	□微风化	□弱风化	☑强风化	☑全风化
	岩石坚硬程度/MPa		□坚硬岩(>60)		□较坚硬岩(60～30)		□较软岩(30～15)
			☑软岩(15～5)		□极软岩(<5)		
	地质构造影响度		□轻微	☑较重	□严重	□很严重	
	地质构造面	类型	☑节理	□裂隙	□层面	□小断层	
		组数	☑1～2组	□2～3组	□>3组	□无序	
		平均间距/m	☑>1.0	□1.0～0.4	□0.4～0.2	□<0.2	小断层宽度/m
		延伸性	□极差	□差	☑中等	□好	□极好
		粗糙度	□明显台阶状	□粗糙波纹状	□平整光滑	☑有擦痕	
		张开性/mm	□闭合(<1)	☑微张(1～3)	□张开(3～5)	□宽张(>5)	
	结构面发育程度		□不发育	□稍发育	☑较发育	□发育	□很发育
	岩体结构类型		□整体状	□块状	□裂隙块状	□镶嵌碎裂	□碎裂状
			□巨厚层	□厚层	□中层	□薄层	☑松散状
	围岩完整状况		□完整	□较完整	□较破碎	☑破碎	□极破碎
地下水涌水情况	涌水性质		□承压	☑非承压	含泥沙情况	□无	☑少量　□大量
	涌水量(10m)/L·min^{-1}		□干燥或湿润(<10)		☑偶尔渗水(10～25)		
			□涌水(>125)		□经常渗水(25～125)		
掌子面状态	□稳定	☑掉块	□挤出	□塌方	部位		大小
围岩级别	设计		□Ⅰ	□Ⅱ	□Ⅲ	□Ⅳ	☑Ⅴ　□Ⅵ
	实测		□Ⅰ	□Ⅱ	□Ⅲ	□Ⅳ	☑Ⅴ　□Ⅵ
地质素描图	拱顶地质素描：0～5 (m)，左拱脚、拱顶、右拱脚；侧面地质素描：0～5 (m)，左拱脚、左墙脚、右墙脚、右拱脚				现象描述(偏帮现象、岩爆现象、发生时间等)		
检查人		专业工程师		现场监理		日期	

9.2 超前钻探法

隧道施工中，钻探法是最常规和直观的地质情况调查方法，尤其针对隧道高风险段，为保证隧道施工的安全和可靠，即使物探调查已经实施，钻探法也很有必要。超前地质钻探技术是利用钻机在隧道开挖掌子面前方进行钻探获取相关地质信息的一种超前地质方法，钻机钻探通过不同地层（软硬、破碎、完整、空洞、裂隙、涌水涌泥等不良地段）时反应在钻机仪器上的参数不同来判断前方地层的岩性状况，通常根据钻机的钻进速度、扭矩、推进力、旋转速度等主要参数结合掌子面外露岩层、钻进排出渣样、回水颜色、地勘资料等对钻进里程岩层做出判断。理论上该方法适用于任何地质条件的隧道，是最直接、最简单的预报方法。

超前钻探技术在隧道开挖阶段进行超前钻探查明掘进方向的地质条件，不但能直接探明开挖掌子面前方断层破碎带、软岩、岩溶等不良地质体的性质、位置和规模，还能准确预测煤层产状三要素、瓦斯赋存参数和岩溶、裂隙、含水率，并且对于瓦斯地段、岩溶、裂隙、水具有预排放作用，释放围岩体内的压力，保障开挖过程的安全。

但由于钻探技术、特别是水平钻探技术本身的局限性：

（1）在破碎岩体和软岩（特别是潮湿泥岩夹孤石地段）中会卡钻，钻进困难，速度慢，钻探距离短，对钻机及钻具损耗严重。

（2）钻进时间长，占用作业时间多，耽误隧道施工，钻进费用高。

（3）钻探获取的相关地质信息仅代表该孔及附近有限范围的地质状况，难以形成面的概念。在恶劣地质环境下需要多孔布置，一般以 3~7 孔居多。

9.3 地　震　法

地震反射波法，基本原理如下：布置激发孔并人工激发地震波，当地质体中传播的地震波遇到物性分界面或波阻抗不同的界面时，会发生反射、折射和透射现象，采用高精度的地震仪可对地震波信号进行接收，并根据上述资料预报隧道掌子面前方的地质情况，如溶洞、软弱岩层、断层及富水情况等不良地质体。代表性方法有隧道地震预报（Tunnel Seismic Prediction，TSP）、隧道反射成像（Tunnel Reflection Tomography，TRT）、极小偏移距地震波法等。其中，TSP 为直线测线观测方式，对于与隧道轴线近垂直的大规模不连续体探测效果较好。美国 NSA（National Security Agency）研发的 TRT 技术和我国的 TST（Tunnel Seismic Tomography）技术属于空间观测方式，对于前方不良地质体定位准确度较高。陆地声呐法属于极小偏移距地震波法，对中小规模的溶洞空腔和与轴线小角度相交的异常体有较好的探测效果。

9.3.1 地震波反射法原理

弹性波反射法是隧道施工地质超前预报技术，利用弹性波在地层中传播时，如遇具有弹性差异的岩土体界面时，会产生反射现象，通过信号采集系统接收反射信号，采用信号走势、弹性波在掌子面岩体中的传播速度计算隧道掌子面前方反射界面（断层、软弱夹层等）距隧道掌子面的距离来进行隧道施工期地质超前预报。

显然，岩溶充填物、断层及其破碎带、节理密集破碎带、全风化或蚀变岩脉、软岩质量密度低于硬岩、较完整岩体，由硬岩、较完整岩体朝岩溶充填物、断层及其破碎带、节理密集破碎带、全风化或蚀变岩脉、软岩探测，反射波相位与接收首波相位相反，但软弱介质性质需结合地表和洞内地质调查结果和预报者的地质经验加以分析确定；反之，由岩溶充填物、断层及其破碎带、节理密集破碎带、全风化或蚀变岩脉、软岩朝前方硬岩、较完整岩体探测，反射波相位与接收首波相位相同。实施该方法的前提条件是岩土体存在差异的波阻抗。波场传播速度、质点震动幅度等与介质的组成成分、密度、结构特征等存在密切的相关关系。断层破碎带、岩溶等地质体与背景地层存在明显的波阻抗特性差异，为预报的实现提供了前提条件，其数学表达式为

$$R = \frac{\rho_2 v_2 - \rho_1 v_1}{\rho_2 v_2 + \rho_1 v_1} \tag{9-1}$$

式中，R 为反射系数，ρ_1、ρ_2为上下岩层的密度，v_1、v_2为弹性波在上下岩层中的传播速度。弹性波从低阻抗介质传播到高阻抗介质时，反射系数是正的；反之，反射系数是负的。

因此，当弹性波从软弱岩层传播到较硬的岩层时，回波的偏转极性和波源是一致的，而岩体内部存在破裂带时，回波的极性会发生反转。反射体的差异程度与尺寸大小，影响到探测的难易程度与准确度。可见弹性波在不同类型的介质中具有不同的传播特性，传播速度、能量衰减及频谱成分和岩土体的介质成分、结构和密度等因素相关，在弹性介质不同的介质分界面上发生波的反射、折射和透射。岩体中的不良地质体（断层及其破碎带、风化破碎岩体、岩溶洞穴及其充填物、节理密集发育带破碎岩体、地下水富集带等）与周边地质体间明显的波阻抗特性差异，便是弹性波反射法隧道施工地质超前预报的物性前提，通过一定的布置方式激发和接收弹性波信号，将这种携带了岩土体信息的信号进行加工处理和解释，就可以推断地下介质结构、岩性。

9.3.2 TSP 超前预报技术

TSP（Tunnel Seismic Prediction Ahead）法，即隧道前方地震预报或超前地质预报，它的基本原理如下：在隧道掌子面附近边墙一定范围内布置激发孔，通过在孔中人工激发地震波，所产生的地震波以球面波的形式在隧道围岩中传播，当围岩波阻抗发生变化时（例如遇岩溶、断层或岩层的分界面），一部分地震波将会被反射回来，另一部分地震波将会继续向前传播，如图 9-2 所示。反射的地震波由高精度的接收器所接收并传递到主机形成地震波记录。对 TSP203 Plus 仪器采集的数据利用 TSPwin 软件进行处理，可以获得隧道掌子面前方的 P 波、SH 波和 SV 波的时间剖面、深度偏移剖面、岩石的反射层位、物理力学参数、各反射层能量大小等中间成果资料，同时还可得到反射层的二维和三维空间分布，根据上述资料预报隧道掌子面前方的地质情况，如溶洞、软弱岩层、断层、裂隙及富水情况等不良地质体。

TSP203 Plus 仪器主要由三分量检波器、记录单元及起爆装置组成。三分量检波器用来接收地震波信号；记录单元将接收到的地震波信号进行放大、模数转换和数据记录，同时还进行测量过程控制；起爆装置则用于引爆电雷管和炸药，人工激发地震波。现场预报

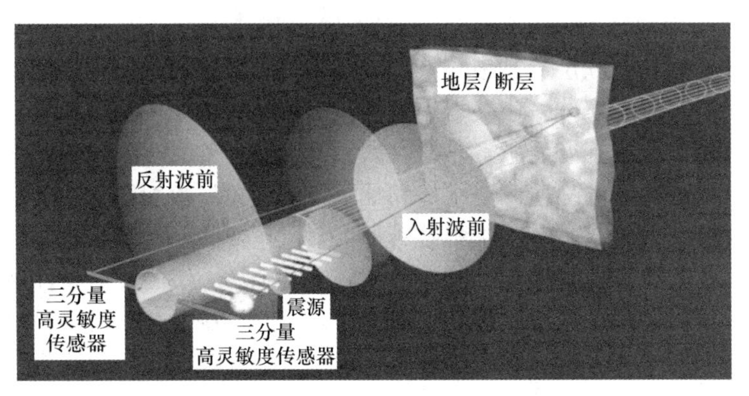

图 9-2 TSP 法隧道施工地质预报原理图

前，应做如下准备工作：

（1）观测系统的布置需用红油漆在隧道内进行标识，并且标识醒目。

（2）对要求的孔深、孔径、倾角等信息进行技术交底并明确。

（3）需要提请施工单位提前准备瞬发电雷管 24 发，乳化炸药 2400g。

（4）准备水管，以便工作开展时能对激发孔灌水耦合。

（5）TSP 测量时炮孔布置在隧道的左壁还是右壁，主要取决于岩层结构的主导方位，因此，现场技术人员必须弄清掌子面处的岩层产状，确定 TSP 测量观测系统的正确性和合理性。

9.3.3 TRT 超前预报技术

TRT 是隧道地震波反射层析成像技术的简称，该技术的基本原理在于当地震波遇到声学阻抗差异（密度和波速的乘积）界面时，一部分信号被反射回来，一部分信号透射进入前方介质。声学阻抗的变化通常发生在地质岩层界面或岩体内不连续界面。反射的地震信号被高灵敏地震信号传感器接收，通过分析，被用来了解隧道工作面前方地质体的性质（软弱带、破碎带、断层、含水等）、位置及规模。当地震波从软岩传播到硬的围岩时，回波的偏转极性和波源是一致的。当岩体内部有破裂带时，回波的极性会反转。反射体的尺寸越大，声学阻抗差别越大，回波就越明显，越容易探测到。通过分析，被用来了解隧道工作面前方地质体的性质（软弱带、破碎带、断层、含水等）、位置、形状、大小。TRT 的震源和检波器采用分布式的立体布置方式，具体方法如图 9-3 所示。

传感器安装步骤为：

（1）一般将固定块连接到较软的地面，用 6mm 的钻头打 3.5cm 深的孔。

（2）在固定块上抹上膨胀性快干水泥，把固定块固定在隧道边墙或洞顶表面。

（3）传感器通过螺丝安装在固定块上，从而实现传感器和岩体的紧密耦合。

主机数据处理流程如下：

（1）下载地震波数据及震源与传感器坐标。

（2）设定地层成像区域和最佳精度（节点数目）的大小。

（3）设定滤波器，选取每个记录的直达波，并计算地震波的平均波速。

（4）为所选区块构建地震波速度模型。

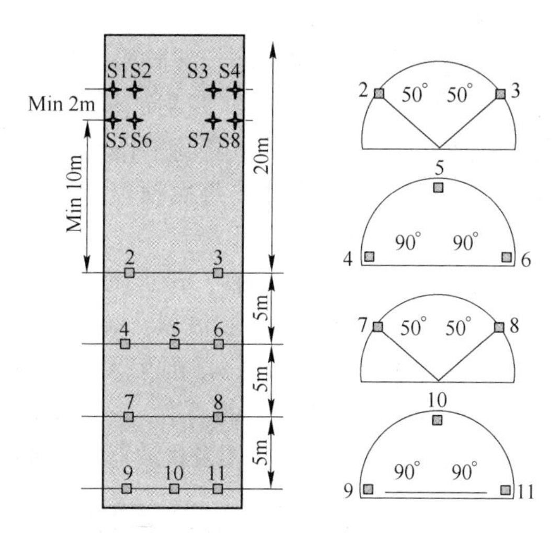

图 9-3　震源和检波器的布置方法

（5）为数据处理设定过滤参数。

（6）重复步骤(3)~步骤（5）处理数据，直到处理结果达到平衡，噪声干扰衰减到足够小。

（7）设定背景（比例、颜色）来显示结果。

（8）审查和分析在岩层中探测到的异常的平面和立体绘图。

典型处理成果如图 9-4 所示。

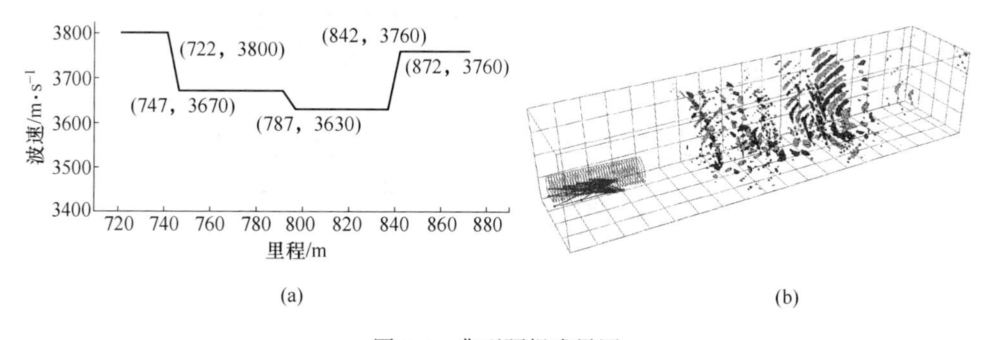

图 9-4　典型预报成果图

（a）侧视图；（b）三维成果图

9.3.4　TST 超前预报技术

9.3.4.1　TST 超前预报原理介绍

隧洞地质超前预报系统 TST（Tunnel Seismic Tomography）属于规范所指的地震波探测技术，是隧洞散射地震成像技术的简称，其观测系统采用空间布置，接收与激发系统布置在隧洞两侧围岩中。地震波由小规模爆破、电火花或冲击震源产生，并由地震检波器接收。TST 可有效地判别和滤除侧面和上下地层的地震回波，仅保留掌子面前方回波，避免虚报误报；同时提供掌子面前方围岩的准确波速和地质界面位置图像。波速为岩体的工程类别划分提供依据，界面用于地质构造解释。适用于公路铁路隧道、水电隧洞、井下、地铁等地下工程的地质灾害超前探测。

当地震波遇到岩石波阻抗差异界面（如断层、破碎带和岩性变化等）时，一部分地震信号反射回来，一部分信号透射进入前方介质。反射的地震信号将被高灵敏度的地震检波器接收。数据通过地震波软件处理，便可了解隧洞工作面前方不良地质体的性质（软弱带、破碎带、断层、含水等）和位置及规模。每次预报距离与隧洞直径有关，一般为100m，须连续预报时，前后两次应重叠10~15m。

其中地震信号采集器24通道，24位A/D转换，最大采样频率156kHz，最大采样长度100K。检波器为内置IC放大器的压电晶体带阻尼检波器，频带0.5~5000Hz。TST观测系统采用的参数：采样率150kHz(6)us，采样时长500ms，预触发0ms，采样点数67k，采集道号1~24道。8个三分量检波器，每侧4道8炮，每侧4炮，每放1炮，8个检波器同时采集，一次预报可采集到64道信号。TST预报原理示意图及检波器布设如图9-5所示。

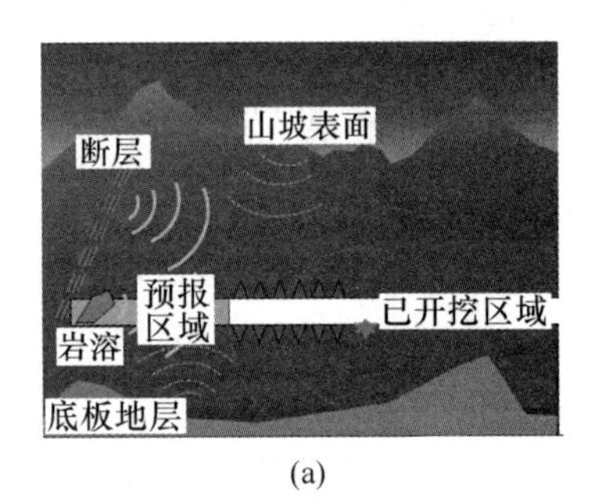

(a)

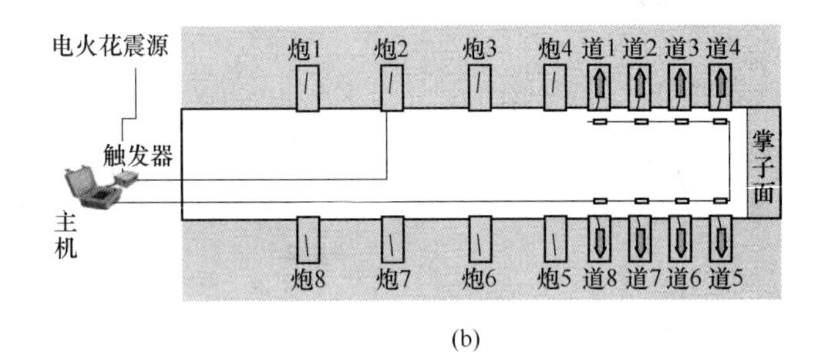

(b)

图9-5　TST预报原理

（a）TST预报原理示意图；（b）检波器布设示意图

9.3.4.2　TST超前预报实施流程

检波器的具体布置包括：

（1）检波接收孔8个，S1~S4布置在两侧壁内，每侧壁分别4个，3分量。检波器间距3.0m，埋深1.8~2m，离地面约1.5m。

（2）震源孔8个，P1~P8布置在两侧壁内，每侧壁分别4个，其中第1个震源孔P1与检波器S1距离为3m，震源孔P2与检波器S8距离为3m，其余每侧震源孔之间距离为12m，埋深1.8~2.0m，离地面约1.5m。

（3）检波器孔和震源孔均采用手风钻成孔，钻头直径$\phi 50$。采用炮泥耦合和封堵，现场放炮顺序P1~P8。

由于隧洞施工环境，实际布设与设计有所偏差。TST观测坐标需要较准确的位置测量，位置坐标进入资料处理过程，关系到速度和位置的计算精度。要求测量精度达到10cm。具体步骤如下：

（1）逐孔测量孔口坐标，里程 x 和相对高程 z。

（2）测量钻孔深度，由此换算出孔底坐标 y。

（3）对测量坐标数据做好记录，进行桩号统一编排，将桩号与坐标对应制表，并用图示标明炮点与检波器编号与位置。

（4）在正式采集数据之前，洞内一切钻孔、放炮、掘进、运输等施工必须停止，以确保采集到的数据尽可能减少受到外界噪声的干扰。

TST 的资料处理流程分为五大步骤，包括资料预处理、观测几何系统编辑、方向滤波与波场分离、围岩波速分布扫描分析、地质构造偏移成像和地质解释预报等环节，处理流程如图 9-6 所示。

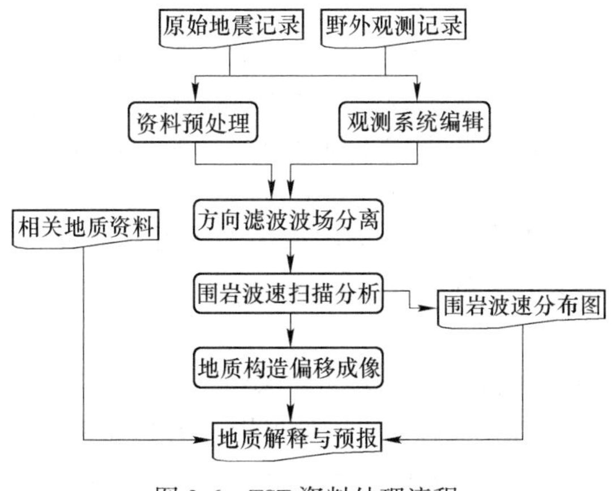

图 9-6 TST 资料处理流程

（1）地震数据预处理的目的是从原始地震记录中提取出地震记录，进行滤波、切除噪声、剔除坏道等预备处理。

（2）观测几何坐标系编辑是将现场测量所得的震源激发孔与检波器接收孔的坐标等数据输入 TST 处理软件中，即为每条地震射线赋予坐标值，为后续工作做好准备。

（3）波场分离是先通过方向滤波滤除地震波信号中的后方及侧方回波，仅保留掌子面前方回波，其次，对纵横波进行分离，仅保留纵波波速或横波速度对围岩进行波速扫描。

（4）围岩波速扫描采用波速-里程二维扫描技术，获得各里程的波速分布。

（5）在以上步骤完成的基础上进行偏移成像，得到能够反映掌子面前方地质构造的深度偏移图像。

（6）基于波速图像和地质构造偏移图像，综合地质调查资料进行综合分析，进行超前地质预报。利用 TST 软件对偏移图像中的异常区段进行地质解释，预报出地质异常体的位置、规模与产状。

9.3.4.3 TST 超前预报典型成果

A 案例一

小佛寺隧道位于济南市历城区锦绣川镇。隧址区地形起伏较大，地面标高 260～

510m，相对高程差 250m。根据工程地质调绘及钻探揭示，隧址区地层岩性较为简单，由上至下分别为第四系粉质黏土层、中风化闪长岩、中风化石灰岩、中风化页岩、全风化花岗闪长岩、强风化花岗闪长岩、中风化花岗闪长岩、胶结砾岩等。隧址区地表水主要为低洼地段的少量岩溶潜水及山涧沟谷中因大气降水汇集而成的暂时性流水及小径流常流水，隧道经过路段无大中型河流和水库。隧址内地下水主要为岩溶裂隙水，分布于下部基岩岩溶溶洞中，赋水量大小分布很不均匀，只有岩溶及节理裂隙发育带赋水性较好。大气降水为地下水的主要补给来源。

本次预报的主要目的应在施工前期地质勘查的基础上，进一步查明掌子面前方 100m 范围内围岩的地质情况，进而预测前方的不良地质以及隐伏的重大地质问题，包括：断层及影响带、节理裂隙发育带等情况，判定不良地质的位置、形式、规模等。避免并降低地质灾害发生的风险。同时为编制竣工文件提供可靠的地质资料，为信息化设计和下一步施工提供可靠依据。

TST 超前预报软件的处理结果是地质偏移图像和速度分布图像，还需要结合地质资料进行地质解释。地质偏移图像横坐标是隧洞的里程，误差不超过 10%。纵坐标是隧洞横向宽度，以隧洞中心线为零点。预报成果见图 9-7 和表 9-2。速度曲线和图像横坐标是隧洞里程，纵坐标为速度值。地质解释要点如下：

（1）地质偏移图像中的红蓝条带代表围岩中的岩石反射界面，红色代表岩体由软变硬的反射界面，蓝色代表岩石由硬变软的界面，先蓝、后红条带的组合代表岩体先变软然后变硬，表明存在断裂。

（2）速度扫描得到的围岩波速，是岩体埋深状态下的速度 V_{pr}，它反应未开挖时岩体力学性状。图中横坐标表示为隧洞的里程，纵坐标表示围岩的波速值。波速高表示岩体完整致密、弹性模量高；波速低表示岩体松散破碎，弹性模量低。如果有断裂存在，波速应该降低。

（3）断裂的预报应该符合两个条件，一是在偏移图像中存在先蓝、后红的条带组合，二是在波速图像中对应里程内的波速比两侧低。

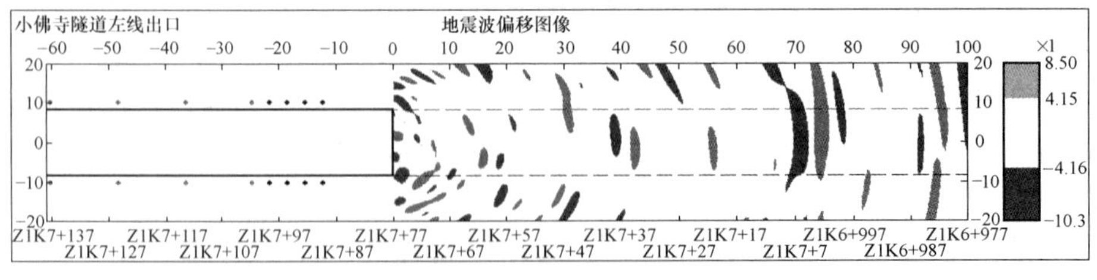

扫描二维码
查看彩图

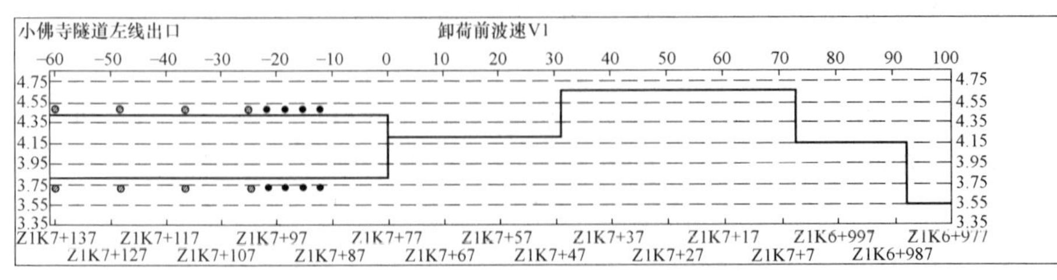

图 9-7 地质构造偏移图和波速 V_{pr} 分布曲线

表 9-2 小佛寺隧道左洞出口地质构造分段表

范围 /m	桩号 里程	纵波波速 /m·s^{-1}	围岩类别	预报结果
0~31	Z1K7+077 ~ Z1K7+046	$V_{pr}=4210$	V	该段围岩卸荷前纵波波速 4210m/s，卸荷后纵波波速约为 3270m/s，岩体强度低。偏移图中出现多组蓝红相间条纹。当前掌子面出露围岩为花岗闪长岩，岩石夹泥。推断该段围岩为强-中风化花岗闪长岩，碎块状，节理裂隙发育。受开挖卸荷影响岩体破碎，完整性差，施工中易发生掉块。该段为 V 级围岩，建议按 S-Va3 级支护
31~72	Z1K7+046 ~ Z1K7+005	$V_{pr}=4660$	V	该段围岩卸荷前纵波波速 4660m/s，卸荷后纵波波速约为 3588m/s，岩体强度较前段升高，偏移图中红蓝条纹少。推断该段围岩为中风化花岗闪长岩，块状结构，节理裂隙弱发育，完整性好，裂隙水不发育 该段为 V 级围岩，建议按 S-Va1 级支护
72 ~ 100	Z1K7+005 ~ Z1K6+977	$V_{pr}=4160\sim3550$	V	该段围岩卸荷前纵波波速为 4160~3550m/s，卸荷后纵波波速约为 3203~2733m/s，岩体强度降低，偏移图像中出现多组较大红蓝相间条纹。推断该段围岩为强风化花岗闪长岩，碎块状，节理裂隙发育，裂隙水不发育。该段围岩在 Z1K7+005 等附近存在软弱夹层，或为软硬岩接触带，夹泥较多，围岩完整性和稳定性较差，施工中容易发生掉块、坍塌 该段为 V 级围岩，建议按 S-Vc 级支护。其中，在 92~100m 处，存在蓝-红-蓝条纹组，推断为隧道入口开挖处

（4）对含水性的预报首先参考水文地质资料，了解隧洞与地下水位线的关系。如果隧洞在水位线以上，仅是季节性含水，水量有限；如果在水位线之下，则一般断裂带都含水，不可漏报；致密岩石含水性相对较小；砂岩与灰岩含水量较大，特别是与泥岩接触的界面附近一般都是富含水带。

（5）岩溶的预报应考虑下列资料，综合分析：首先在偏移图像中有蓝色反射界面，波速图中有低速带；参考地质资料，分析是否存在断裂带、灰岩与泥岩、砂岩的接触带。断裂带、岩性接触带上岩溶发育的可能性极大。

波速图像与地质构造图像有很好的对应性。构造偏移图像中反射条纹密集的地段，结构复杂、构造发育，在波速图像中对应位置为低波速带；构造条纹少的地段，围岩均匀致密，波速图像中对应高波速带。

B 案例二

浦清高速岭顶隧道右线，YK63+738~YK63+674 段，根据地勘报告该段围岩为强风化泥质砂岩夹页岩，完整性差。根据 TST 超前预报图像，该段围岩纵波波速 2150~2530 m/s，岩体强度降低，偏移图像中出现多组较大红蓝相间条纹，推测该段存在软弱夹层及破碎带，节理裂隙发育，围岩完整性和稳定性差，地下水以渗水或点滴状出水为主。该段围岩在 2020 年 3 月 25 日~3 月 30 日之间多次发生坍塌，如图 9-8 所示，但所幸施工单位提前采取了预防措施，坍塌未造成人员伤亡和设备损失，这与超前地质预报的结论相符合。在超前地质预报报告中，预报单位成功对该段的地质情况进行了预报，并提前请施工单位注意，成功避免了工程事故的发生。

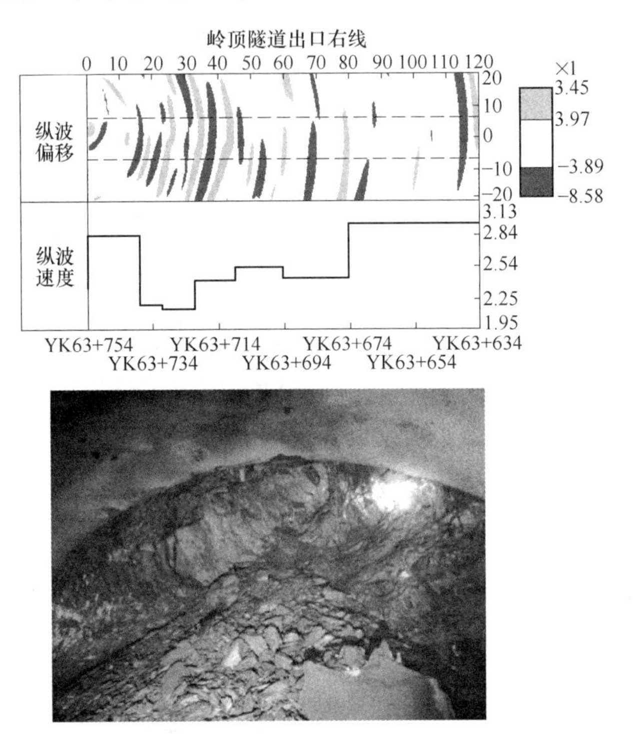

图 9-8　YK63+754～YK63+634 段 TST 超前地质预报图像及掌子面坍塌

9.4　电磁法（或电法）

9.4.1　地质雷达法

9.4.1.1　地质雷达法基本原理

GRP（Grannd Penetrating Radar）是地质雷达法的英文简称，是一种广泛的隧道超前预报方法，高频电磁波以宽频带短脉冲形式，通过发射天线被定向送入地下，经存在电性差异的地下地层或目标体反射后返回地面，由接收天线所接收。高频电磁波在介质中传播时，其传播路径、电磁场强度与波形将随通过介质的电性特征与几何形态而变化。因此，通过对时域波形的采集、处理和分析，可确定地下分界面或地质体的空间位置及结构。其对存在电导率与介电常数差异的岩土体，通常对岩溶、富水地层等地质体较敏感，但其探测距离短（小于 30m），主要用于短距离预报。

在地质雷达工作工程中，由发射天线向被检测体内发射高频电磁波，当高频电磁波传至被检测体内两种不同介质的分界面时，由于两种介质的介电常数不同而使电磁波发生反射、折射，入射波、反射波和折射波的传播遵循反射定律和折射定律，反射波返回被检测体的表面，并由地质雷达的接收天线所接收，形成雷达图像。探测原理示意图如图 9-9 所示。

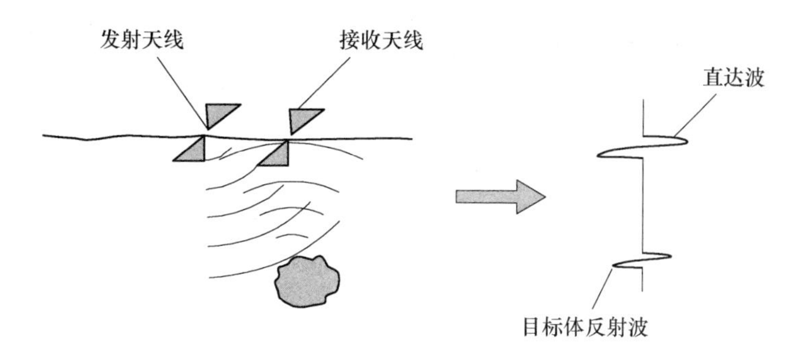

图 9-9 地质雷达工作原理示意图

雷达图像包含了被检测体的丰富信息，根据雷达图像特征对被检测体（如不密实带、空洞、反射界面等）进行定性判定，再根据式(9-2)可对被检测体的异常部位作定量解释，即：

$$h = \frac{vt}{2} \tag{9-2}$$

式中，v 为电磁波在介质中的传播速度；t 为电磁波从检测体表面传播至检测体中异常部位（或不同介质分界面）后反射回表面的双程时间；h 为异常体（或不同介质分界面）深度。

常见介质的相对介电常数、电导率、传播速度与吸收系数见表 9-3。

表 9-3 常见介质的相对介电常数、导电率、传播速度与吸收系数

地下介质	相对介电常数 ε_r	电导率 σ/m · s^{-1}	雷达波速 v/m · ns^{-1}	衰减系数 β/dB · m^{-1}
空气	1	0	0.3	0
淡水	80	0.5	0.033	0.1
海水	80	30000	0.01	1000
干砂	3~5	0.01	0.15	0.01
饱和砂	20~30	0.1~10	0.06	0.03~0.3
石灰岩	4~8	0.5~2	0.12	0.4~1
泥岩	5~15	1~100	0.09	1~100
粉砂	5~30	1~100	0.07	1~100
黏土	5~40	2~1000	0.06	1~300
花岗岩	4~6	0.01~1	0.13	0.01~1
岩盐	5~6	0.01~1	0.13	0.01~1
冰	3~4	0.01	0.16	0.01
金属	300	10^{10}	0.017	10^{8}
PVC 材料	3.3	1.34	0.16	0.14

9.4.1.2 地质雷达法实施步骤

采用地质雷达进行隧道超前地质预报，一般测线布置在掌子面上，关于测线的布置通常需要注意以下三点：

（1）探测方式通常为线性连续测量方式。对于异常位置或不便到达的位置，可采用小范围连续测量和点测相结合的方式进行。

（2）由于拱顶位置由围岩状况的好坏决定隧道掌子面的稳定性，因此探测时对隧道拱顶位置宜布置地质雷达测线。

（3）为保障探测信号的准确性，排除电磁干扰和偶发因素，同一测线通常进行多次复测。

在进行数据采集前，一般需要对掌子面进行平整处理，使雷达天线与掌子面能有较好的耦合，且需要保证在掌子面附近没有其他金属物体，对于测线的选取，通常采取“井”字形布置，在有限的掌子面尽可能地长。探测方式有线性连续测量方式和点测模式，结合地层特点采取适宜的探测方式。在异常位置或不便到达的位置，也可采用小范围连续测量和点测相结合的方式进行。

（1）目的体深度是一个非常重要的问题。如果目的体深度超出雷达系统探测距离的50%，那么探地雷达方法就要被排除。雷达系统探测距离可根据雷达探距方程进行计算。

（2）目的体几何形态（尺寸与取向）必须尽可能了解清楚。目的体尺寸包括高度、长度与宽度。目的体的尺寸决定了雷达系统可能具有的分辨率，关系到天线中心频率的选用。如果目的体为非等轴状，则要搞清目的体走向、倾向与倾角，这些将关系到测网的布置。

（3）目的体的电性（介电常数与电导率）必须搞清。雷达方法成功与否取决于是否有足够的反射或散射能量为系统所识别。

（4）围岩的不均一性尺度必须有别于目的体的尺度，否则目的体的响应将淹没在围岩变化特征之中而无法识别。

（5）当测区内存在大范围金属构件或无线电射频源时，将对测量形成严重干扰，此外测区的地形、地貌、温度、湿度等条件也将影响到测量能否顺利进行。

（6）测量参数选择合适与否关系到测量的效果。测量参数包括天线中心频率、时窗、采样率、测点点距与发射、接收天线间距。

9.4.1.3 地质雷达法典型探测成果

贵岭隧道属构造剥蚀丘陵地貌，地层岩性为第四系粉质黏土，下伏基岩为花岗岩，该段为隧道浅埋段，隧道围岩为强-中风化花岗岩，节理裂隙发育，岩体破碎，局部区间工程地质条件差，地下水以渗水或点滴状出水为主，易发生突水突泥；进出口段受进出浅埋影响，掘进时拱部及侧壁易坍塌掉块，围岩不稳定。采用 IDS-RIS 型地质雷达对贵岭隧道进行超前地质预报，目的是进一步查清贵岭隧道 HD2K0+030～+000 段开挖工作面前方的工程地质情况，降低地质灾害发生的几率和危害程度，为预防隧道塌方等地质灾害提供信息，以便为正确安全施工提供参考。

典型地质雷达成果如图 9-10 所示，本次预报里程段隧道围岩较破碎，节理裂隙发育，存在软弱蚀变结构面或含水量较高，围岩稳定性较差。施工过程中应采用超前钻探和加深炮孔法对前方围岩情况做进一步的探测，同时应短进尺、多循环、弱爆破、及时支护、加

强防排水措施，防止塌方、漏水等工程地质问题发生，确保工程质量及施工安全。

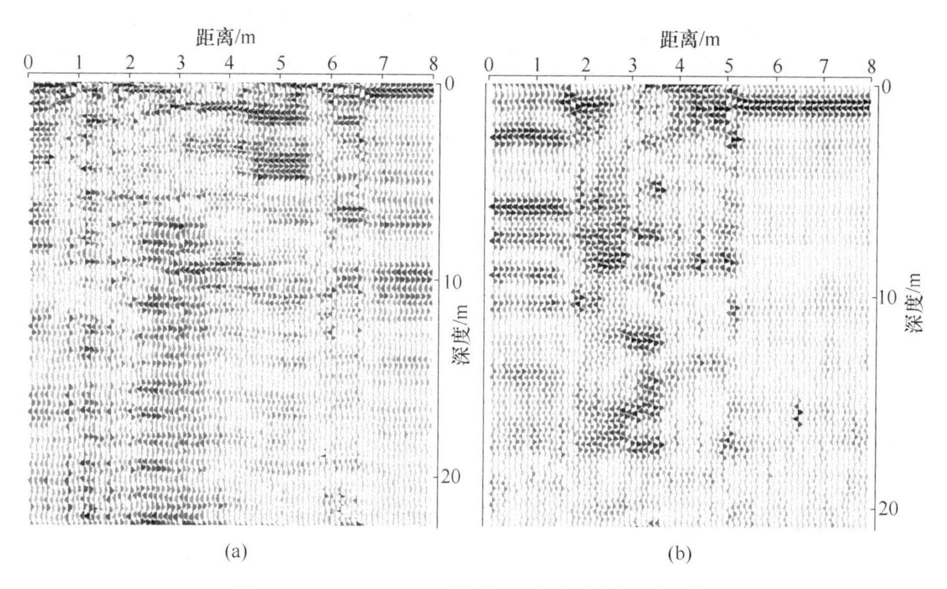

图 9-10 HD2K0+045 掌子面地质雷达探测图像

（a）测线 1；（b）测线 2

9.4.2 瞬变电磁法

瞬变电磁（Transient Electromagnetic，TEM）的原理是：利用不接地回线向工作面前方发射一次脉冲磁场，当发射回线中电流突然断开后，介质中将激励起二次涡流场以维持在断开电流以前产生的磁场（即一次场），二次涡流场的大小及衰减特性与周围介质的电性分布有关，在一次场间歇观测二次场随时间的变化特征，经过处理后可以了解地下介质的电性、规模、产状等，从而达到探测目标体的目的，如图 9-11 所示。

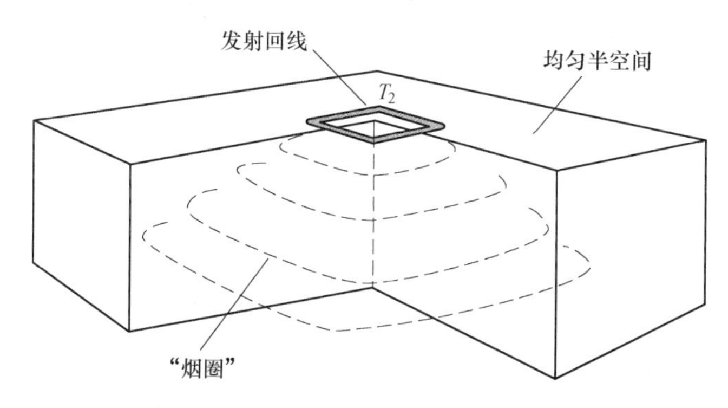

图 9-11 地面半空间瞬变电磁法探测原理示意图

瞬变电磁法有着如下的优点：

（1）以不接地回线通以脉冲电流作为场源，激励探测目标物感生二次电流，在脉冲间隙测量二次场随时间的变化，不存在一次场源的干扰。

（2）在高阻围岩地区，无地形引起的假异常。在低阻围岩区，用多道测量，与探测目标的响应最紧，异常响应强、形态简单、易解释，分层能力强。

（3）线圈点位、方位或接发距要求相对不严格，测量工作简单、工效高。

（4）有穿透低阻覆盖的能力，探测深度大，剖面测量与测深工作同时完成，可提供更多有用信息，减少多解性。

可以看出，由于瞬变电磁方法是纯二次场观测，具有体积效应小，方向性强，纵横向分辨率高，对低阻体反应灵敏，施工快速等优点，可以广泛应用于各种工程物探中，是解决含水层富水区探测、工程水文地质问题的理想探测手段。

9.4.3　高密度电阻率法

高密度电阻率法属于以空腔与其周围岩体的导电性差异为基础的电勘探方法，在采矿区、公路下伏采空区、浅埋隧道溶洞等地下工程探测应用广泛。高密度电阻率法的基本原理与传统电阻率法相同，它也是以岩土体的导电性差异为基础，通过电极阵列排列方式来观测和研究人工建立的地中稳定电流分布规律，进而可以实现地下目标体探测的一种电阻率法。其通常用来解决水文、环境与工程地质问题。高密度电阻率法的野外工作，是将全部电极按一定等间距（最小极距 a）沿测线一次性布设完毕，然后通过多芯专用电缆将电极连接到多路电极转换器上，测量信号由电极转换开关送入多功能直流电测仪。处理时通过电测仪与微机的通信，将采集的数据回放到微机中，进而实施对原始数据的各种处理，并将结果用图件直观清晰地表示出来。高密度电阻率法的电极排列有温纳、偶极、微分、联合剖面等十四种测量装置，如图 9-12 所示。

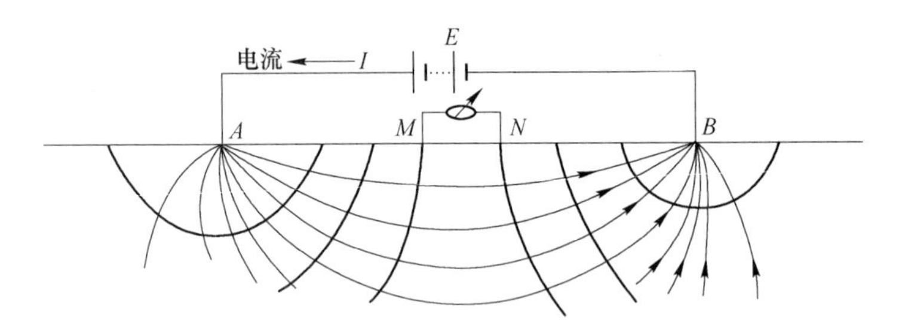

图 9-12　理论图示

参 考 文 献

[1] 蔡美峰．岩石力学与工程 [M]．北京：科学出版社，2002.
[2] 张永兴，许明．岩石力学 [M]．3 版．北京：中国建筑工业出版社，2015.
[3] 凌贤长，蔡德所．岩体力学 [M]．哈尔滨：哈尔滨工业大学出版社，2002.
[4] 高玮．岩石力学 [M]．北京：北京大学出版社，2010.
[5] 王渭明，杨更社，张向东，等．岩石力学 [M]．徐州：中国矿业大学出版社，2010.
[6] 沈明荣，陈建峰．岩体力学 [M]．上海：同济大学出版社，2006.
[7] 刘佑荣，唐辉明．岩体力学 [M]．武汉：中国地质大学出版社，2011.
[8] 赵明阶．岩石力学 [M]．北京：人民交通出版社，2011.
[9] 谢和平，陈忠辉．岩石力学 [M]．北京：科学出版社，2004.
[10] 何成，江登洪，陈欣梅．特殊不良地质隧道的超前钻探法预报技术探讨 [J]．西南公路，2010，(4).
[11] 刘东恒，李日喜，杨勇．超前水平钻探技术在隧道地质勘探中的应用 [A]．中国高新技术企业，2011，(11).
[12] 刘佑荣，唐辉明. 岩体力学 [M]．北京：北京工业出版社，2008.
[13] Hoek E，Bray J W. 岩石边坡工程 [M]．卢世宗，等译. 北京：冶金工业出版社，1983.